国家卫生健康委员会"十三五"规划教材

全国高等职业教育教材

供放射治疗技术专业用

放射治疗设备学

主　编　石继飞

副主编　何乐民

编　者（以姓氏笔画为序）

孔　琳　（复旦大学附属肿瘤医院；上海市质子重离子医院）

石继飞　（内蒙古科技大学包头医学院）

刘明芳　（内蒙古科技大学包头医学院）

许海兵　（江苏医药职业学院）

李振江　（山东省肿瘤医院）

杨　楠　（新乡医学院）

何乐民　［山东第一医科大学（山东省医学科学院）］

秦嘉川　（山东新华医疗器械股份有限公司）

盛尹祥子（上海市质子重离子医院）

人民卫生出版社

图书在版编目（CIP）数据

放射治疗设备学/石继飞主编. —北京：人民卫生出版社，2019

ISBN 978-7-117-28440-0

Ⅰ.①放… Ⅱ.①石… Ⅲ.①放射治疗仪器-高等职业教育-教材 Ⅳ.①TH774

中国版本图书馆 CIP 数据核字（2019）第 092168 号

人卫智网	www.ipmph.com	医学教育、学术、考试、健康，购书智慧智能综合服务平台
人卫官网	www.pmph.com	人卫官方资讯发布平台

放射治疗设备学

主　　编：石继飞
出版发行：人民卫生出版社（中继线 010-59780011）
地　　址：北京市朝阳区潘家园南里 19 号
邮　　编：100021
E - mail：pmph @ pmph. com
购书热线：010-59787592　010-59787584　010-65264830
印　　刷：人卫印务（北京）有限公司
经　　销：新华书店
开　　本：850×1168　1/16　印张：12　插页：10
字　　数：380 千字
版　　次：2019 年 6 月第 1 版　2024 年 8 月第 1 版第 2 次印刷
标准书号：ISBN 978-7-117-28440-0
定　　价：45.00 元

打击盗版举报电话：010-59787491　E-mail：WQ @ pmph. com
（凡属印装质量问题请与本社市场营销中心联系退换）

修订说明

为深入贯彻党的二十大精神及全国教育大会精神,落实《国家职业教育改革实施方案》对高等卫生职业教育改革发展的新要求,服务新时期经济社会发展和"健康中国"战略的实施,人民卫生出版社经过充分的调研论证,组织成立了全国高等职业教育医学影像技术、放射治疗技术专业教育教材建设评审委员会,启动了医学影像技术、放射治疗技术专业规划教材第四轮修订。

全国高等职业教育医学影像技术专业规划教材第一轮共 8 种于 2002 年出版,第二轮共 10 种于 2010 年出版,第三轮共 11 种于 2014 年出版。本次修订结合《普通高等学校高等职业教育(专科)专业目录(2015 年)》新增放射治疗技术专业人才培养的迫切需要,在全国卫生行指委及相关专指委、分委会的全程指导和全面参与下,以最新版专业教学标准为依据,经过全国高等职业教育医学影像技术、放射治疗技术专业教育教材建设评审委员会广泛、深入、全面地分析与论证,确定了本轮修订的基本原则。

1. **统筹两个专业** 根据医学影像技术、放射治疗技术专业人才培养需要,构建各自相对独立的教材体系。由于两个专业的关联性较强,部分教材设置为专业优选或共选教材,在教材适用专业中注明。

2. **对接岗位需要** 对接两个专业岗位特点,全面贴近工作过程。本轮修订对课程体系作了较大调整,将《医学影像成像原理》《医学影像检查技术》调整为《X 线摄影检查技术》《CT 检查技术》《MRI 检查技术》,将《超声诊断学》《核医学》调整为《超声检查技术》《核医学检查技术》,并根据医学影像技术、放射治疗技术专业特点编写了相应的《临床医学概要》。

3. **融合数字内容** 本轮修订充分对接两个专业工作过程与就业岗位需要,工作原理、设备结构、操作流程、图像采集处理及识读等岗位核心知识与技能,通过精心组织与设计的图片、动画、视频、微课等给予直观形象的展示,以随文二维码的形式融入教材,拓展了知识与技能培养的手段和方法。

本套教材共 18 种,为国家卫生健康委员会"十三五"规划教材,供全国高等职业教育医学影像技术、放射治疗技术专业选用。

教 材 目 录

序号	教材名称	版次	主编		适用专业	配套教材
1	影像电子学基础	第4版	鲁 雯	郭树怀	医学影像技术、放射治疗技术	√
2	临床医学概要		周建军	王改芹	医学影像技术、放射治疗技术	
3	医学影像解剖学	第2版	辛 春	陈地龙	医学影像技术、放射治疗技术	√
4	医学影像设备学	第4版	黄祥国	李 燕	医学影像技术、放射治疗技术	√
5	X线摄影检查技术		李 萌	张晓康	医学影像技术	√
6	CT检查技术		张卫萍	樊先茂	医学影像技术	√
7	MRI检查技术		周学军	孙建忠	医学影像技术	√
8	超声检查技术		周进祝	吕国荣	医学影像技术	√
9	核医学检查技术		王 辉		医学影像技术	
10	介入放射学基础	第3版	卢 川	潘小平	医学影像技术	√
11	医学影像诊断学	第4版	夏瑞明	刘林祥	医学影像技术、放射治疗技术	√
12	放射物理与防护	第4版	王鹏程	李迅茹	医学影像技术、放射治疗技术	
13	放射生物学		姚 原		放射治疗技术	
14	放射治疗设备学		石继飞		放射治疗技术	√
15	医学影像技术		雷子乔	郑艳芬	放射治疗技术	√
16	临床肿瘤学		李宝生		放射治疗技术	
17	放射治疗技术	第4版	张 涛		放射治疗技术、医学影像技术	√
18	放射治疗计划学		何 侠	尹 勇	放射治疗技术	√

第二届全国高等职业教育医学影像技术、放射治疗技术专业教育教材建设评审委员会名单

主 任 委 员

舒德峰　周进祝

副主任委员

付海鸿　李宝生　王鹏程　余建明　吕国荣

秘 书 长

李　萌　窦天舒

委　　员（以姓氏笔画为序）

韦中国　邓小武　田　野　刘媛媛　齐春华　李迅茹
李真林　辛　春　张卫萍　张晓康　张景云　陈　凝
陈　懿　罗天蔚　孟　祥　翁绳和　唐陶富　崔军胜
傅小龙　廖伟雄　樊先茂　濮宏积

秘　　书

裴中惠

主　编　石继飞

副主编　何乐民　刘明芳

编　者（以姓氏笔画为序）

孔　琳　（复旦大学附属肿瘤医院；上海市质子重离子医院）

石继飞　（内蒙古科技大学包头医学院）

刘明芳　（内蒙古科技大学包头医学院）

许海兵　（江苏医药职业学院）

李振江　（山东省肿瘤医院）

杨　楠　（新乡医学院）

何乐民　［山东第一医科大学（山东省医学科学院）］

郑来煜　（包头医学院第二附属医院）

秦嘉川　（山东新华医疗器械股份有限公司）

高　芳　（内蒙古科技大学包头医学院）

盛尹祥子　（上海市质子重离子医院）

石继飞，教授，中共党员，内蒙古科技大学包头医学院医学技术学院设备学教研室主任。从事高等教育 28 年，学校医学影像设备学课程负责人，主讲教师。先后为本科生讲授过《医用物理学》《医学影像物理学》《电工学》《医学影像设备学》《数字化医疗仪器》《医学传感器》等多门课程。参编国家"十三五"规划教材《医用物理学》《医学影像物理学》《医用放射防护学》等。主持内蒙古自治区自然科学基金和内蒙古自治区教育厅教育科学研究课题各一项，在国家核心期刊发表论文十多篇，曾获学校教学成果二等奖、优秀教师、内蒙古自治区中青年技术骨干等荣誉。

寄语：

同学们要努力学习，祖国的医疗事业需要你们去开拓，你们有着令人羡慕的年龄，你们面前有金光灿灿的条条大路；愿你们努力学习，健康成长，获取光明的未来。

你们是风，可鼓起白色的帆；你们是船，可剪开蓝色的波澜；你们是海燕，可以自由地飞翔。新时代向你们招手，美好生活向你们微笑，勇敢地走上前去，将彩色的人生拥抱！

前　言

　　放射治疗专业是近年来发展最快的专业之一,随着计算机科学、放射物理学、影像医学、放射治疗学等学科的发展,放射治疗设备学也迅速崛起,成为当今精准医学的代表之一。放射治疗设备,同其他放射治疗技术协同与密切配合有效地改善了患者生存状态。放射治疗设备是手术治疗和化疗之后新型肿瘤治疗手段,设备最大特点是治疗过程无创伤、无痛苦,从科技含量看,以医用电子直线加速器为典型代表的现代大型放射治疗设备结构复杂,涵盖了许多重要的现代科技成果,放射治疗设备近年来发展迅速,但人们对它的认识还较陌生,在现代医疗领域,放射治疗设备是医院一个新的治疗发展方向。本书是高职高专放射治疗技术专业学生必不可少的教材,同时本书的出版也丰富了放射治疗从业者的参考资料,可为从事放疗设备工作的工程技术人员及相关的医务工作者提供一定的指导。

　　为了认真落实党的二十大精神,本书根据培养目标,结合教学实际和临床实际,突出强化学生掌握放疗设备结构和原理以及设备操作,以进一步突出放射治疗技术专业教育特色,使之更加符合培养实用型人才的要求。

　　本书共由十章组成,在内容上力求把握设备的原理和结构及其临床应用,选用的案例适当,同时注重放疗设备内容间紧密联系,使学生具备较强的设备操作和使用技能,为学习相关课程和从事临床实践奠定基础。

　　本书可满足不同层次专业的教学需要,也可作为在职实训培训教材。本书是集体智慧的结晶,在编写过程中,得到多方面的关心、支持和帮助,在此表示衷心的感谢。放射治疗设备发展日新月异,加之编写经验和水平有限,书中不足之处在所难免,敬请读者批评指正,以便再版时改进。

教学大纲

（参考）

石继飞

2023 年 10 月

目　录

1. 掌握:精准放疗的新型仪器设备应用介绍。
2. 熟悉:放射治疗设备的分类与应用。
3. 了解:放射治疗设备的发展历史及发展趋势。

放射治疗设备(radiotherapy equipment)是用于放射治疗所需的各种硬件和软件的总称,主要包括治疗束产生装置(治疗机)、模拟定位机、治疗计划系统(treatment planning system,TPS)以及其他各种附件等。放疗设备发展初期,主要是镭管或镭模直接贴敷肿瘤,用镭针插入肿瘤进行组织间放疗,或经自然腔道进入肿瘤部位,即近距离放疗(brachytherapy)。然而这些方法只适用于浅表的肿瘤,对深的部位或实质器官的肿瘤无用武之地。20 世纪 20~30 年代发明了千伏级 X 射线治疗机,但其能量低、穿透力弱,骨吸收高、皮肤受量大,同样只能治疗表浅的肿瘤。50 年代 ^{60}Co 放疗机的出现(平均能量 1.25MV),具有能量高、穿透力强、能保护皮肤和经济实用的优点,但半衰期(half-time)短,剂量率较低,治疗时间长。60 年代医用直线加速器问世,其仪器具有剂量率高、束流稳定、计量准确、治疗时间短、环境污染小等优点,可满足各部位、各种类型肿瘤的治疗,标志着放射治疗设备成为一门独立的学科而登上了放射学的舞台。

第一节 放射治疗设备发展历史

自伦琴发现 X 射线至今已一百多年,放疗设备领域发生了巨大的变化,产生了诸多重要的研究成果,影响并推动了放射治疗设备的发展。其中的里程碑事件至今仍有巨大影响力,人工射线或天然射线对肿瘤患者或其他病灶实施无创治疗的现代放射治疗设备就是伴随着放射线的发现与应用逐步发展起来的现代医学治疗装置。

一、放射治疗设备发展中的里程碑事件

1895 年德国科学家伦琴发现了 X 射线。

1896 年法国科学家贝克勒尔发现了放射性核素(radionuclide)镭(^{226}Ra)。

1898 年法国物理学家居里夫妇成功地分离出了放射性核素镭(^{226}Ra),并首次提出了"放射性"概念,为放射诊断和治疗奠定了基础。

1899 年首次利用电离辐射(ionizing radiation)治疗皮肤癌患者。

1905 年近距离贴敷治疗和腔内放射治疗获得应用。

1928 年 Coutard 报道首次采用分次放射治愈头颈部肿瘤。

1950 年引入放射性钴远距离治疗(teletherapy)。

1954 年引入质子束治疗。

1961 年斯坦福大学安装第一台直线加速器(linear accelerator)。

1968 年立体定向外科(stereotactic surgery)治疗诞生。

1980 年多叶光栅诞生(multi-leaf collimator,MLC)。

1988 年调强放射治疗(IMRT)诞生。

二、千伏 X 射线治疗设备阶段

1895 年伦琴发现 X 射线后,就有人将 X 射线用于肿瘤治疗研究,20 世纪 40~50 年代是 X 射线治疗机应用的高峰期。根据能量不同可将 X 射线治疗机分为:接触治疗机(40~50kV)、浅层治疗机(50~150kV)、深部治疗机(150~300kV)、超高压治疗机(300~1000kV)。这种 X 射线治疗机的特点为管电压较高、管电流较小、X 射线质硬、穿透能力强。它对一些浅层的肿瘤治疗和淋巴结的补充治疗有一定的作用,所以现仍有一些单位采用 X 射线治疗机进行放射治疗。

三、兆伏级 X 射线治疗设备阶段

^{60}Co 治疗机是用 ^{60}Co 产生的高能 γ 射线作为射线源。加拿大在 1951 年首先生产出 ^{60}Co 治疗机,我国 20 世纪 60 年代开始制造 ^{60}Co 治疗机,为当时重要的放射治疗设备。与深部治疗机相比,它有以下优点:能量高,相当于 3~4MV X 射线,皮肤剂量低,保护皮肤;射线穿透能力强,深部剂量高,适合深部肿瘤的治疗;骨组织吸收量低,骨损伤小,适合于骨肿瘤及骨旁病变的治疗;^{60}Co γ 射线的次级射线主要是向前散射,旁向散射少,降低了全身剂量,全身反应轻。其缺点是装源量小,一般低于 2.59×10^{14}Bq(7000Ci),源皮距较短(60~80cm),半影严重,半衰期短,需要定期更换钴源。^{60}Co 治疗机可以分为固定式、旋转式和 γ 刀三种类型。固定式 ^{60}Co 治疗机机架可以上下垂直升降,机头可以朝一个方向转动给定的角度,机械结构简单,维修方便。旋转式 ^{60}Co 治疗机机架可以旋转 360°,机头也可以朝一个方向旋转,照射起来方便,适合做多种治疗,如等中心治疗和切野照射。^{60}Co 治疗机可以发射 1.17MeV 和 1.33MeV 两种 γ 射线,其深度剂量分布与 2.5MeV 电子加速器(electron accelcrator)相当。由于这种装置结构简单、成本较低、运行维护方便,因此,我国至今仍有生产,主要在中小医院应用。

四、精准放射治疗设备阶段

由于计算机技术、放射物理学、放射生物学、分子生物学、影像学和功能影像学的有力支持,以及多边缘学科的有机结合,放射治疗技术已经取得了革命性的进步,放疗还有保留器官功能和美容的优势。三维立体定向放射治疗技术必将进一步强化这一优势。近十几年来,我国三维立体定向放疗技术发展极其迅速,从普通放疗发展到三维立体高精度定向放疗,采用了三维立体定向系统、附加限束装置、体位固定装置,使靶区边缘剂量梯度峻陡下降,使肿瘤靶区(target section)与边缘正常组织之间形成锐利的"刀"切状,其目的是给予靶区内高剂量照射,保护靶区外周围正常组织和重要敏感器官免受损伤。

三维适形放疗(three dimensional conformal RT,3D-CRT):20 世纪 40 年代开始有人在二维放疗计划指导下,应用半自动原始多叶光栅(MLC)技术或者低熔点铅挡块,采用多个不规则照射野实施最原始的适形放疗,这一技术在临床一直沿用至今。由于计算机技术的进步,放射物理学家用更先进的多叶光栅代替手工制作的铅挡块以达到对射线的塑形目的,用计算机控制多叶光栅的塑形性,可根据不同视角靶体积的形状,在加速器机架旋转时变换叶片的方位调整照射野形状,使其完全自动化。将适形放疗(conformal therapy)技术提高到新的水平。近年来,影像诊断图像的计算机处理使得人体内放疗靶区和邻近重要组织器官可以三维重建,因而实现了临床上以三维放疗计划指导下的三维适形放疗。目前这项技术在世界范围内被越来越多的医院及肿瘤治疗中心用于放射肿瘤的临床实践,并逐渐被纳入常规应用。

在三维影像重建的基础上、在三维治疗计划指导下实施的射线剂量体积与靶体积形状相一致的放疗都应称为三维适形放疗。但是利用立体定向放射外科(SRS)系统实施头部肿瘤三维适形放疗与躯干部肿瘤三维适形放疗的设备和附属器具有所不同,操作技术方面也有一些差别,许多文献报道一般将用 SRS 系统进行头部肿瘤三维适形放疗称为立体定向放疗(stereotactic radiotherapy,SRT),而称采用体部固定架、MLC 或低熔点铅挡块实施的躯干肿瘤放疗为三维适形放疗(3D-CRT)。实际上 SRS、FSRT、SRT、3D-CRT 以及立体定向近距离放疗(stereotactic brachytherapy,STB)都应属于立体定向放疗范畴。

调强放疗(intensity modulated RT,IMRT)是三维适形调强放疗的简称,与常规放疗相比,其优势在于采用了精确的体位固定和立体定位技术,提高了放疗的定位精度、摆位精度和照射精度。采用了精确治疗计划即医生首先确定最大优化计划结果,包括靶区照射剂量和靶区周围敏感组织耐受剂量,然后由计算机给出实现该结果的方法和参数,从而实现了治疗计划的自动最佳优化。采用了精确照射即能够优化配置射野内各线束的权重,使高剂量区的分布在三维方向上可在一个计划时实现大野照射及小野的追加剂量照射(simultaneously integrated boosted,SIB)。当前临床应用较为普遍的是电动多叶光栅调强技术。

影像学指导的放疗(imaging guided RT,IGRT)是提高靶区剂量放疗,也是提高肿瘤局控率的关键。近年来,电子射野影像系统(electronic portal imaging device,EPID)、CT 等设备已可对靶区的不确定性进行更精确的研究,包括位置和剂量的验证,并通过离线和在线两种方式进行校正。新型 EPID 安装在加速器上,在进行位置验证的同时,还可以进行剂量分布的计算和验证。目前还有 CT-医用加速器、呼吸控制系统,如将治疗机与影像设备结合,每天治疗时采集有关的影像学信息,确定治疗靶区,达到每日一靶,即称为影像学指导的放疗(IGRT)。

生物适形放疗(biologically conformal RT,BCRT)是在传统观念中,外照射计划中照射野应完整覆盖解剖学影像 CT、MRI 所标示的肿瘤靶区,并给予均匀剂量照射。而且更重要的是在肿瘤靶体积内,癌细胞(cancer cell)的分布是不均匀的,由于血运和细胞异质性的不同,不同的癌细胞核团的放射敏感性存在很大差异,给整个靶体积区以均匀剂量照射,有部分癌细胞可能因剂量不足而存活下来,成为复发和转移的根源;如果整个靶区剂量过高,会导致周围敏感组织发生严重损伤。另外,靶区内和周围正常组织结构的剂量反应和耐受性不同;即使是同一结构,其亚结构的耐受性也可能不同,势必对放疗的预期目标产生影响。

目前,IMRT 的发展使放射治疗剂量分布的物理适形达到了相当理想的水平,而生物和功能性影像则开创了一个生物适形新纪元,由物理适形和生物适形紧密结合的多维适形治疗必将成为新世纪肿瘤放射治疗的发展方向。

精准放疗的优点是不容置疑的,它的建立、发展和完善标志着肿瘤放射治疗进入以"精确定位、精确计划、精确治疗"为特征的时代,精准放疗理论与实践也给放射肿瘤临床医生、放射物理学家、放射生物学家筑起新的高技术平台,同时也提出了更高的技术要求。

知识拓展

三维适形放疗与立体定向放射治疗的区别

三维适形放疗是 20 世纪 90 年代后期逐渐成熟起来的技术,利用加速器使多个射线野等中心照射肿瘤,每个野的几何形状均与肿瘤的形状一致。虽然三维适形放疗与 X 刀都使用加速器进行治疗,具有从多方向上向肿瘤靶区聚焦照射的共性,但与属于立体定向放射治疗的 X 刀和 γ 刀还是有很大区别的。如三维适形放疗照射范围要大得多,照射区域内剂量分布均匀,不但可以照射头部肿瘤,而且还可以准确地治疗体部肿瘤;而以立体定向放射治疗超过 3cm 的肿瘤时,照射区域内剂量分布不均匀,形成高剂量和低剂量区,不利于治疗。三维适形放疗与立体定向放射治疗的另外一个明显区别,是它们的放射生物学特性各有不同。立体定向放射治疗以一次大剂量,或数次较大剂量的方式治疗小体积肿瘤或良性病变;而三维适形放疗以常规分割方式(每周 5 次放疗,1.8~2.0Gy/次,总剂量 70Gy 左右)治疗大体积肿瘤或以 10 次左右中等剂量照射较小肿瘤。肿瘤放疗的生物学基础之一是利用不同组织被放射线照射后修复能力不同。因为大多数恶性肿瘤组织对放射性损伤的修复能力弱于正常组织,每次放疗后正常组织得到修复,而肿瘤的损伤未得到完全修复,所以多分次放疗后这种效应累积起来,肿瘤细胞被逐步杀死而正常组织未受到严重损伤。另外,由于缺乏正常的血管分布,大体积肿瘤中心营养不良,有很多对放射线不敏感的乏氧细胞;多次分次放疗时,随着肿瘤周边供氧充足细胞不断被杀死,中心供氧明显改善使得乏氧细胞越来越少,最终消灭全部肿瘤。其次,恶性肿瘤具有浸润性生长的特点,临床或影像学检查所发现的肿瘤周围存在着肉眼看不到的亚临床病灶,所以,如果只照射肉眼看得到的肿瘤或照射范围较小就会漏掉这部分肿瘤细胞,虽然技术精确但治疗结束后不久肿瘤就会复发。因而,少数几次大剂量放疗不但无法消灭体积较大的肿瘤,反而会对正常组织造成损伤。所以说,除了常规放疗,三维适形放疗是目前被普遍使用的放疗技术。

第二节 放射治疗设备分类与应用

一、立体定向放射外科三维定位设备

瑞典科学家 Leksell 在 1951 年首次提出立体定向放射外科概念,利用立体定向外科三维定位的方法,把高能射线准确地会聚于颅内病灶,以达到外科手术切除或损毁病变的治疗效果。1967 年由 Leksell 和 Larsson 研制出第一代 γ 刀,将 179 个钴源不同角度排列在一个半球面上,通过准直器(collimator)将 179 束 γ 射线聚焦到靶点上,经照射后的靶点坏死组织边界清晰,犹如刀切一般,故称 γ 刀。1988 年第三代 γ 刀问世,把 201 个钴源在空间上按一定的要求分布,然后根据病灶情况,利用先进的治疗计划系统制订治疗计划,通过计算机控制各个钴源的开关状态,完成对病灶的立体定向放射治疗。

为了开发更高能量并且适合医用的放射治疗设备,许多国家先后研究开发了各种不同类型的医用加速器(medical processing accelerator),主要类型包括电子回旋加速器(microtron)、电子直线加速器(electron linear accelerator)、质子加速器(bevatron)和其他重离子加速器(heavy ion accelerator)。由于医用电子直线加速器可以输出不同能量 X 射线和电子射线,输出能量可以从几兆电子伏(MeV)到几十兆电子伏,基本可以满足临床需求,且相对成本较低,而得到迅速发展。目前,医用电子直线加速器是放射治疗领域的核心设备。

二、医用加速器设备

医用加速器是放射治疗设备中最常用的治疗束产生装置,是利用电磁场把带电粒子加速到较高能量的装置。它还可以利用加速后高能粒子轰击不同材料的靶,产生次级粒子,如 X 射线、中子和介子束等。目前加速器种类很多,按粒子加速轨道形状可分为直线加速器和回旋加速器;按加速粒子不同可分为电子加速器、质子加速器、离子加速器和中子加速器等;按被加速后粒子能量高低分为低能加速器、中能加速器、高能加速器、超高能加速器;按加速电场频段分为静电加速器、高频加速器和微波加速器。医疗上使用最多的电子加速器是电子感应加速器、电子直线加速器和电子回旋加速器,它们可以产生电子束、X 射线束等。1951 年电子感应加速器应用于临床,1953 年电子直线加速器应用于临床,20 世纪 70 年代电子回旋加速器应用于医学。电子感应加速器是电子在交变的涡旋电场中加速到较高能量的装置,优点是技术简单、成本低,电子束可调能量范围大;但最大缺点是 X 射线输出量小,射野小。电子直线加速器是利用微波电磁场把电子沿直线轨迹加速到较高能量的装置,优点是电子束和 X 射线都有足够的输出量,射野较大;缺点是极其复杂,维护成本较高。电子回旋加速器是电子在交变的超高频电场中做圆周运动不断地加速,所以输出量高,束流强度(beam intensity)可调。加速器生产的高能 X 射线具有 ^{60}Co 治疗机的一切优点,将逐步取代 ^{60}Co 治疗机。

我国目前医用加速器数量严重不足,不能满足广大患者的需求。整体高端装备数量有待进一步提高。

知识拓展

我国医用电子加速器在临床上的主要研究内容

医用电子加速器是医用驻波型电子直线加速器,专门用于治疗人体内深部恶性肿瘤的大型放疗设备,是集机、电、光一体化的高科技产品,我国的主要研究内容有:

1. 高效率全密封边耦合驻波加速管及栅控电子枪的研制 在有效加速长度仅 27.2cm 的加速管中,将电子能量加速到 6MeV 的能量,标志着我国驻波加速管设计在制造方面上了一个新的台阶,达到了国际先进水平。低反轰加速管与高梯度栅控电子枪全密封焊接,并正常投入使用,确保了整机剂量输出特性指标。

2. 安全、可靠的整机计算机控制系统的研制 符合 IEC 标准,可实现临床治疗特殊功能要求(如 0°~60° 自动楔形治疗、1~4cGy/Deg 弧形治疗等),且具有友好的人机界面的整机计算机控制系统的研制,在国内是首次进行,并取得了成功。

3. 标准源轴距、大辐射野的等中心机械系统的研制 源轴距(SAD)100cm,辐射野 40cm×40cm 是国际通用产品参数,唯有实现这一标准,才能与国外产品进行比较。

4. 符合现代工业设计要求的整机外观造型设计和制造 采用三维立体造型计算机辅助设计解决了大型医疗设备外观造型困难的难题;研制中采用玻璃钢模具成型工艺,使国产医用加速器在外观造型上了一个新台阶。

5. 特殊临床功能 在国内首次实现:0°~60° 自动楔形治疗功能;1~4cGy/Deg 弧形治疗功能;大、小野治疗功能(可提高整机效率 20% 以上)。

综上,我国的医用电子加速器的主要特点是:整机设计符合 IEC 标准,达到国际通用产品水准;结构紧凑,操作、维护方便,符合中国国情,临床适应证达 60% 以上;整机设计起点高,高新技术含量高,功能多,智能化程度高。

三、近距离放疗设备

近距离放疗设备是将封装好的放射源(radioactive source)经人体腔道放在肿瘤体附近或放置于肿瘤体表面,或将细针管插植于肿瘤体内导入射线源实施照射的放射治疗技术的总称。这种方法由于治疗距离近,贴近肿瘤组织,降低了肿瘤深层的剂量,减少了对周围正常组织的放射损伤。近距治疗机相对于 ^{60}Co 治疗机和加速器等远距离治疗装置又称内照射(internal radiation)。20 世纪 80 年代近距后装技术得到发展与完善。后装技术是先不把带放射源的施源器(applicator)放入治疗部位,以手工或机械方法在有屏蔽的条件下将贮储器内的放射源送到施源器中实施照射。降低了医务人员的照射剂量,提高了摆位精度,减轻了患者痛苦。现代近距后装机可以概括为由计算机控制的遥控步进微型源,按照参考点预设定剂量,计算各留点驻留时间,并经优化处理后,得出理想的剂量分布。常用放射源有 ^{60}Co、^{192}Ir、^{137}Cs 等。

图片:近距离放疗设备

四、模拟定位机设备

模拟定位机(simulated locator)是放射治疗的配套设备。任务是模仿各类治疗机制订治疗计划,然后进行修正和验证,经确认无误后方能进行照射治疗。模拟定位机有 X 射线模拟定位机、CT 模拟定位机和 MRI 模拟定位机等。因 X 线模拟定位机不能满足精准定位的要求,CT 模拟定位机和 MRI 模拟定位机应运而生。CT 模拟定位机是将 CT 扫描、CT 数据三维重建、靶区和相邻危险器官的确定、虚拟模拟和三维治疗计划及实施结合在同一个系统上,使肿瘤得到真正的高精度适形放射治疗。CT 模拟机和虚拟模拟的整个过程称为 CT 模拟(CT simulation)。

图片:模拟定位机设备

CT模拟定位机应用流程

1. 激光灯校准 校准激光灯,并移动激光灯,使得左、右、上三个激光灯所发射的激光线交于一点,并将激光灯该位置设置为坐标0点。

2. CT扫描摆位 在平面CT床上,将患者按放射治疗时要求的体位进行摆位和体位固定。有经验的医生摆位会尽量将靶区位置摆在接近等中心处。

3. 画体位标记线 体位固定后,通过CT两侧墙的激光十字线和顶墙的激光十字线在皮肤上放置CT易于识别的参考固定标记(mark)点。

4. CT扫描 按治疗计划的要求对相应部位进行增强扫描,扫描范围比常规CT检查范围要大。一般扫描层次要求40层左右,肿瘤区域层厚最好为1~3mm。为了获得较大的扫描范围又不使层次太多而影响增强效果,可采用病灶区层厚1~5mm,以外区域逐步过渡为5~10mm的混合扫描技术。扫描结束后,通过网络信息系统直接传送所有CT图像到治疗模拟计划工作站。

5. 勾画内外轮廓和靶区轮廓 利用所有CT层面自动勾画体表轮廓,然后逐层勾画靶区周围重要器官轮廓和靶区轮廓,靶区包括肉眼肿瘤和亚临床病灶;同时系统提供手动勾画修正功能以便对靶区进行修饰。

6. 利用sim软件计算照射等中心点和三个标记(mark)相交点之间的Δ值。

7. 患者按原体位回到CT床上,按照该Δ值参数要求移动激光灯,然后再标记这3条体位标记线(体位标记线是提高放射治疗摆位精度的重要标记。因此,在用头部面罩或体部固定网进行体位固定时,需将激光定位十字线处开窗暴露皮肤,把激光定位线画在皮肤上,切不可画在体位固定器表面,如果激光灯不是可移动的,可以在加速器上进行类似标记),以便放射治疗的执行。

8. 设计和验证照射野 放射治疗医生和物理师根据肿瘤和周围重要脏器之间在三维空间的相互关系设计合理的照射野。照射野大小由靶区大小、脏器移动度和综合误差(定位、摆位和机器等误差)来决定。在射线束轴视角方向窗口调整照射野大小。在设计多野计划时,尽量采用非共面多野照射技术。照射野设计原则是使靶区内剂量最大而均匀,同时使靶区外正常组织的受量尽量减少。在数字化影像重建窗口打印每个照射野的数字化影像重建图像,通过与X射线模拟定位验证片以及照射野影像监测片进行对比,全面了解照射野的合理性和准确性。

9. 将定位、勾画和布野的结果发送到剂量计划系统进行剂量计算 剂量处方原则是将靶中心剂量归一为100%和90%的剂量线包括整个靶区,最后通过剂量容积直方图了解靶区和周围重要脏器剂量容积比,靶区出现剂量不均或周围脏器出现受量过高时,进行相应的调整。

10. 验证照射野等中心精度 为了验证患者皮肤表面照射野等中心参考点标记与实际靶区中心和计划靶区中心重复精度,在其左、右、前皮肤表面照射野等中心参考点标记处放置CT可成像标识物,对此进行1mm薄层扫描。在CT图像上测量3个标记(mark)参考相交点与实际靶区中心和计划靶区中心的重复精度,该误差一般<1mm。

五、治疗计划系统

治疗计划系统(treatment planning system,TPS)是一套专用的计算机应用系统,它根据病灶情况进行治疗计划设计,包括剂量分布的计算和治疗方案优化选择,使靶区获得最大肿瘤致死剂量,周围正常组织放射损伤最小。治疗计划系统的出现使得放射治疗从定性过度到定量。它的发展经历了从一维到三维,逐步成为精准放射治疗的精髓。

一维计划系统主要是早期手工方式,精度差。二维计划系统,提高了病灶的勾画、剂量计算、射野设计、等剂量线显示等基本功能,基本可以满足放射治疗需要。我国在20世纪90年代以前放射治疗基本属于常规照射,是在二维计划系统支持下进行的。

近年来三维治疗计划系统发展迅速,能满足立体定向放射手术(SRS)、立体定向放疗(SRT)、三维适形放疗(3D CRT)和调强放疗(IMRT)等精准放疗的要求。适形放射治疗分为两个技术发展阶段。

第一阶段是射野几何投影（projection）适形，即让射野的形状在束流视角方向上与病灶的投影一致，医生能够看到射束对肿瘤的包容情况和如何避开重要器官。射束内强度均匀分布，或用一些简单的楔形板或补偿板来修改射束内的射束强度分布，这种方式称为普通三维适形放射治疗。它利用三维放射治疗计划系统设计非共面不规则野进行分次照射。非共面照射靠转动治疗床的角度实现，要求治疗计划系统具有新的三维剂量算法、三维解剖结构重建、三维等剂量面显示及不规则野铅窗或多叶准直器设计功能。不规则野是利用加速器内置多叶准直器、外置电动或手动多叶准直器及计算机程控铅挡块切割加工不规则铅窗来形成。

第二阶段是采用逆向计划，即调强适形（intensity modulated）。利用计划系统计算出射野照射方向上应有的强度分布，是常规治疗计划的逆过程，称为逆向计划设计（inverse planning）。然后按照设计好的强度分布在治疗机上实施调强治疗。正常的治疗计划是计划者设计一系列射束，计算这些射束产生的剂量分布，再评价该计划是否合理，是由操作者选择治疗参数，最后得出结果的过程。逆向计划是指定射野内各个解剖位置的剂量限制，形成所需剂量分布，由治疗计划系统计算出最合适射束及射束内强度分布设置，即根据预定靶区和危险器官结构计算出射束剖面强度分布并使靶区获得最佳剂量分布的方法，是由操作者选择结果，最后得到治疗参数的过程，被称为放射治疗计划的逆向方法。

放射治疗设备除了上述基本配置外，还需一些辅助设备。常用附件有激光定位灯、摆位辅助装备、限光筒、楔形板和组织补偿器等射束修整装置、辐射剂量仪（dosimeter）、剂量分布测量仪以及治疗摆位验证系统（therapeutic setup verification system）等。

立体定向适形放射治疗时还需要采用多叶准直器（MLC）、地面定位系统或床上定位系统等辅助装置。

精确放疗计划设计步骤

1. 体位或面罩固定。
2. 输入患者基本信息和图像信息。
3. 标记参考点和图像配准。
4. 精确定义解剖结构并给定处方剂量要求。
5. 采用正向或逆向方式确定射野参数。
6. 评估治疗计划。
7. 输出治疗计划和传输射野数据。
8. 模拟机复位和质量保证、控制。
9. 剂量验证。
10. CBCT加速器上验证（位置验证）。
11. 验证结束后，根据输入的治疗计划进行放射治疗。

六、三维适形和调强放疗设备的临床应用

王某，男性，46岁，食管癌患者。按照患者食管癌靶区形状，选取适当射野模式，根据患者病情酌情采用楔形板。先对预防照射区进行覆盖，按照病变区域和相邻组织联系与具体状况，取4野或5野进行中心照射。第二阶段时，进一步把射野缩小到肿瘤病灶区域，再进一步推量。

问题：

1. 调强放疗有什么优点？与三维适形放疗有何区别？
2. 调强放疗设备操作一般步骤是什么？

适形放疗是一种提高治疗增效较为有效的物理措施,使得高剂量区分布形状在三维方向上与病变(靶区)形状一致。三维适形放疗(three-dimensional conformal radiation therapy,3D-CRT)是指在照射方向上,射野形状与病变(靶区)形状一致,从而保护危险器官,它主要用于治疗头部及体部体积较大、形状不规则的肿瘤。3D-CRT采用分次照射,但一般分次次数比常规疗效要少,单次照射剂量比常规疗效要大。调强放射治疗(intensity modulated radiation therapy,IMRT)是在三维适形放疗的基础上发展起来的一种先进的体外三维立体照射技术,它不仅能使照射野形状与肿瘤形状一致,而且还可对照射野内各点输出剂量进行调制(调强),从而使其产生的剂量分布在三维方向上与靶区高度适形,因此适用于各种形状的肿瘤治疗。

七、图像引导的放射治疗设备的临床应用

在放疗过程中会有一些不确定因素如摆位误差等,为了解决这些问题,将放疗设备与成像设备结合在一起,在治疗时采集有关图像信息,确定治疗靶区和重要结构的位置、运动,并在必要时进行位置和剂量分布校正,这称为图像引导的放射治疗(image-guided radiation therapy,IGRT)。目前,主流图像引导技术是以在线锥形束CT三维成像与计划CT配准实现的。其他,如赛博刀(Cyber-knife)是使用治疗室内两个交角安装的千伏级X线成像系统,等中心投射到患者治疗部位,根据探测到的内置金属标志位置变化来实现影像引导功能。

放射治疗设备包括硬件和软件,其中硬件包括治疗束产生装置、模拟定位机和附件,软件主要是治疗计划系统。

第三节　放射治疗设备发展趋势

由放射治疗设备发展历史可知,医用电子直线加速器是性价比最高的现代肿瘤放射治疗设备。因此,医用电子直线加速器是现代放射治疗技术的核心设备。在相当长时间内,作为外照射治疗设备,医用电子直线加速器的核心地位,将是任何其他放射治疗设备无法取代的。因此,放射治疗设备发展趋势,将是进入以医用电子直线加速器为核心技术、多学科综合应用、外围设备综合配套的精准放射治疗时代。与此同时,放疗加速器等小型专用放射治疗装置和质子加速器、重离子加速器等装置也将是未来开发的重点,而且重离子治疗是未来放射治疗的必然方向。随着计算机、物理学等高科技的发展,放射治疗设备的进一步创新,21世纪肿瘤的治疗必将引领未来放疗新方向。

本章小结

本章主要讲述了放射治疗的发展历史,各个历史阶段主要的放疗设备和辅助设备,明确精准放疗的仪器设备类型及方法。技术人员应知的放射治疗设备的分类与临床应用,以及放疗设备的发展趋势。

张某,男性,48岁,汉族,经确诊为肺癌。分析患者病情并制订相应的综合治疗方案,选用放射治疗。从放射治疗设备及其技术的发展来看,用放疗设备治疗效果会更好。

问题

1. 放射治疗设备的发展经过哪些阶段?我国的放射治疗设备经过了哪些过程?
2. 该患者可使用哪些精准放射治疗以达到更好的效果?
3. 简要说明放射治疗设备的发展趋势。

0104

案例讨论

笔记

(石继飞)

扫一扫,测一测

思考题

1. 简述放射治疗设备的发展史。
2. 精准放射治疗主要有哪些?
3. 简述放射治疗设备的分类与应用。

第二章　放射治疗辅助设备

学习目标

1. 掌握：各种模拟定位机的结构组成和应用流程。
2. 熟悉：放射治疗计划系统的硬件配置和软件组成；体位固定装置的临床意义、功能和类型。
3. 了解：常用的放疗验证与剂量检测设备。

第一节　模拟定位机

模拟定位机(simulated positioner)是在肿瘤放射治疗中制订放疗计划的关键设备之一。常用作放射治疗之前的需放射部位的定位。

一、普通模拟定位机

普通模拟定位机(图2-1)是模拟放射治疗机(如医用加速器、^{60}Co治疗机)治疗的几何条件而定出照射部位的放射治疗辅助设备,实际上是一台特殊的 X 线机。X 线常规模拟定位机是当患者被诊断患有肿瘤并决定施行放射治疗时,在放射治疗前要制订周密的放疗计划,然后在定位机上定出要照射的部位,并做好标记后才能到医用加速器或^{60}Co治疗机上去执行放疗。

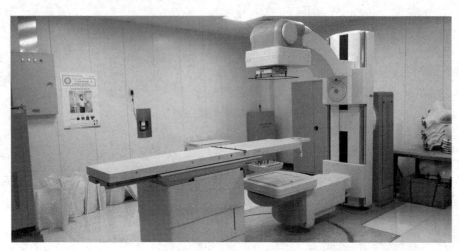

图 2-1　模拟定位机

（一）结构组成

模拟机的基本结构见图 2-1。位于"C"形机架上方的 X 射线管通电后发出 X 射线束,通过准直器的铅门所允许照射的区域形成照射野。如果在照射野内的 X 射线束通过受检体射到 X 线影像增强器的输入荧光屏上,激发出的可见光再作用于光电阴极,使之产生电子,经电子透镜系统聚焦和加速后到达输出荧光屏,从而获得增强的荧光图像。然后经摄像系统,可在电视监视器上显示透视图像。当"C"形机架做旋转时,如果受检体低于"C 形"机架的旋转轴,则在显示器上的图像就会下移;反之,则上移。如果将受检体置于模拟机的各种运动和照射束基准轴线的汇交点上,则显示图像位置不变,这一点就是等中心。

实际上,模拟机是模仿医用直线加速器或 ^{60}Co 机改造的 X 线机,用 X 线球管来代替 ^{60}Co 源或加速器 X 线源的位置,影像增强器置于治疗机架的平衡锤位置,采用类似于治疗机治疗床的运动功能和结构尺寸,以解决普通 X 线诊断机做定位时射野设计较为困难的问题。模拟机的机架除能模拟治疗机的等中心旋转功能外,还能上下调节(80~100cm),以适应不同治疗机、不同源轴距的要求。影像增强器一般为 12 英寸(1 英寸 = 2.54cm)或 14 英寸,14 英寸的增强器用于特殊目的,如模拟 CT 等。影像增强器的信号通过电视监视器显示,而且影像增强器能做上下、左右、前后三维运动,并带有暗盒及透视、照相联锁结构。模拟机床的运动方向和范围要与治疗机的治疗床完全一致,应符合 IEC 对治疗床的要求。

（二）模拟机的功能

当患者被诊断患有肿瘤并决定施行放射治疗时,在放射治疗前要制订周密的放疗计划,然后在定位机上定出要照射的部位,并做好标记后才能到医用加速器或 ^{60}Co 治疗机上去执行放疗。模拟定位机的作用正在于此。

放射治疗模拟机在治疗计划设计过程中执行着六大重要功能:靶区及重要器官的定位;确定靶区(或重要器官)的运动范围;治疗方案的选择(治疗前模拟);勾画辐射野和定位/摆位参考标记;拍摄辐射野定位片或证实片;检查辐射野挡块的形状及位置。这些功能的实施通过两个步骤来完成:一是为医生和计划设计者提供有关肿瘤和重要器官的影像信息,这些信息区别于来自常规诊断型 X 线机的影像信息,能直接为治疗计划设计用,如治疗距离处射野方向的射野视窗(beam eye view,BEV)BEV片,或正侧位 X 线片等。根据 BEV 片,计划设计者可以设计出射野挡块;或通过垂直于射野中心轴方向的 X 线片,可以设计出组织补偿器等。这些 X 线片可以通过扫描或网络系统进入治疗计划系统,也可直接用于直观比较。二是用于治疗方案的验证与模拟。经过计划评估后的治疗方案在形成最后治疗方案前必须经过验证与模拟,验证与模拟是附加上治疗附件如射野挡块等之后,按治疗条件如机架转角、准直器转角射野"井"形界定线大小、SSD(或 SAD)等进行透视的模拟和照相的验证,并与治疗计划系统给出的相应的 BEV 图(通过 DRR)进行比较,完成治疗方案的模拟与验证。一旦治疗计划被确认,医生在患者皮肤或体位固定器上标出等中心的投影位置。等中心的投影位置为分次摆位照射的依据,标记必须可靠,在整个疗程中不能改变。

DRR 图像的概念

DRR(digitally reconstructed radiograph),全称为数字重建放射影像。它是指射野方向或从类似模拟定位机的 X 射线靶方向观视 3D 重建图像的结果。近年来,随着计算机技术的发展和 CT 扫描技术的进步,DRR 越来越多地取代了传统 CT 模拟定位机所用的胶片图像。DRR 被广泛应用于CT 模拟定位、图像引导放射治疗(IGRT)及计算机辅助外科等领域。目前,DRR 重建算法主要采用光线投射法实现。

模拟机除了上述功能外,还有测量靶区深度的功能。将靶区置于模拟机机架旋转轴心上,在患者皮肤上可见射野的十字中心点,开启测距灯可读得源皮距,将源轴距减去读得的源皮距即为靶区深度,患者坐起则从床上或体模内可读得射线自靶区穿出皮肤深度,所以利用模拟机可精确测定患者的体厚、肿瘤深度等数据。

此外,利用同样的原理对拟做穿刺活检的患者,可将穿刺目标置于模拟机机架旋转轴心上,则立刻可在皮肤上读出穿刺点、穿刺方向及正确的穿刺深度,以保证穿刺方便而顺利地完成,还可以开展其他临床诊断工作,如:放射治疗模拟机可做放射科的胃肠检查;骨科三翼钉定量推进或定量取出;人体肌肉内异物取出,异物定位精确,异物到皮肤距离定位准确,使异物手术更加容易。

可见放射治疗模拟定位机不是一台普通的诊断X射线机,而是一台专门设计的用于放射治疗模拟定位的装置。

二、CT模拟定位机

CT模拟定位机(图2-2)是借助复杂的计算机软件,将计划设计的照射野三维空间分布结果重叠在CT重建的患者解剖资料之上,在相应的激光定位系统的辅助下,实现对治疗条件的虚拟模拟(virtual simulation)。现代CT模拟定位机综合了部分影像系统、计划设计系统和传统X光模拟机的功能,已经融合成为现代放射治疗技术不可分割的一部分。从肿瘤的定位、治疗计划的设计、剂量分布的计算,到治疗计划的模拟、实施,CT模拟定位机的应用贯穿于放射治疗的全过程。

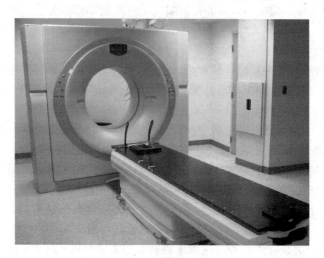

图2-2　CT模拟定位机

（一）结构功能

CT模拟机是兼有常规X射线模拟机和诊断CT双重功能的定位系统,通过CT扫描获得患者的定位参数来模拟治疗的机器。一个完整的CT模拟机由三个基本部分组成。①一台高档的大视野(FOV≥70cm)CT扫描机,以获取患者的CT扫描数据,CT扫描孔径(FOV)越大越好。②一套具有CT图像的三维重建、显示及射野模拟功能软件,这种软件可以独立成系统,也可以融入三维(3D)治疗计划系统中。③一套专用的激光灯系统,最好是激光射野模拟器。在精确放疗体系中,上述设备均不可或缺且具有一定要求。进行体部CT模拟定位时,还应尽可能配合呼吸控制系统进行。在精确放疗中,靶区控制相对严格且适形度高,稍有偏差即可导致治疗的失败。治疗机配备实时验证系统也是非常必要的。

（二）应用流程

CT模拟过程为借助复杂的计算机软件进行治疗计划设计,将虚拟的照射野在三维空间分布的结果重叠在CT重建的"数字化患者"解剖资料之上,并利用相应的激光定位系统在真实患者身体上标记射野设计的结果,实现对治疗条件的虚拟模拟定位设计。具体步骤有:

第一步,CT扫描,患者摆位和固定。

第二步,治疗计划设计与虚拟模拟定位。包括靶区及周围组织的勾画,等中心的设置,直接设置摆位标志点或预设置参考标志点,照射野的设置等。

第三步,CT模拟设计的验证。

三、MR 模拟定位机

MR 扫描提供了良好的组织分辨率,可以清楚看见肿瘤侵犯软组织的范围,在判断鼻咽癌 GTV 上有明显优势。MR 对 CT 图像的优势主要体现在即使是平扫 MR 也较 CT 图像能提供更好的肿瘤及正常组织边界。强化 MR 图像在分辨脑部及头颈部神经周围的肿瘤或侵犯时更有优势。脑部的功能 MR 在治疗颅内肿瘤时能区分语言、视觉、听觉等区域。新 MR 技术,如 MRS、DWI、动态强化对比序列等已在前列腺肿瘤治疗过程中得到应用性研究。MR 能把肿瘤从周围肌肉和血管中区别开来,对肿瘤进行精确定位,并勾画出肿瘤与周围组织和脑组织的交界面。

（一）结构功能

MR 模拟定位机是在 MR 扫描机的基础上,通过增加一套三维可移动激光定位灯和一套图像处理工作站而构成的虚拟模拟定位系统。MR 模拟定位机由大孔径 MR 扫描仪、三维可移动激光定位灯、平板床面、放疗摆位辅助装置、图像处理工作站和其他配套设备组成。

大孔径 MR 模拟定位机,配套有放疗专用线圈,专用于模拟定位。与普通 MR 线圈相比,放疗 MR 线圈的设计更考虑到摆位重复性及固定膜的影响,如头线圈由常规封闭式改为开放式,体部线圈配合前置阵列支撑架使用及后置阵列套件、开放阵列套件与线圈的配套使用等。

（二）应用流程

实际应用中,MR 模拟定位机根据是否结合 CT 模拟定位可有两种实现方式,目前应用于临床的主要为结合 CT 的方式,其定位流程如下:

1. 患者综合检查,确定是否符合 MR 扫描标准。

2. 确定患者治疗体位,选择体位固定方法。

3. 患者摆位,制作固定膜。

4. 使用 3D 激光灯确定参考点位置,用十字交叉线标记,贴体表参考标记点行 CT 扫描。

5. 患者下床,CT 定位过程结束。

6. 患者佩戴相同固定膜,使用相同参考标记点行 MR 扫描。

7. 患者下床,MR 定位过程结束。

8. 将患者 CT、MR 扫描图像传至计划系统。

9. 将 CT、MR 图像融合,利用 MR 图像确定肿瘤范围,勾画靶区和重要保护器官,利用 CT 图像进行剂量计算,制订治疗计划。

10. 患者回到 CT 机校位。

另一种方式为独立使用 MR 模拟定位机,MR 缺少的电子密度信息可通过分割组织分配容积密度来获得。需要注意的是,由于受 MR 强磁场影响,MR 模拟定位机中 3D 激光定位系统应选择为 MR 专用。对于 MR 的体表标记既可以使用无磁标记点,也可以通过后期 MR 图像与 CT 图像配准来实现图像结构的统一。

不过,利用 MR 模拟定位机独立定位需要注意的是 DRR 图像重建问题。MR 数据用于放疗计划之前,必须解决 MR 图像没有电子密度信息这一问题。由于 MR 缺少组织密度信息,目前的研究基于 MR 模拟定位机的 DRR 图像生成方法主要由操作者勾画骨组织的轮廓,然后赋予这些轮廓骨密度来重建 DRR 图像。利用 MR 进行计划设计,还有一个要解决的重要问题就是 MR 图像的形变问题。因其特殊的成像原理,MR 成像总会存在图像失真。图像失真影响图像空间位置准确性,不利于重现患者脏器准确位置,这成为 MR 图像在放疗计划中未能广泛应用的主要障碍之一。

第二节　放射治疗计划系统

放射治疗计划系统(treatment planning system,TPS)是放射治疗的重要设备之一,用以设计放疗计划,同时兼备靶区及正常结构勾画,多种图像融合及剂量评估、对比、验证等功能,它实际上是一套计算机软、硬件系统。放射治疗计划系统的好坏直接决定了放疗的剂量分布优劣及准确性。通常由医生在该系统上勾画靶区和危及器官、确定临床剂量要求,物理师设计治疗计划,模拟出患者体内的剂量分布,最终由医生和物理师一起评价治疗方案,将满意的治疗计划输出到治疗机用于治疗。

一、放射治疗计划系统的硬件配置

放射治疗计划系统(TPS)是医学影像学和计算机技术发展的产物。它的硬件配置,主要部分是一套专门用来进行放射治疗计划设计的计算机工作站。该工作站主要为一台高性能大存储的微型计算机,还要配备医学图像的输入输出设备等。该工作站可以为临床医生提供交互式断层图像的三维构建工具;可以精确测量靶区,提供相应的定量数据,并计算剂量在体内组织间的空间分布并直观显示;打印输出治疗报告等。

此外,随着计算机网络技术的不断发展,为了适应通过网络直接从 CT、MRI 和 PET 等影像检查设备或者医院局域网的服务器上获取数字图像信息的需求,并通过网络将设计好的放射治疗计划直接输入到加速器等放射治疗设备的控制系统,文件传输的主要内容是患者治疗数据,患者的治疗数据包括加速器参数,如照射野方向、照射野尺寸、动态及静态多叶光栅(MLC)形状、治疗床位置、剂量及治疗附件等。这种传输可以通过采用 DICOM 标准的网络传输或采用 DICOM 标准文件格式以磁盘方式进行。

DICOM

20 世纪 80 年代初 PACS 获得较大发展,但是由于成像设备厂商采用了不同的数据格式,因此影响了不同厂家设备间信息的交换、互连和通信,PACS 发展也因此受到阻碍,正因如此,美国放射协会(American College of Radiology,ACR)和美国国家电子制造商联合协会(National Electrical Manufacturers' Association,NEMA)积极推动并主持制定了医学图像数据通讯协议及文件格式的标准 DICOM 3.0(digital imaging and communications in medicine 3.0)。DICOM RT(DICOM in radiotherapy)是针对放射治疗对 DICOM 进行的扩充,因此实现放射治疗 PACS(以下称 RT PACS)的关键技术之一是对 DICOM 的支持。目前,对 DICOM 接口的支持已经成为许多放射成像和放射治疗设备的标准配置,这既对设备制造商提出了要求,也促使临床医务工作者今后在进行设备配置与选购以及临床工作中,对 DICOM 要有所了解。

二、放射治疗计划系统的软件组成

放射治疗计划的软件系统是一套三维可视化工具,可以作为术前的计算机仿真平台和术后验证工具及粒子植入内放射治疗的重要组成部分。它具有友好的用户界面和极佳的图像显示效果。主要功能包括:影像设备的图像数据输入和整理、图像数据处理与测量、三维重建显示、粒子植入计划设计(包括手术路径、粒子分布等)、剂量评估和优化、治疗计划输出和病例数据库管理等功能模块。

(一)图像数据输入

该系统支持 DICOM 3.0 标准、视频采集和扫描输入;支持电子数据图像和扫描图像并存;CT、B 超和 MRI 等图像并存;引入图像序列的概念,可同时或分阶段输入不同检查设备的不同序列图像。

(二)图像数据处理和三维显示功能

该系统支持图像缩放、平移、翻转、漫游、窗宽和窗位调节,支持图像的多窗口显示及多模式显示;支持有框架和无框架定位方式,自动探测图像定位标记点和定位误差的评估及报警提示;支持自动探测体表轮廓线,靶区和重要器官等目标轮廓的自动或交互提取;支持图像的灰度、直线距离、角度和面积的测量和显示;支持不同断层图像序列间的交互重建和剖面显示;支持体表、靶区和重要器官等多目标的三维重建以及原始图像数据的融合显示(见文末彩图 2-3),支持透明和半透明显示;支持图像序列的插值与重建。

（三）剂量评估功能

该系统可以在不同的图像序列的断层图像上直观地显示等剂量分布，多个等剂量线、等剂量面的同时显示（见文末彩图2-4）；可以显示等剂量面与靶区及断层图像在三维空间中各个角度的吻合情况和相互关系；支持多种剂量评估方法，如P. O. I、Profile、DVH等。

（四）计划报告输出

该系统可以打印输出所有的治疗计划数据、评估图形和图像。验证报告输出，包括：剂量分布、粒子位置和粒子描述。该系统具备完善的病例数据库管理、计划数据和图像序列管理功能，可以实现病例、计划和图像序列的新建、编辑、修改、删除等各项功能。

0202

图片：三维剂量场及 DVH 显示

第三节　体位固定装置

乳腺癌是严重威胁女性健康的常见恶性肿瘤之一。近年来，根据中国抗癌协会最新统计数据显示，我国乳腺癌发病率以每年3%的速度递增。在治疗方案上仍以手术为主，放射治疗作为恶性肿瘤的一个重要治疗手段，同外科手术相似，都能够解决局部病灶。不同的是，外科是直观下切除肿瘤，而放射治疗是通过不同类型的放射线使肿瘤组织致死。术后放疗的综合治疗已成为比较成熟的临床治疗模式。某医院采用真空垫固定乳腺癌术后行放射治疗共38例，全部按设计方案顺利完成治疗计划，11例有轻微咳嗽，经胸部CT检查，患侧肺组织未发现明显炎性病理改变，对症治疗后咳嗽痊愈；3例有轻微干性皮炎，休息1~2周后基本自行痊愈；14例无明显不适症状出现。

问题：乳腺癌术后放疗采用真空垫固定的优越性有哪些？

一、体位固定装置的临床意义

在放射治疗中，患者治疗体位的选择是治疗计划设计中极其重要的环节之一，放疗体位的要求，一方面要使患者得到正确的治疗体位，另一方面还要求在照射过程中体位保持不变，或每次摆位能使体位得到重复。使用固定设备可减少随机摆位误差，降低正常组织的受量，同时保证靶区得到充分的照射。固定设备是指可建立并维护患者治疗体位的设备，它同样可以防止在一次治疗中患者的移动。对患者治疗体位而言，应考虑舒适性、重复性、在一段时间内维持该体位的可能性和射线的入射方向。这些因素相互联系，其中患者的舒适性可能是一个相对重要的因素。错误的摆位或位置不准确，不仅靶体积会因为未受到射线的照射而得不到有效治疗，且正常组织甚至重要器官会由于意外照射而受到伤害，严重影响治疗效果，这是医患双方最不愿意看到的结果。所以在放射治疗的整个过程中，先进的体位固定技术、精确的体位固定装置，是保证靶体积与射线束在空间位置上的一致性的重要手段。

二、体位固定装置的功能和类型

根据不同的放射治疗技术水平和不同的治疗精度要求，体位固定装置可以分为常规摆位设备和三维坐标定位体系等多种类型。

（一）一般的头颈部摆位设备

常规放射治疗使用的体位固定装置，称之为常规摆位设备，通常包括头部、颈部、头肩部等多种类型和多种规格。通用枕头大小、形状不同，由聚氨酯泡沫铸造而成，底座通常为碳纤维或有机玻璃材料，其形状按患者头颈部设计，见图2-5。由于这些枕头的形状和高度不同，其对射线的衰减也不同。虽然它们一般不能提供摆位的标识，但可提供给患者一个较为舒适稳定的体位。对于头颈部病变患者的固定,一般有头枕、托架并辅之以热塑材料的面膜,在这基础上,还可以附加鼻夹、口咬器等来提高固定效率,见图2-6。泡沫楔形枕垫于患者的肩部,使肩部抬高,以便充分暴露患者的颈部。固定器的底座可以与治疗床面的某一网孔固定以保证每次治疗有相同的床面位置参数,或者可以伸出床面以避免动态治疗时与机头的碰撞和减少布野限制。考虑到需固定的范围,热塑面模可仅限于头部,也可以扩展到肩部。

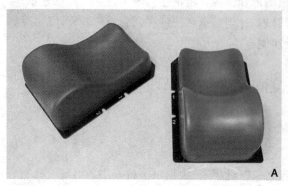 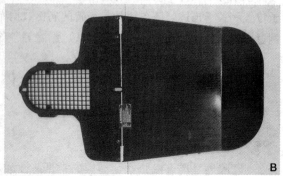

图2-5 头部摆位设备

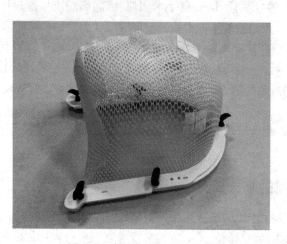

图2-6 常规头肩部摆位设备

聚氨酯材料

聚氨酯材料具有诸多优点:密度低,质地柔软,穿着舒适轻便;尺寸稳定性好,储存寿命长;优异的耐磨性能、耐挠曲性能;优异的减震、防滑性能;较好的耐温性能;良好的耐化学品性能等。聚氨酯材料制成的各种形状的面模是具有"记忆功能"的热塑性材料,常温下比较硬,用热水加温会变得柔软,这时,紧贴在需要固定的部位拉伸定型,待自然降温冷却后,就会保持这种形状不变,反复装卸不会变形,因此可以有效地提高摆位精度和重复摆位的精确性。

(二)乳腺体位辅助托架

乳腺癌患者放疗时应使用乳腺体位辅助托架,见图2-7。其目的有:①人体上胸壁表面是一个斜面,乳腺体位辅助托架的使用可减少或避免切线野照射时光阑转动,有利于与锁骨上野的衔接;②使内切线野在皮肤上的投影尽量平直,避免与内乳野皮肤衔接出现冷点和热点;③避免仰卧后乳腺组织向上滑动。常用的乳腺托架材料为碳素纤维,具有高强度、无伪影、不阻挡射线的特点。这种辅助体位托架一般由两联体部分构成,一部为软垫部分,一部为托架板面。托架板面可以任意根据患者摆位要求调整仰角,托架板上部两侧有上臂及前臂鞍形臂托架,这两个鞍形臂托架的高度、外展角度、位置也可以根据需要调整。在模拟定位机(或CT模拟定位机)上给患者定位时,让患者仰卧位臀部落在软垫之上,后背靠于托架板上,调整头部垫枕位置至患者舒适状态;调整托架板仰角,使胸壁与治疗床面平行;患侧上肢向头部上方自然弯曲上举并置于臂托架内,使上臂与前臂约成90°角,调整臂托架高度、外展角度、位置,使患者尽量感到上肢自然、舒适,放疗时患者体位要根据定位环节中的摆位记录复原,保证患者每次治疗时体位的重复性与一致性。

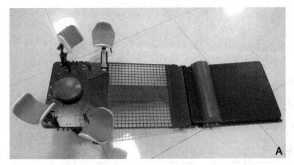

图2-7 常规乳腺摆位设备与摆位

(三)真空成形固定袋

真空袋的固定如VacLok系统,它是一个装有小的聚苯乙烯(polystyrene)珠子的氨基甲酸酯(ure-thane)袋,袋口有一单向气阀,使用时通过气阀将袋抽成真空来固定患者体位,见图2-8。它的优点是可以重复使用,缺点是遇尖锐物容易漏气,导致真空体模变形,所以经过一段时间后可能需要再次抽气。在使用过程中须避免与尖锐物件相碰,另外,也需要相对大的存储空间。体部固定也有采用热塑材料的,其机制与头面部固定一样。一般来讲,体模和真空袋固定体模仅是作为患者身后(假若患者取仰卧位)固定的装置,而热塑材料则能固定患者的体表。在有些场合,如患者比较肥胖或腹部脂肪较多,采用这种固定不但能固定患者的体位,还能相对固定照射范围内患者的体形,避免了治疗过程中体厚或深度随呼吸的变化,其患者常见摆位的误差范围见表2-1。

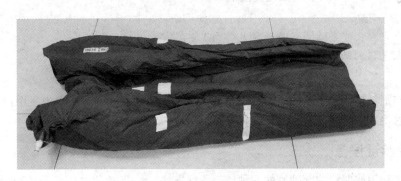

图2-8 真空成形固定袋

真 空 袋

该系统由一个真空泵和装有塑料小球的橡胶袋组成,袋体采用聚氯乙烯复合材料,袋内离子采用低密度聚氯乙烯发泡粒子。平时袋内充有空气,质地柔软。特性为:①在真空负压条件下硬(固)化,从而形成各种模型;②在X射线成像时,无阴影产生。使用时患者按治疗体位躺在真空袋中,待其体位确定后,抽真空使其成形。真空袋在使用过程中可发生偏差。因此,应尽量保护好真空袋,设置专人专柜摆放,避免漏气变形现象,减少复形真空袋的使用率。在患者整个放疗过程中尽量使用原真空袋固定体位,同时每天检查各真空袋的状况,发现漏气及时处理。对于半软状态的真空袋,须重新制作并到模拟定位机下透视复位后,方可供临床使用。

表 2-1 患者常见摆位的误差范围

部位	固定技术	平均误差范围(mm)
头颅	未固定	<3
	面罩	2.0~2.5
	颅内固定(立体定向治疗)	<1
头颈部	面罩	2.5~4
	机械固定	<3
	牙托	<4
胸部	未固定	<4
乳腺	真空垫	<4
盆腔腹部	热塑料网罩	3~4
	未固定	5~7

第四节 放疗验证与剂量检测设备

某种胶片剂量仪的放射照相用胶片组成:片基(厚度约 0.2mm,透明)、乳胶(覆盖在片基双面或单面的含溴化银晶体颗粒)、乳胶保护涂层。当胶片受可见光或电离辐射照射时,溴化银(Ag-Br)晶体颗粒中的银离子(Ag^+)还原为银原子(Ag),数个银原子就形成所谓的"潜影"。洗片时,洗片液分子促使晶体颗粒的 Ag^+ 还原为 Ag,这种转变在含有"潜影"的晶体颗粒中进行得更迅速,因此选择合适的洗片时间就形成高黑度差别的影像。

问题:

1. 胶片在剂量学中的应用主要有哪几方面?
2. 胶片剂量仪的缺点是什么?

放疗验证与剂量检测是整个放射治疗质量保证体系的重要组成部分,作为一个医疗机构的放射治疗科室或放射治疗中心,都需要配备放射治疗验证设备及放射剂量检测设备。

一、放疗验证设备

放射治疗是利用放射线治疗肿瘤的一种局部治疗方法。约 70% 的癌症患者在治疗癌症的过程中需要进行放射治疗,约有 40% 的癌症可以用放疗根治。但以现有医疗条件,医患双方都无法直接有效地观察放射治疗的效果。治疗验证是放射治疗中必须进行但也是目前仍未完全解决的问题之一。目前,一般是通过治疗验证设备,间接进行分析与验证,下面对常用的放射治疗验证分析设备进行简单介绍。

(一)热释光剂量计

热释光剂量计(thermoluminescence dosimeter)是利用热致发光原理记录累积辐射剂量的一种器件。热释光剂量计是 20 世纪 60 年代发展起来的一种剂量计,它能长时间储存电离辐射能,在受热升温时,能放出光辐射,这种特性称为热释光。它的基本验证原理是,将"热释光"材料按照需要制成大小不同的片状小块,放置在患者病灶周围,经过射线照射之后,再将这种"热释光"材料拿到专用热释光剂量计上测量其吸收剂量,从而间接分析被照射病灶的吸收剂量。所以热释光剂量计一般可以用在近距离放射治疗时的核素放射源周围,用来监测并验证分析病灶的吸收剂量。此外,热释光剂量计还可以用于监护放射工作人员可能受到的辐射剂量。该仪器体积小巧,佩戴在人体躯干上用来测定佩戴者所受辐射外照射个人剂量当量和个人剂量当量率,主要用途是用于放射性工作人员的个人防护,见图2-9。它可以探测佩戴位置当时的剂量当量率,也可以探测所设定的一段时间内的剂量当量,并能设置报警值以声、光或振动进行报警,以便随时掌握工作人员的吸收剂量情况,必要时采取适当的措施,保证工作人员的放射安全。

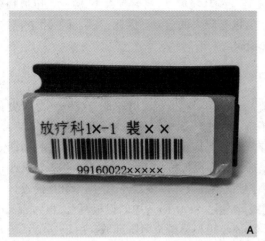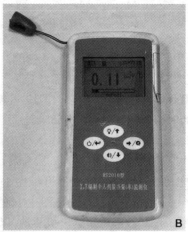

图 2-9　热释光剂量计

（二）胶片剂量仪

近年来,随着调强适形放射治疗（intensity modulated radiation therapy,IMRT）的开展,为了确保IMRT的高梯度变化剂量准确实施在患者身上,治疗前的剂量验证成为质量保证（quality assurance,QA）和质量控制（quality control,QC）的重要部分。胶片剂量仪由于其空间分辨率高、获取图像方便、利于长期保存及具有极高的性价比等优点,在 IMRT 的剂量验证中得到广泛的应用。胶片使用方便,空间分辨率高,能记录完整的二维剂量分布,还能够放置在各种模体中而不用考虑侧向电子不平衡问题。因此胶片是验证先进放射治疗技术［如立体定向放射外科手术（SRS）、动态楔形板和调强适形放射治疗（IMRT）等］的剂量分布不可缺少的工具。

对于同一型号的胶片其灵敏度与射线质（射线能量）、射线入射角度、照射剂量、洗片条件、胶片批号等因素有关,与照射剂量率无关。胶片在剂量学中的应用主要有三个方面。①检查射野的平坦度和对称性;②获取临床剂量学数据,包括高能 X(γ)射线的离轴比、电子束的百分深度剂量和离轴比;③验证剂量分布,包括相邻射野间剂量分布的均匀性、治疗计划系统剂量计算的精确度。

测量时胶片与模体紧密贴合,以免空气间隙造成不规则花斑和条纹。与其他类型剂量仪相比,胶片剂量仪的优点是:同时测量一个平面内所有点,以减少照射时间和测量时间,并且有很高的空间分辨率,同时可以测量不均匀固体介质中剂量分布。胶片灵敏度显著受 X(γ)射线能量和洗片条件的影响。近年来,新型胶片引起广泛的研究兴趣,其具有较好的组织等效性,并且不需要暗室操作,不需要显影、定影。但也存在一些缺陷,如灵敏度受环境温度和湿度的影响。尽管如此,由于简单适用,胶片剂量仪乃是目前临床上应用比较普遍的治疗验证设备之一。

（三）半导体剂量仪

半导体剂量仪是新型的辐射剂量仪器,半导体剂量仪使用的探测器是一种特殊的 PN 型二极管。根据半导体理论,P 型晶体和 N 型晶体结合起来则在结合面（界面）两边的一个小区域里,即 PN 结区 N 型晶体一侧由于电子向 P 型晶体扩散而显正电,P 型晶体一侧由于空穴向 N 型晶体扩散而显负电,受到电离辐射照射时,会产生新的载流子——电子和空穴。在电场作用下它们很快分离并形成脉冲信号,半导体探测器称为"固体电离室"。硅晶体半导体探测器,主要用于测量高能 X(γ)射线和电子束的相对剂量。半导体探测器的输出信号可以通过静电计放大后测量,其优点主要表现为辐射剂量与半导体探测器的输出信号有很好的线性关系。

用硅晶体制成的半导体探测器与空气电离室相比较具有极高的灵敏度且半导体探头可以做得非常小（0.3~0.7mm³）,常规用于测量剂量梯度比较大的区域、剂量建成区、半影区的剂量分布,也用于

19

小野剂量分布的测量。

近十年来，半导体探测器越来越被广泛用于患者治疗过程中的剂量监测。但是半导体探测器的另一个主要缺陷是高能辐射轰击硅晶体会使晶格发生畸变，导致探头受损，灵敏度下降。对于给定的探头，受损程度依赖于辐射类型和受照历史。例如：20MeV 电子束对探头的损伤要比 8MV X 射线的损伤大 20 倍左右。此外，半导体探测器的灵敏度还受到环境温度、照射野大小、脉冲式电离辐射场中的剂量率的影响。对于每一个具体的探头，其数值也有较大的差异。因此，在实际使用中，对每一个半导体探头都应做上述诸多因素的修正，并定期校验。

（四）电子射野影像系统

近年来发展的电子射野影像系统（electron portal image device，EPID）是为了解决治疗验证问题。传统上采用射野照相作为射野影像工具，其最大缺点是不能进行实时验证与控制。为解决布野和患者摆位的实时验证问题，早在 1958 年出现了第一个电子射野影像装置，用于监测 2MV X 线治疗。1962 年出现了一个用于监测 30MV X 线治疗。尽管当时的图像对比度很差，但这些早期研究为放射治疗的实时验证开辟了道路。其后在荧光剂设计和摄像机技术方面取得的进步显著改进了荧光型 EPID 的图像质量。自 20 世纪 80 年代，固体探测器和液体探测器开始用于 EPID 的设计。1986 年 Lam 设计了一个由 256 个半导体探头构成的线阵，用一块 1.1mm 厚的铅板覆盖，相邻探头中心之间的距离均为 2mm。线阵由步进电机驱动，以 2mm 步距扫描整个射野区域。由于这个系统一次只能收集射野一个窄条的信息，需要较多的照射剂量才能得到整个射野图像，如长度为 20~45cm 的射野需要照射 27~60cGy。系统的另一个局限是半导体探头之间的间距决定了系统的空间分辨率不高。

为克服半导体线阵探测器的缺点，有人设计了非晶形硅影像阵列探测器，即由光电二极管对应耦合到场效应管组成阵列贴在金属/荧光转换板上，射线转换成荧光再转换成光电二极管的电容存储，光电二极管中存储的电容量正比于该处射线强度。当一幅图采集完成后，改变场效应管信号可读出该幅图像并将光电二极管中存储的电容清除。由于金属/荧光转换板限制了分辨率的进一步提高，类似于平行板电离室，有人直接用非晶态硒制成光导体直接将 X 射线转换成电荷，用一个有源矩阵读取电荷，收集的电荷数与该处的射线强度成正比，并将电荷分布转换成图像。这种探测器称为自扫描非晶形硒探测器。类似的做法还有芬兰癌症研究所，其在平行板电离室中采用了 1mm 厚的异辛烷液体代替非晶态硒作电离介质，制成了电子射野影像系统中的液体探测器。EPID 可安装于可收回臂上。

使用 EPID，首先要进行射野图像套准，一方面自动识别出射野边界，并与参考图像中的射野比较；另一方面是识别患者的解剖特征，如解剖标记点、人工设置标记点、标记线，并与参考图像的同类特征进行比较。射野边界识别较为困难，一般以图像的 50% 密度为标准判别。确定照射野边缘的候补点从探测的起始点开始向各个方向探测。当超越照射野时将导致局部像素的密度值急剧下降，即为边缘（候补点）。参考图像可以是三维治疗计划系统生成的数字重建图像（DRR），也可以是模拟定位时拍的定位图像或验证后的第一次治疗图像。有文献报道 50% 的射野摆位误差超过 5mm。摆位误差分为系统摆位误差和偶然摆位误差。系统摆位误差包括患者诊断影像和治疗设计与实际治疗摆位间数据传输误差，不正确设计、标记或治疗辅助设备如补偿器、屏蔽挡铅和固定装置的错误设置。系统摆位误差较易校正。偶然摆位误差包括操作者在每次治疗摆位中公差及患者本身体内器官位置改变。可以先给几个机器跳数剂量，通过在线 EPID，采用快速傅里叶变换技术完成图像处理，进行射野图像登记，判断该次照射的总误差。低对比度图像中常采用人工放置标记物，增强对比度以便识别。Lam 等放置 14 个直径为 2.4mm 的碳化钨小球，其中头骨表面 6 个，颅内 8 个，定位精度可达平面上 1mm 和旋转方向上 0.3°。Gall 等使用钽螺丝和金或钽籽，获取三个正交图像进行三维定位，精度为平面 1mm 及在旋转方向上 1°误差。

验证患者体内剂量分布最好的方法是采用凝胶体（BANG 凝胶）剂量仪。凝胶体能将所接受的剂量存储，通过磁共振成像技术显示出凝胶体内所接受的剂量分布。可以将凝胶体制成所需形状按预定方式进行照射，再测量其体内剂量分布。

可见,电子射野影像系统是目前最有发展的治疗验证设备,越来越多地应用于多功能治疗验证和剂量测量分析。但是不管是哪种系统、哪种技术都有许多的课题需要进一步研究,还有大量的工作要做,这些软硬件系统目前的实际应用还不普遍。

二、剂量检测设备

要进行放射治疗,首先要保证医用加速器等射线装置输出剂量的准确性和稳定性,而剂量检测设备就是用来检测医用加速器等射线装置输出射线特性的仪器设备。要检查与测量各种射线和不同能量射线的输出特性,以保证加速器稳定,剂量准确。

现在医疗卫生机构常用的剂量检测设备有三维水箱系统、Farmer 剂量仪、固体水剂量仪和二维阵列探测器等。

(一)三维水箱系统

三维水箱系统也称为三维水模辐射场测量分析系统,见图 2-10。三维水箱测量系统是由计算机控制的自动快速扫描系统,它主要由大水箱、精密步进电机、电离室、控制盒、计算机和相应软件组成,能对射线在水模中相对剂量分布进行快速自动扫描,并将结果数值化,自动算出射线的半高宽、半影、对称性、平坦度、最大剂量点深度等参数。因此它不仅可以在医院放疗设备的日常质量保证和质量控制中使用,还将在医院放疗设备的新安装验收或大修后的检测和为治疗计划系统采集准备大量的物理数据时发挥更大的作用。

图 2-10 三维水箱系统

具体的测量方法是,将三维水箱(水模体)安放在加速器射野照射范围之内,按照水箱刻度注满清水,调整水模体(水箱)高度,使水模体的中心部位对准加速器的机械等中心,并将信号放大处理系统和计算机操作分析系统放在控制操作室内,然后接通控制电源和信号线路,标定测量用指形电离室的机械位置,这样,就做好了测量前的准备工作。测量过程是,根据射线的不同能量,在射线照射的同时,让测量用指形电离室在水面下特定深度内分别沿横向和纵向扫描或沿加速器射线的中心轴线上下扫描,这样,就可以分别测量并显示出射野内射线的对称性和平坦度等均匀性指标和百分深度剂量曲线指标。以此为依据,就可以调整并确定加速器各个能量输出射线的相关技术指标。

由于水箱和垂直扫描臂经常被水浸泡,因此对它们要定期清洁,在每次使用完后,扫描臂还要擦干水并在齿轮和导轴上打润滑油,然后把它们放置于专门的贮存盒中保存。电离室、控制盒和各种连接电缆要注意防尘、防潮,以免发生漏电和漂移,在每次使用完后要把它们放入干燥箱中妥善保存,并且对各处连接电缆不要过分折叠盘绕,以免影响其使用寿命。要定期对扫描臂的运动精度和平稳度做校验和审核,保证其运动精度可靠和平稳。

(二)Farmer 剂量仪

剂量仪在电离辐射的研究与应用中使用十分广泛,它是测量 X 线或 γ 射线照射剂量的专用仪器。Farmer 剂量仪是一种早期的电离室剂量仪。其作用是测量医用加速器的输出剂量,并以此为标准来检验加速器输出剂量的显示数据是否一致,必要时可对加速器的参数进行适当调整。一般情况下,每周测量一次,要对不同射线和各挡能量分别测量,并根据需要进行适当调整,以保证输出剂量的准确性与可靠性。

Farmer 剂量仪的基本结构见图 2-11。当 X 线或 γ 射线照射电离室时,在电离室壁产生次级电子,次级电子进入电离室内的空气腔,使空气发生电离,正负离子在电场的作用下,分别向电离室收集极或壁运动,到达收集极的离子电荷通过信号电缆送到测量系统,测量系统对离子电荷进行定量测量,并把它转换成吸收剂量显示出来。不难看出,剂量仪至少由两部分组成,即电离室和测量系统。但是由于剂量仪的特点和对长期稳定性的要求,应当把与剂量仪配用的检验源和专用技术资料也包括在内。因而严格说,要正确使用一台剂量仪这四个部分都必须齐备,即:①作为探测元件的空气电离室;②测量电离电荷或电流的电测系统;③检验源,或称监督源校准源;④仪器的说明和校准的证书。

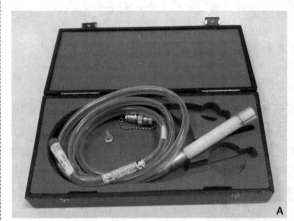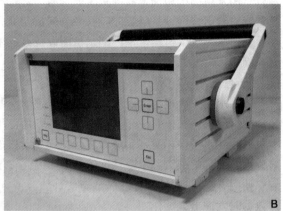

图 2-11　Farmer 剂量仪

(三)固体水模体剂量仪

固体水模体剂量仪应具有与水等效的电子密度。对于测量放射线时,固体水的准确性是不同的,能量不同时,也具有一定差异。应将固体水在 CT 下扫描获得其图像,利用其 CT 值评估固体水的等效性、均匀性以及伪影;测量时应保证各板累叠顺序与 CT 扫描时一致(图 2-12)。当加速器数据采集完毕,应由工作人员输入治疗计划系统,并建立剂量计算模型。当计算模型建立后,将治疗计划系统计算结果与加速器下测量结果比对是质控的主要部分。剂量学测试采用水模体(固体水)和仿真模体。

图 2-12　固体水模体剂量仪

(四)二维阵列探测器

在放射治疗中,质量保证工作就体现为对探测器接收到辐射的剂量验证。上述几种剂量仪都是采用一个独立的指形电离室作为剂量探头,一次只能测量一个点。而二维阵列探测器既可以测量某点吸收剂量大小(即绝对剂量),又可以测量阵列平面剂量分布(即相对剂量),还可以实现快捷、高效、稳定的剂量测量,因此被越来越多地应用在剂量验证工作中。

二维阵列电离室探测器(图 2-13),可以在加速器发射的 X 射线照射时产生信号,经过前置放大器、前端控制器、数据采集控制器的数据传输及预处理,传送至计算机进行最终的数据处理。二维阵列电离室探测器系统包括探测器阵列和数据采集系统两部分,其中探测器阵列包含 1024 路电离室探测单元,数据采集系统包含前置放大器、前端控制器、数据采集控制器和系统管理软件几个部分。作为前置放大器,该采集系统使用 8 片 128 路 ASIC 处理器,完成对 1024 路电离室探测器单元信号的同步放大和读取。使用电离室作为辐射测量的探测器,灵敏度高,线性范围大,可靠、稳定、工作寿命极长,承受恶劣环境条件能力强,能量响应特性较好。数据处理系统能够将二维阵列电离室探测到的辐射信息转化为电信号,并经过处理最终传输到客户端上显示为一维或二维图像,实现了对放射治疗剂量验证时探测器产生信号的在线测量、数据存储、离线分析等功能。该数据采集系统具有层次分明、逻辑清晰的特点。本系统已经进行了实际加速器照射下数据采集及处理测试,并进行了一定的可靠性、异常处理验证,结果达到了预期目标。

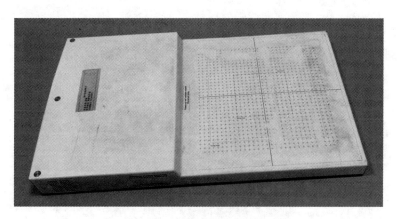

图 2-13 二维阵列电离室探测器

本章小结

本章主要讲述了各种放射治疗辅助设备的结构、功能和临床应用,要求熟练掌握各种模拟定位机的结构组成和应用流程;熟悉放射治疗计划系统的硬件配置和软件组成;熟悉体位固定装置的临床意义、功能和类型,了解常用的放疗验证与剂量检测设备。

案例讨论

某医院放疗科对乳腺癌患者做放射治疗,放疗是目前乳腺癌综合治疗的一项措施。乳腺托架和真空垫在乳腺癌术后患者放疗中有固定作用。抽取进行放疗的乳腺癌术后患者 160 例,将其分为观察组和对照组,每组 80 例。其中观察组采用真空垫进行体位固定,对照组采用乳腺托架固定体位,比较两种固定方法出现的偏差结果。对照组中的放疗患者的摆位误差各方向的总平均值为 3.62mm,观察组的总平均值为 1.82mm。

问题:
1. 真空垫放疗定位流程是什么?
2. 乳腺癌放射治疗中采用乳腺托架固定摆位的产生误差的主要因素是什么?
3. 乳腺癌应用真空垫固定的优点有哪些?

案例讨论

(杨 楠)

扫一扫,测一测

23

思考题

1. CT 模拟定位机的功能有哪些？
2. 剂量验证设备有哪些？
3. 实现对治疗条件的虚拟模拟定位设计的具体步骤有哪些？
4. 放射治疗计划的软件系统的主要功能有哪些？
5. 现在医疗卫生机构常用的剂量检测设备有哪些？

1. 掌握:后装治疗机设备的基本结构和工作原理。
2. 熟悉:后装治疗机的临床应用。
3. 了解:后装治疗机的类型和优缺点。

第一节　概　述

近距离后装治疗机(short range radiotherapy equipment)在广义上说,就是放射源与治疗靶区距离为 5mm 至 5cm 的放射治疗,是与远距离治疗(teletherapy)相对而言的。人类利用放射性核素(radioactive isotope)治疗恶性肿瘤,其历史应追溯到 1898 年居里夫妇发现"镭"(^{226}Ra),近距离放疗的悠久历史并不亚于 1895 年伦琴发现"X 线"后发展的放射治疗。1899 年首次体验镭的照射的人是物理学家贝克勒尔,他在实验中皮肤被镭灼伤引起经久不愈的溃疡,这可以说是人类近距离照射的开始;1903 年哥柏加等首先用镭盐管直接贴近患者皮肤基底细胞癌表面进行治疗,取得了意想不到的疗效,这可能是人类近距离放疗的首创;1904 年彭加特等人首先报道镭所致的副作用,注意到人类受放射性核素照射后的放射生物效应及损害的可能性;1905 年临床上进行了第一例镭针插植;1914 年菲那将镭蜕变时释放的气体——氡,收集装入小型容器中,放置入瘤体中做永久性植入,这可能是人体最原始的组织间的放射治疗;20 世纪 30 年代 Paterson 和 Parker 建立了镭插植规则以及剂量计算方法,使组织间插植照射技术(interstitial interplanting irradiation)成为有效的综合治疗手段之一。随着镭这种天然放射性核素的临床使用,人们对它的物理性能、生物效应不断探求,洞悉了核素副作用,对防护必要性有了更深刻的认识。尽管防护在技术上不断完善,但以旧式常规治疗的方法,在长达半个世纪中,近距离放射治疗的最大缺点就是工作人员所受职业暴露所带来的放射性损害。例如,曾在全世界临床上广泛应用的镭疗技术,虽然可以用增厚了的铅块做屏障,使用长柄工具较远距离操作和应用镭器输送机等专业用的机械设备,最大限度加强了对工作人员的保护,但在上镭、下镭等技术操作过程中,镭疗时间的护理工作中,医护人员仍不可避免地接受来自放射源的直接或间接照射。暴露于放射源中的手、头、眼角膜……以致全身,所接受剂量还是相当大的,往往超过法定最大允许剂量[全身照射为每年 5rem(雷姆)或 50mSv(毫希沃特),手指为每年 75rem 或 750mSv]。尤其在第二次世界大战后,由于原子弹爆炸、氢弹试验、核子发电站或原子反应堆事故等所造成的严重后果,放射对人体的明显损害妨碍着近距离放疗的发展。另一方面,20 世纪 50 年代由于超高压治疗设备的发展,因其具有皮肤剂量低、深度剂量高、防护好等优点,也使近距离放疗的应用受到一定的限制。然而,镭疗在妇科癌症中优越的疗效,仍然为临床专家们所肯定。在对放射损害的认识更为深入的同时,解决放射性核素应用损害在职业中防护的要求就越来越迫切。故在肿瘤放射治疗中,"后装放射(rear loading radiation)"治疗技术得到了发展。

体内照射也称为近距离照射(irradiation at short distance)，是通过人体的自然腔道或组织间置入的方法，将核素放射源直接贴近病灶部位进行照射。其特点是对某些部位的病灶，例如食管癌、直肠癌、宫颈癌等直接实施放射治疗，对周围组织损伤较少，治疗效果较好。

早期近距离照射一般是手工操作，定位不准确，照射剂量难以掌握，对工作人员放射防护也比较困难。随着计算机技术和自动控制技术不断发展，近距离照射逐渐精准和智能，目前市场上使用最多的是以 ^{192}Ir 为放射源的近距离后装治疗机。

后装放射治疗(afterloading)是指在患者的治疗部位放置不带放射源的治疗容器，包括能与放射源传导管相连接的空的装源管、针或相应辅助器材[又称施源器(applicator)]，可为单个或多个容器，然后在安全防护条件下或用遥控装置，在隔室将放射源通过放射源导管，送至并安放在患者体腔内空的导管内，进行放射治疗。由于放射源是后面才装进去的，故称之为"后装式"。事实上，早在 1903 年 Strebel 曾报道使用后装式的"雏形"，即将一根导管插入到肿瘤中，然后将镭送入进行治疗，那时只是为了临床方便，而不具有近代后装治疗的概念。1953 年 Henschke 首先应用放射性金粒植入肿瘤内进行治疗，并描写了这一技术：先将带有假源的尼龙管植入治疗部位，待定位满意后，在将放射源(金粒)送入尼龙管中，并使用"afterloading"一词，而广为接受，沿袭至今。后装放射治疗，令操作时无论手工或机械传动都大大地减少或较好地防止了医护人员在放射治疗中的职业性放射，在解决防护问题上向前迈进了一大步。由于这种机制的面世，使腔内治疗产生了根本的变革，成为先进近距离放疗发展的重要基础。

近代后装放射治疗，应该说起始于 20 世纪 50 年代末及 60 年代初，在英国、瑞士等国家的几个医疗中心，分别研制了"后装式"腔内放疗机械装置(当时基本是半自动式或手工式)，用此种类型机械治疗恶性肿瘤。如 Henschke 及 Walstam 等报道用后装装置治疗宫颈癌，他们的开拓思想对后装机生产产生了十分重要的影响。20 世纪 60 年代末期，在医疗器械市场上已出现了不少商品化后装机。随着核工业制造业的发展，保证了后装机放射源的不断更新是后装机发展的根本。机械制造、自动化控制技术，尤其是计算机技术的发展和应用，解决了繁杂的剂量学问题，完善了后装治疗的整个过程，令临床治疗学的需要也随之大为发展。70 年代以后，在妇科腔内放疗领域中，"镭"已为他种更新的人工合成放射性核素[^{60}Co(钴)、^{137}Cs(铯)]所取代。80 年代末期革命性的微型源 ^{192}Ir(铱)出现，它具有高强度(可达 10~20Ci，高于旧源的 4~5 倍)、体积微细(φ 为 0.5~1.1mm，只有旧源的 1/10 甚至不到1/10)，更适合纤细体腔的治疗。此种新源配上新颖的电脑微机控制，使后装治疗进入一个革新的阶段，使过去由于源体过大、剂量偏低而产生的临床问题迎刃而解，使组织间插植技术、术中及术后后装治疗等新技术得以迅速地发展。目前，临床应用的方式方法有腔内后装放射治疗、管道内后装放射治疗、组织间后装放射治疗、术中置管术后放射治疗和敷贴后装放射治疗。

后装放疗简介

放疗有内照射和外照射两种形式，^{60}Co、X 线、加速器均属于外照射，腔内照射和组织间放疗属于内照射，"后装"放疗基本等于内照射。所谓"后装"放疗，是先将无放射源容器置入体内肿瘤部位，然后工作人员退到安全区，再将放射源通过管道推入容器开始放疗。20 世纪 80 年代后期电子计算机等高新技术和新型后装机问世，使后装放疗进入到了自动化的时代。后装放疗的最大好处是，医生可以在毫不担心遭受辐射情况下从容操作，精确定位，从而保证了病灶得到正确的放射治疗。后装放疗放射源，以往是用镭，由于它有放射防护方面的困难，加之应用范围窄，现在已逐渐被铱取代。铱不是天然产物，自然界金属铱并不具有放射性，只有在超高能原子反应堆强大的中子集束的轰击下，才能人工获得放射能量，成为一种新型放射性核素。铱在用于腔内放射治疗肿瘤时，其物理性能有着得天独厚的优势：①单源放射强度大，范围可在 1~100Ci，是其他核素所不能媲美的；②铱具有非凡的金属延展性，单个铱源的体积可做成只有几毫米大小。最近研制成功的铱源只有芝麻样大小，连同特制的容器也只比一根火柴棍略粗些，但单源强度就有 8Ci。所以在治疗鼻咽癌时，可以直接经鼻孔插入咽腔病灶中，且一次治疗时间只有 2~5min，显著减轻了患者的痛苦。如果能进一步制成铱丝，就能用于胆管、支气管、肺等细小体腔以及乳腺等肿瘤的治疗。铱的主要缺点是它的半衰期短，每 74d 就会衰减其放射能量的一半，但只要铱源的数量大和不断更换新源，这个缺点是完全可以克服的。目前，我国已能生产此类铱源。

第二节　后装治疗机

案例导学

赵某,女性,55 岁。诊断宫颈癌,临床采用手术治疗和放疗相结合。经研究用放射性粒子近距离治疗。为了确保粒子植入能够在肉眼直视下进行,用^{125}I 粒子源植入。^{125}I 半衰期 59.6d,能量 27.4~31.5keV 的 X 线和 35.5keV 的 γ 射线,其剂量率一半为 0.05~0.10Gy/h,可永久植入人体,组织穿透距离为 1.7cm。大小为 0.8mm×4.5mm 圆柱体,外科用钛合金密封。^{125}I 高压消毒后即可应用。

粒子植入技术与剂量选择:对患者病灶进行 CT 或 MRI 扫描资料精确分析,绘出立体图标、微型放射源的放置剂量,制订出精确的放射治疗计划表。

植入方法:全封闭防辐射植入器内装^{125}I 放射性粒子,在 B 超引导下做经皮穿刺至肿瘤内准确植入微型放射源,使放射源在体内合理排布。粒子数计算是粒子数目总活度除以每颗粒子的活度。

问题:

1. 粒子植入近距离后装放射治疗和体外放疗有何不同?
2. 用后装治疗机进行放疗的优点是什么?

一、后装治疗机的基本结构

近距离后装治疗机基本结构包括:主机、控制系统、治疗计划系统、各种施源器。控制系统主要由控制单元、治疗单元两部分组成。采用计算机控制,通过串口发送和接收信号。

主机由送丝组件、分度组件、源罐组件、升降组件等几部分组成。γ 射线遥控后装治疗机的微型铱源焊接在细钢丝的一端,另一端连至步进电机驱动的绕丝轮上,按计算机程序控制方式运行。各驻留位置的照射时间可任意设置,从而产生千变万化的剂量模式。治疗通道为 30 通道任意组合。由步进电机送源,步进数为 64 步,步长 2.5mm、5.0mm、7.5mm、10mm。

施源器是插入人体的部分,根据临床的需要,施源器的种类比较多。

（一）主机

近距离后装治疗机主机主要由以下部分组成:送丝组件、源灌组件、分度组件、架体组件、升降组件、外罩。

主机外形图见文末彩图 3-1。

1. 送丝组件　送丝组件由以下部分组成:放射源驱动、限位器、应急回源驱动、带轮组件、模拟源驱动、紧带器、片基带、基板等。

送丝组件主要是带动放射源的源缆将放射源从储源罐内送到治疗靶区,并在步进电机的驱动下,带动放射源移动,构成点源模拟线源的功效,形成剂量分布曲线治疗患者。

2. 源罐组件　现代 γ 射线遥控后装治疗机源强可达 370GBq(10Ci)以上,停机时必须屏蔽。源灌由支撑作用的不锈钢外壳作为表层、主要防护用的铅作为内层、中心嵌有弯曲通道的钨合金防护块等组成,这样制成的贮存罐完全达到了近距离放射治疗机的防护安全要求。

3. 分度组件　分度组件包括分度头和控制模块。分度头可以连接多至 30 个管及各种施源器。储源罐内只装一个放射源,通过分度头的引导控制,放射源可依次通过相应管道达到治疗区,按计划实施治疗。

4. 升降组件　升降组件采用电动升降,以适应不同高度的治疗需要。

此外,后装治疗机使用的放射源是放射性核素^{192}Ir,输出 γ 射线,平均能量是 380keV,半衰期 74d,约 6 个月就需要更换新源。铱源一般制成颗粒状,体积只有米粒大小,出厂之前被封装在不锈钢包壳里面,并焊接在特定长度的驱动钢丝的一端,焊接铱源的一端插到一个铅罐里面锁住,以便进行储存和运输。钢丝的另一端露在外面,换源时,工作人员将钢丝露在外面的一端连接到后装治疗机的驱动器上,通过施源器接口,由驱动器自动将铱源拉到机头中间部位的储源器内备用,后装治疗机成品图见图3-2。

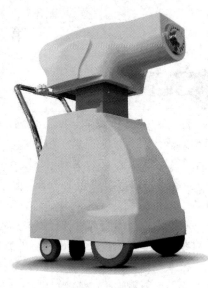

图 3-2　成品图

（二）控制系统

后装治疗机控制系统主要由控制单元、治疗单元两部分组成(图3-3)。

控制单元包括计算机、控制台、电源箱。

治疗单元包括PLC(可编程控制器)、出源分线板、机电联锁、放射源驱动、模拟源驱动、强制回源、分度盘驱动、升降驱动。上位机接受治疗计划系统传来的数据,或接受通过键盘以人机对话的方式输入的数据,并将此数据传送给可编程控制器,控制机器运行,同时监视机器运行状态。

（三）治疗计划系统

治疗计划系统(treatment planning system,TPS)一般包括硬件和软件两部分。硬件包括一套专用计算机,软件包括图像输入处理和图像输出功能、剂量规划与计算功能和治疗计划评估与优化等功能。治疗计划直接影响治疗效果,必须经过主治医师批准后,再传输到操作控制系统进行治疗。

治疗计划系统分为二维治疗计划系统和三维治疗计划系统。二维计划系统无法准确获取放射源方位,因此在进行剂量计算时,将放射源作为点源简化处理,并忽略了源的各向异性特性。这样做,在一定程度上会影响剂量计算的准确度。另外,距离源很近位置处(例如距离小于5mm)的吸

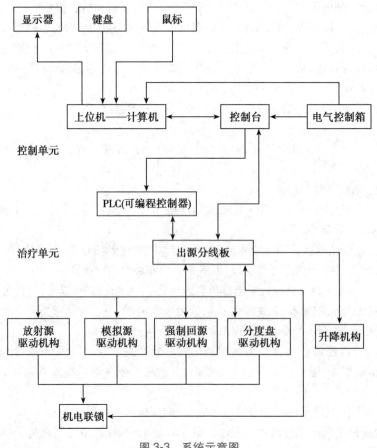

图 3-3　系统示意图

收剂量计算值可能达不到预期准确度。而基于 CT 等图像的三维后装治疗计划系统能够综合评价靶区与周围正常组织剂量分布,确保精确计算剂量,减少放疗副作用,从而改善患者治疗后生存质量。

（四）施源器

施源器(applicator)是后装治疗机的重要组成部分,其作用:在治疗之前,先将施源器置于病灶附近,接口处与主机连接。根据被照射腔体或组织不同部位和不同形状,可以设计制作各种施源器,施源器外形要与相应部位腔体吻合,内部正好能够插进带有颗粒状辐射源的钢丝绳。施源器另一端与机头最前面的施源器接口连接后,辐射源可以从机头内的储源腔里通过连接通道直接输送到施源器的病灶部位。治疗时,辐射源可以通过施源器以步进方式移动到所需的照射部位进行逐点照射治疗,结束后,辐射源被机器自动拉出施源器,退回机器的储源腔内储存备用。

常用施源器有:宫颈施源器、直肠施源器、阴道施源器、食管施源器、鼻咽施源器、插植针。下面逐一介绍各类施源器。

1. 宫颈施源器(图 3-4)

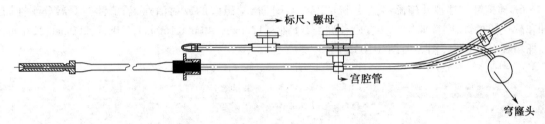

图 3-4 宫颈施源器

2. 直肠施源器(图 3-5)

图 3-5 直肠施源器

3. 阴道施源器(图 3-6)

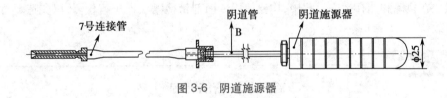

图 3-6 阴道施源器

4. 食管施源器(图 3-7)

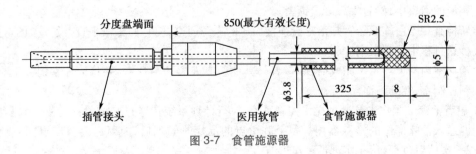

图 3-7 食管施源器

5. 鼻咽施源器 鼻咽施源器主要用于鼻咽疾病患者的放射治疗,为一次性使用施源器(图 3-8)。

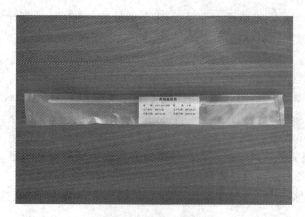

图 3-8　鼻咽施源器

6. 插植针　插植针施源器主要用于引导组织间插植患者的放射治疗,插植针施源器分刚性插植针和软性插植针,刚性插植针共有六种型号,分别为 120mm、140mm、160mm、180mm、200mm、220mm,软性插植针有 220mm(图 3-9,图 3-10)。

图 3-9　刚性插植针　　　　　　　　　　　图 3-10　软性插植针

由于铱源是放射性核素,因此对废源的处理要特别慎重,一般由供货厂家回收处理,医院不可自行随意处置。在换源和储存运输过程中,均要使用专门剂量检测仪器进行检测,以免造成意外放射损伤或放射事故。

后装治疗机治疗过程

1. 患者准备　首先将施源器置于患者的治疗部位并固定好,将患者送入治疗室内,将每条施源器管与相应的治疗管连接好,并根据治疗记录中治疗管对应的通道号,将每条治疗管连接到分度盘上相应的通道中,然后将分度盘锁紧。

重新检查每条由施源器管与治疗管连接而成的送源通道,使它们尽量平直,没有大的弯曲,以免源在传送过程中受到阻塞。

在治疗室内的上述工作完成后,除患者外其他所有人离开治疗室,并将治疗室门关上。操作人员回到控制室,继续下面操作。

2. 患者治疗　操作人员通过操作控制系统,执行计划系统传送过来的治疗计划,由机器自动将放射源送入治疗部位的施源器内。每个驻留点的治疗时间到后,放射源会自动退回到储源器中,完成一次照射过程,从而实现近距离后装治疗。

二、后装治疗机的工作原理

后装治疗机是新一代肿瘤治疗设备,工作原理是把不带放射源的治疗容器置于治疗部位,由电脑遥控步进电机将放射源送入容器,将封装好的放射源通过施源器和输源导管直接植入患者的肿瘤部位。放射源安放在真源轮钢丝绳的最前端,使用时将塑料导管插入人体需要治疗的部位。后装治疗机装有两个相同的绕有钢丝绳的轮,一个是真源轮,一个是假源轮,两个轮的结构和大小相同,在真源轮上放有放射源,两个轮分别有两个步进电机驱动,同时还装有一个直流电机,用于必要时做快速回抽操作。工作时先是假源轮在计算机操纵下,经验证无误后,真源轮再进行带放射源的真运行。钢丝绳的运行是经后套管到达换路器,换路器在电脑操纵下由编码器驱动,每次对准接管盘的治疗通道,然后进入前导管,由计算机准确地控制钢丝绳的输出长度,使放射源到达治疗部位。这一部位的治疗时间达到预定时间后,钢丝绳回抽到安全区,编码器和换路器将前导管对准下一个治疗通道,然后假源轮动作,进而真源轮动作,将放射源送入第二个治疗部位,这样逐次完成各部位的治疗。

三、后装治疗的类型与优缺点

近距离后装治疗机经过几十年发展,种类繁多。根据放射源释放射线的类型分为γ射线遥控后装治疗机、中子近距离后装治疗机,其中γ射线后装治疗机应用的γ射线有^{137}Cs、^{60}Co、^{192}Ir,中子后装治疗机应用的为放射性核素^{252}Cf。根据放射源在治疗时的剂量率可分为低剂量率后装治疗机(LDR)、高剂量率腔内后装治疗机(HDR)。现阶段主流市场使用的大多数都是以^{192}Ir为放射源的高剂量率γ射线遥控后装治疗机,^{192}Ir放射源具有活度高、源体小的特点,平均能量只有0.384MeV,半价层为3mmPb,半衰期只有74d,易于防护,最高源强度在10Ci以上,是唯一满足理想后装放射源四大要求(即足够的软组织穿透力、防护容易、半衰期较短、可加工成微型源同时源强度足够高)的放射性核素。

随着近距离后装治疗在放射治疗中的广泛应用及近距离放疗技术发展,后装治疗又有了更加细致的分类,分为二维计划系统后装治疗系统、图像引导的近距离放疗系统、一体化后装治疗系统。

二维计划系统后装治疗机的治疗过程为医生通过模拟机诊断结果固定施源器,利用系统制订治疗计划并传输至控制治疗系统,用控制治疗系统实施治疗计划,对患者进行治疗。二维计划系统后装治疗机是传统的后装治疗系统。

图像引导的近距离放疗系统又称为3D后装治疗系统,是将三维影像系统(如CT、MRI等)、影像传输系统、治疗计划系统、后装治疗系统有效地结合到一起,从而完成整个治疗过程,整个治疗过程包含治疗准备、CT扫描定位、靶区勾画并制作治疗计划、实施后装机治疗等几个部分。3D后装治疗系统可以获得CT三维重建图像并进行治疗计划设计和优化,能真实反映靶区及危及器官体积、几何形状变化及实际受照射体积和剂量;提高处方剂量对于靶区覆盖率;限制危及器官受高剂量照射体积,减少副作用发生。

一体化后装治疗系统是将C型定位机、影像传输系统、治疗计划系统、后装治疗机有机结合到一起,使对患者的插管、定位、做计划及治疗一次完成。一体化后装治疗系统可缩短治疗时间,减少医护人员劳动强度,减少患者痛苦,确保放疗质量,提高了后装治疗安全性。

图片:后装治疗机定位架和转运床图片

后装治疗机的放射源概述

1. ^{137}Cs源　人工放射性核素,是从原子核反应堆的副产物经化学提纯加工而得到;产生的γ射线能量是单能,且为0.662MeV;半衰期为33年,平均每年衰变2%;距^{137}Cs源1cm处,放射性活度$3.7×10^7$Bq(1mCi)每小时照射量为$8.4×10^{-4}$C/kg(3.26R),即1mCi ^{137}Cs等于0.4mg镭当量(3.26/8.25≈0.4);^{137}Cs源有多种形状,如针状、管状和丸状;妇科肿瘤治疗使用最为普遍的放射源是^{137}Cs源。

2. ^{60}Co源　人工放射性核素,是由无放射性的^{59}Co在原子核反应堆中经过热中子照射轰击产生;中子转变为质子,释放能量为0.31MeV的β射线;核中过剩的能量以γ辐射的形式释放,包括能量为1.17MeV和1.33MeV两种γ射线,平均能量为1.25MeV;半衰期为5.27d,平均每月衰减1.1%;距^{60}Co源1cm处放射性活度$3.7×10^7$Bq(1mCi),每小时照射量为$33.54×10^{-4}$C/kg(13.0R),即1mCi^{60}Co等于1.6mg^{226}Ra(13.0/8.25=1.6);^{60}Co因半衰期短且能量高,做腔内照射放射源不如^{137}Cs;^{60}Co后装治疗源为丸状,标准活度为18.5GBq(0.5Ci)。

3. ^{192}Ir源　人工放射性核素,是由^{191}铱在原子核反应堆中经热中子轰击而产生;能谱比较复杂,γ射线平均能量为380keV,其能量范围使其在水中的指数衰减率恰好被散射建成所补偿,在距源5cm范围内任意点的剂量率与距离平方的乘积近似不变,半衰期为74d;^{192}Ir粒状源可以做得很小,使其点源的等效性好,便于剂量计算。^{192}Ir源为丝状,活性芯为铱-铂合金,外壳是0.1mm厚的铂材料。该源也使用籽粒状,外有双层不锈钢壳,制成串形像尼龙丝带状。标准活度为370GBq(10Ci)^{192}Ir源用于HDR远距离控制后装治疗机;^{192}Ir是替代^{226}Ra、^{60}Co、^{137}Cs用于高、低剂量率近距离治疗的较好的核素。

4. ^{125}I源　^{125}I的γ射线能量较低,半衰期为59d;通常做成粒状源,用于高、低剂量率临时性或永久性插植治疗。用于插植的优点是插植体积外剂量下降很快,可用薄于200μm厚的铅作屏蔽保护正常组织,大量减少了不必要的照射。与^{192}Ir源相比的缺点:需特定设备制备粒源,花费较多人力;价格较高;剂量分布明显地依赖于被插植组织的结构。

5. ^{103}Pd和^{198}Au源　只使用籽粒状。通常使用特殊的植入"枪"将该种放射源植入到肿瘤内,实施治疗。^{198}Au γ射线能量为412keV,半衰期2.7d,与氡相近,历史上曾由它代替氡使用。

放射源强度表示方法有四种。①毫克镭当量;②参考照射量率;③显活度(SI单位是贝克勒尔Bq);④空气比释动能强度。

放射源校准方法主要有:①近距离治疗放射源强度校准最好使用井形电离室;②经校准的指形电离室也可用于测量高强度放射源;③直接测量放射源的活度尚存在一些困难,特别是放射源四周滤过材料的吸收和散射效应的影响。

放射源的定位方法是:①正交胶片法;②立体平移胶片法;③二/三等中心胶片法;④CT。

图片:宫颈癌治疗计划系统

四、后装治疗机的临床应用

案例导学

张某,女性,55岁。确诊为宫颈癌,手术后采用近距离调强放疗。手术后在装备有螺旋断层放疗放射系统中进行,每次治疗前均行图像引导。

问题:

1. 如何选择近距离治疗方法?

2. 选择射野范围的方法、原则是什么?

由于近年来微型源的开发,现代后装机械的进步使近距离放疗(brachytherapy)这门放射疗法有了长足的进步,旧式近距离放疗(镭疗)在全世界已基本废弃,为现代近距离放疗技术所取代。它的主要特点:①应用高强度的微型源以^{192}Ir(铱)为最多,直径0.5mm×0.5mm或1.1mm×6mm,在程控马达驱动下,可通过任何角度到达身体各部位肿瘤之中,并由电脑控制,得到任意的驻留位置及驻留时间,实现临床所要求的剂量分布;②治疗时限短而效率高,医护人员远距离遥控,避免了放射受量,解决了旧式近距离放疗的防护问题,颇受患者和医护人员的欢迎;③治疗的方式方法多元化,在临床更能适合体腔及组织或器官治疗所需的条件,因而补充了外放射治疗的不足,无论在单独根治或辅助性治疗还是综合治疗等方面,已成为放射治疗中必不可少的方法之一。因为我国人口众多,癌症患者相对较多,且近年来恶性肿瘤死亡已升至我国死亡病因第一位,基于社会迫切要求和临床实践的需要,我国现代近距离放疗得到了突飞猛进的发展。采用腔内、组织间插植、术中置管和敷贴放疗等4种基本治疗方式,可治疗的肿瘤遍及人体各种腔道和组织器官,有近40种癌瘤均可用近距离放疗法治疗。进入20世纪90年代后,为了取得更高的疗效,新的近距离放疗法仍在不断探求中。

（一）吻合式放射疗法

吻合式放射疗法(anastomosis radiotherapy)(或称适形放疗)是利用3D(三维)图像及CT或磁共振所确定的肿瘤大小,在组织间插植治疗时,从多角度多针插植给予剂量,以便加大对肿瘤的剂量,同时避免伤害周围正常组织,这样就改善了对局部的控制而不增加并发症的发生率。目前,吻合式放射疗法被评价为用于前列腺癌的一种能增加(或提高)对肿瘤的总剂量的治疗方法,有非常适形的剂量分布,而且已经取得了很好的近期和远期疗效。这种治疗方法也可称为三维近距离放射治疗。如果剂量的计算方法是逆向调强,也可称为调强近距离放疗(intensity modulated brachytherapy)。

（二）放射性核素永久插入法

对某些局限化的肿瘤(如前列腺癌B期)近来开发了一种新的治疗选择,即永久插入^{125}I种子型小管(seed canaliculus)。种子型小管是在经直肠超声波的指引下用针植入的。

（三）对良性疾患的探索性治疗

随着现代近距离放疗的广泛临床应用,治疗方法的改进,对于使用^{192}Ir(铱)放射性核素(isotopes)为放射源的治疗,在剂量学及放射生物学方面已有更深刻的认识。临床学家们注意到高剂量率的后装治疗其剂量学的特点是靶区局部剂量极高,剂量下降梯度显著和射程短,符合对良性疾患治疗的要求:低剂量、高局控率、短时治疗、无严重合并症等,所以为某些良性疾患提供了新的治疗方法。

本章小结

本章主要讲述了后装放疗设备的发展及其基本概念,内照射基本概念,腔内后装放射治疗、管道内后装放射治疗、组织间后装放射治疗、敷贴后装放射治疗基本概念,了解施源器设备应用等。熟练掌握后装治疗设备基本结构和工作原理;熟悉后装治疗机的临床应用,了解后装治疗机的类型和优缺点。

案例讨论

患者,女性,55岁。10年前因宫颈癌入院。经检查属Ⅱb晚期,根据综合治疗方案需采用放射治疗。手术后做放射治疗包括腔内照射和体外照射,根据患者实际情况选用体内照射,采用后装机治疗,放射源为^{192}Ir后装治疗机照射治疗,这种腔内照射用以控制局部原发病灶。

问题:

1. 对患者进行的放射治疗分类有哪几种?
2. 后装治疗机放射治疗的特点是什么?
3. 后装治疗机安全高效的临床操作使用方法有哪些?

案例讨论

（石继飞）

扫一扫,测一测

思考题

1. 简述后装治疗机的基本结构和工作原理。
2. 后装治疗机有哪几种类型？
3. 后装治疗机的优缺点有哪些？

第四章 ^{60}Co 治疗机

1. 掌握：^{60}Co γ 射线的优缺点；^{60}Co 治疗机的基本结构；^{60}Co 治疗机的半影。
2. 熟悉：放射源^{60}Co 的制备工艺；^{60}Co 治疗机的工作原理；^{60}Co 治疗机的临床应用。
3. 了解：^{60}Co 治疗机的合理应用；^{60}Co 源的更换步骤。

第一节 概　　述

1950 年加拿大科学家利用核反应堆成功生产人工放射性核素^{60}Co，1951 年第一台^{60}Co 治疗机在加拿大研制成功，至今已有半个多世纪的历史。我国在 20 世纪 60 年代也开始生产^{60}Co 治疗机，并且发展相当迅速。^{60}Co 治疗机是最早用于肿瘤治疗的设备，目前，在我国以及发展中国家仍有生产和应用，主要用于中小型医院。

^{60}Co 治疗机是一种利用放射性核素^{60}Co 衰变放出的 γ 射线从体外治疗疾病的设备，这种装置可以发射 1.17MeV 和 1.33MeV 两种 γ 射线，其平均能量为 1.25MeV，其深度剂量分布与 2.5MeV 的电子加速器相当。

一、^{60}Co γ 射线的特性

1735 年瑞典化学家布兰特发现并分离出钴。钴，原子序数为 27，原子量为 58.9332，在自然界分布很广，但在地壳中的含量仅为 0.0023%，占第 34 位，^{60}Co 是金属元素钴的放射性核素之一。

（一）^{60}Co 源的获取

重金属元素钴有五种核素：^{56}Co、^{57}Co、^{58}Co、^{59}Co 和 ^{60}Co，^{59}Co 是稳定核素（无放射性），^{56}Co、^{57}Co、^{58}Co 和 ^{60}Co 都具有放射性。

产生^{60}Co 的核反应有以下几种：^{59}Co(n,γ)^{60}Co、^{59}Co(d,p)^{60}Co、^{62}Ni(d,p)^{60}Co、^{63}Cu(n,γ)^{60}Co 和 Bi 的散裂变反应等，但仅有^{59}Co(n,γ)、^{60}Co 核反应具有工业生产意义。在实际生产中，用天然金属钴（^{59}Co 的丰度为 100%）或含钴的其他合适材料制成靶子，在高中子注量率反应堆中辐照适当的时间，即可获得高比活度的^{60}Co。也就是说^{60}Co 通常是由普通的金属^{59}Co 在反应堆中经热中子照射轰击而产生的不稳定的放射性核素。即：

$$^{59}_{27}co + ^1_0 n \rightarrow ^{60}_{27}co + \gamma$$

反应堆中轰击的时间越长、中子的密度越高，得到的^{60}Co 放射比度（单位质量的放射性活度）就越大。

放射源^{60}Co 的制备工艺可分为如下步骤进行：①将金属钴加工成棒、丝、粒或团片，并且在表面镀

镍层进行保护;②进行制靶前预处理,并装入靶筒中进行密封;③利用反应堆辐照;④出堆后送入热室中切开靶筒,取出辐照后的^{60}Co,并测量其活度;⑤定量装入源包壳或源容器;⑥焊封;⑦强放射源则再加第二层包装,焊封;⑧进行质量检验,包括漏气检测。

(二) ^{60}Co源的衰变

由于^{60}Co是富中子核素,它将会把多余的中子转变为质子并释放出能量为0.3MeV的β射线,同时释放出能量为1.17MeV和1.33MeV的两种γ射线,其平均能量为1.25MeV。衰变的最终产物是^{60}Ni。衰变方程如下:

$$^{59}_{27}Co \rightarrow ^{60}_{27}Ni + \beta^- + \gamma_1 + \gamma_2$$

放射源的放射强度衰变到一半时所需要的时间称该放射源的半衰期,^{60}Co源的γ半衰期为5.26年(5年3个月),平均28d(约1个月)衰变1%。如原有1000Ci(3.7×10^{13}Bq)钴源,经5.26年后衰变成500Ci(1.85×10^{13}Bq)。按1%计算,1000Ci1个月后是990Ci(3.63×10^{13}Bq),2个月后是990Ci的1%即为891Ci(3.30×10^{13}Bq),依此类推,1年总衰变约12.3%。因此^{60}Co治疗机每个月要对输出量进行修正。

(三) ^{60}Co γ射线的特性

放射源^{60}Co持续地发射β射线和γ射线,^{60}Co治疗机主要应用γ射线。γ射线,又称γ粒子流,是原子核能级跃迁蜕变时所释放出的射线,γ射线为波长短于0.01Å(埃,10^{-11}m)的电磁波(图4-1)。γ射线有很强的穿透力,一般在工业上主要用于检测钢材里的裂纹、气孔等,是一种无损探伤手段,也可以用于流水线的自动控制。γ射线对细胞有杀伤力,医疗上用来治疗肿瘤。

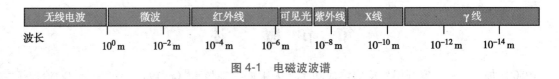

图4-1 电磁波波谱

γ射线首先由法国科学家P.U.维拉德(Paul Ulrich Villard)发现,是继α、β射线后发现的第三种原子核射线。关于γ射线爆发的起源有一种理论:它们是具有无穷能量的"巨超新星"(hypernova),在觉醒时留下巨大的黑洞,看起来γ射线爆发似乎是排成队列的巨型黑洞。放射性原子核在发生α衰变、β衰变后产生的新核通常处于高能级,要向低能级跃迁,从而辐射出γ光子。原子核衰变和核反应均可产生γ射线,γ射线的波长比X射线要短,所以γ射线的穿透能力比X射线还要强。

1. 光子与物质的相互作用 与X射线一样,当γ射线通过物质并与原子相互作用时也会产生光电效应、康普顿效应和电子对效应。

(1) 光电效应:光电效应的作用原理是,当入射光子与距离原子核较近的壳层处具有高结合能的轨道电子发生相互作用时,光子将能量传递给电子后自己消失,而获得能量的电子会挣脱原子核的束缚成为自由电子,我们称这种自由电子为光电子(图4-2)。

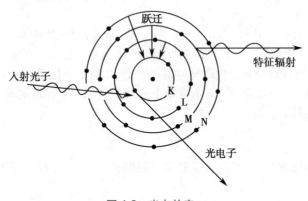

图4-2 光电效应

（2）康普顿效应：康普顿效应的作用原理是，当入射光子与距原子核较远的低结合能轨道上的电子或自由电子发生作用时，光子将部分能量传递给电子，这时光子的波长变长，频率变低，并改变自己的运动方向。而获得能量的电子会脱离原子，这种作用过程就称为康普顿效应。损失能量并改变方向后的光子称为散射光子，获得能量的电子称为反冲电子（图4-3）。

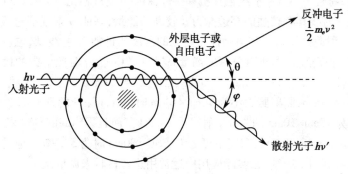

图4-3 康普顿效应

（3）电子对效应：当能量大于1.02MeV的光子通过原子核附近时，在原子核电场的作用下，光子突然消失转变成一个负电子和正电子组成的电子对，这种现象称为电子对效应（图4-4）。发生电子对效应后，光子的能量转化为两部分：一部分为正、负电子的静止质量，另一部分为正、负电子的动能之和。正、负电子有动能时可产生电离作用，当正电子能量耗尽而慢化时，最终与负电子结合转变为能量为0.51MeV的2个光子，故新出现的2个光子代替了原来消失的γ光子，称湮没辐射（或称光化辐射）。

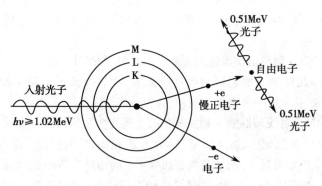

图4-4 电子对效应

光子与物质相互作用时，三种效应发生的概率主要取决于光子的能量和吸收物质的有效原子序数。图4-5左侧是低能光子与高原子序数物质相互作用，以光电效应为主，康普顿效应为次；当光子能

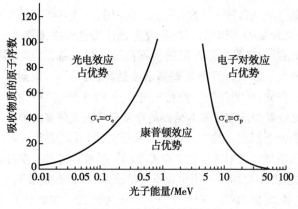

图4-5 三种效应的优势区间

量达到 1MeV 时,能量交换以康普顿效应为主;当光子的能量超过 1.02MeV 时,能量交换以电子对效应为主。光子与物质相互作用形成的次级射线、散射线、正离子及光电子、反冲电子等均可直接产生电离作用,并能重复发生击落其他原子轨道电子的作用。此过程重复多次,可产生大量的正负离子,它们在肿瘤治疗中也起到电离作用。

2. ^{60}Co γ 射线的特性 ^{60}Co γ 射线治疗机和一般深部 X 线机相比,具有以下特性:

(1) 穿透性强:γ 射线具有较强的穿透能力及较高的能量,高能 γ 射线通过吸收介质时的衰减率比低能 X 射线要低。因此高能射线剂量随深度变化的程度比低能 X 射线低,也就是说 γ 射线比低能 X 射线有较高的百分深度剂量,由于百分深度剂量高,所以 ^{60}Co 治疗时照射野的设计比低能 X 射线要简单,剂量分布也比较均匀。半价层(half-value layer,HVT)= 2.0mm Cu 的 X 射线,在焦皮距(focal spot to skin distance,FSD)= 50cm,照射野大小为 10cm×10cm 时,10cm 深处的百分深度量为 35.5%;而 SSD = 50cm,照射野大小为 10cm×10cm 的 ^{60}Co γ 射线为 49.9%。而且因 ^{60}Co 的剂量率一般较高,可用更大的源皮距(source-skin distance,SSD),深度量可更大,SSD = 80cm 时为 55.8%。但是,γ 射线也可被高原子序数的原子核阻停,例如铅或铀,在实际应用中通常用这些材料来做屏蔽。

(2) 保护皮肤:^{60}Co γ 射线最大能量吸收发生在皮肤下 4~5mm 深度,剂量建成区皮肤剂量相对较小。因此给予同样的照射剂量,^{60}Co γ 射线引起的皮肤反应比 X 射线轻得多。如果在皮肤表面放置一块薄层吸收体,则 ^{60}Co γ 射线的这一优点将随之失去。因此在治疗摆位时、设计准直器或挡块时,应充分保证铅块或准直器底端与皮肤保持适当的距离(一般为 15cm 以上),使得最大剂量的吸收不发生在皮肤上。

(3) 骨和软组织有同等的吸收剂量低能,低能 X 射线由于光电效应占主要优势,骨骼的吸收剂量比软组织大得多。而对 ^{60}Co γ 射线,康普顿效应占主要优势,因此骨骼与软组织的吸收剂量近似相同。^{60}Co γ 射线的这一优点保证了当射线穿过正常骨组织时,不致引起骨损伤;另一方面,由于骨和软组织有同等吸收能力,在一些组织交界面处,等剂量曲线形状变化较小,治疗剂量比较精确。这些特点是低能 X 射线所没有的。

(4) 旁向散射小:^{60}Co γ 射线的次级射线主要向前散射,射线几何线束以外的旁向散射比 X 射线小得多,剂量下降快。因此保护了照射野边缘外的正常组织,减低了全身累积剂量。但是,如果设计 ^{60}Co 治疗机时几何半影和穿射半影很大的话,就会失去这种优点。

(5) 经济、可靠:^{60}Co γ 射线和低能 X 射线相比有上述许多独特优点。实际上 ^{60}Co γ 线和 2~4MV 高能 X 射线相似。超高压 X 射线机、加速器与 ^{60}Co 治疗机相比,它们的优点是源焦点很小,不存在几何半影。因此,线束边缘更加清晰,等剂量曲线更加扁平。而相反,^{60}Co γ 射线治疗机与超高压 X 射线机、加速器相比,有以下缺点:①存在半影;②剂量曲线不能调节,出射量高;③半衰期短,需要定期更换 ^{60}Co 放射源;④属于低 LET 射线,相对生物效应较低;⑤防护要求高。但具有经济、可靠、结构简单、维护方便等优点。

二、^{60}Co 治疗机的合理应用

^{60}Co 治疗机的放射源 ^{60}Co 为放射性核素,不管是否使用,都按其半衰期在不断地衰减,因此在使用中必须正确合理地应用,充分发挥其作用,同时还要考虑使用过程中工作人员即医生、技术员的安全保健。在引进 ^{60}Co 治疗机前,一定要根据医院的实际情况进行配备,如患者数量及资金情况等,合理选择其强度。不可因患者数量多而盲目购置超高活度钴源,因为 ^{60}Co 放射性与患者收治的数量和放射源活度是不成正比的。例如:1000Ci ^{60}Co 源每班可治疗 30 个照射野左右,而 8000Ci ^{60}Co 源大概可以治疗 99 个照射野,可见放射源活度增长 8 倍而治疗量只增长 3 倍多。但是从工作人员受照射量、机器防护、土建要求、设备购置上都大大地增大了要求和难度,同时高活度 ^{60}Co 源的价格也要高几倍,所以从总体效益来讲是事倍功半。放射源活度 3000Ci 以下,照射时间占工作时间一半左右,也就是说源的利用率只占 50%,而放射源本身即使不用也在不停地衰减,因此在购置 ^{60}Co 治疗机时要考虑源的半衰期,同时又要考虑利用率,购置 3000~5000Ci ^{60}Co 源较为适宜。如果患者太多,可以通过增加班次的方法来满足治疗需求,充分利用钴源,产生最佳效益。

第二节　^{60}Co 治疗机的结构与原理

患者,女性,64 岁,退休工人。咳嗽、咳痰并气短半个月;无既往病史、无吸烟史、无家族遗传史。查体:双锁骨上淋巴结肿大,大者直径约为 1.5cm,质硬,活动欠佳,无压痛,双肺呼吸音清,未闻及啰音。经影像学检查,诊断为左肺小细胞肺癌、纵隔、双锁骨上淋巴结转移。需全身化疗配合局部放射治疗。^{60}Co 治疗机为远距离放射治疗设备,是放射治疗最主要的方式,通常提及放射治疗时多指远距离放射治疗,远距离放射治疗(teleradiotherapy)亦称外射束治疗(简称外照射)(external beam therapy),是指辐射源位于体外一定距离处(一般指放射源至皮肤距离大于 50cm),照射人体某一部位。

问题:

1. ^{60}Co 治疗机的结构、工作原理。

2. ^{60}Co 治疗机的临床应用。

^{60}Co 治疗机为远距离放射治疗设备,根据 ^{60}Co 治疗机在治疗时的放射源运动方式可以将 ^{60}Co 治疗机分为固定式和回转式两大类。固定式 ^{60}Co 治疗机通常也称直立式治疗机,根据治疗的需要,它的治疗机头可以上下运动,一般活动范围为 135cm 左右且不低于 800mm,同时治疗机头可做不小于 45°的角度转动。治疗床与机身分离,床的方向可任意转动,可以用椅子进行坐位治疗,可用大面积照射野治疗,照射距离变化较灵活。但做切线照射不太方便,等中心治疗也较困难。回转式 ^{60}Co 治疗机的机架可做 360°的旋转,机头可朝一定的方向移动,照射起来更加方便。回转式 ^{60}Co 治疗机可以用于多种治疗方式,如等中心治疗、切野照射,有些旋转治疗机还可以做钟摆照射和定角照射等。回转式 ^{60}Co 治疗机的治疗床为固定的,因此照射距离的大小可以通过升、降治疗床进行调节。

每种类型的治疗机又可分为"百居里"治疗机和"千居里"治疗机,"百居里"治疗机因治疗距离短(40~60cm 范围)、百分深度剂量低、照射时间长等缺点,现已不再使用。"千居里"甚至"万居里"治疗机较普遍,治疗距离可达 100cm,其百分深度剂量可与加速器低能 X 射线相比。

一、^{60}Co 治疗机的基本结构

固定式 ^{60}Co 治疗机是早期的产品,目前用的大多为回转式 ^{60}Co 治疗机。回转式 ^{60}Co 治疗机主要由安装在治疗室中的主机、手控器、摄像机和控制室中的控制台等组成。回转式 ^{60}Co 治疗机主机结构见图 4-6,其组成主要有以下部分:①机架;②回转臂;③辐射头;④准直器;⑤平衡锤;⑥底座;⑦计时器及运动控制系统;⑧辐射安全及联锁系统;⑨治疗床。

(一)机架、回转臂、平衡锤及底座

治疗机架固定在治疗机的底座上,是支撑回转臂、治疗头和防护平衡锤的装置。回转臂上还装有指针式机架角度显示装置,治疗时可以指示放射源在 0°~360°的回转角。防护平衡锤有两个作用。①吸收作用:吸收掉透过靶区、病床后的反射线,以防止地面等物质产生的反射线进入患者体内,增加患者的额外损伤;②平衡作用:与沉重的治疗头进行配重,使后者回转时更加轻便灵活。

机架的技术参数要求:回转式治疗机回转角度不得小于 360°。

(二)辐射头

1. ^{60}Co 放射源及源容器

(1) ^{60}Co 放射源:^{60}Co 治疗机用放射源通常用直径 1mm、高 1mm 的 ^{60}Co 圆柱状小颗粒组成,放在一个直径 2~3cm、高 2cm 很薄的不锈钢密封容器中。也有用直径 2~3cm、厚 1mm 的薄片组成 2cm 高的钴源,同样密封在很薄的不锈钢容器中。

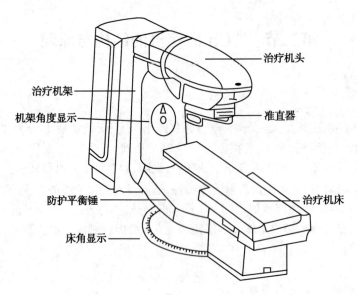

图 4-6 回转式⁶⁰Co 治疗主机结构图

（2）源容器：根据国际放射防护委员会（International Commission on Radiological，ICRP）推荐，对于任何远距离⁶⁰Co 治疗机，当⁶⁰Co 源处于关闭位置时，距离⁶⁰Co 源 1m 处，各方向的平均照射量应小于 2mR/h；在此距离处不应有超过 10mR/h 的区域。根据这种要求对千居里级⁶⁰Co 治疗机，需要约衰减到 10^{-6} 或近似 20 个半价层。在实际的应用中，一般用铅作防护材料，也有用钨或铀的合金。

根据结构设计的要求，⁶⁰Co 源容器通常用不锈钢材料经等离子焊接而成，结构见图 4-7。

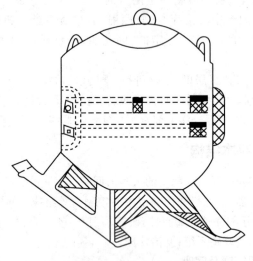

图 4-7 ⁶⁰Co 源容器结构图

内层容器中还安放外径相同、内径不同的钨合金圆套筒，以固定不同外径⁶⁰Co 源的横向位置；此外，还需安放不同厚度的钨合金圆片，以固定⁶⁰Co 源在容器中的纵向位置。为了保证一定的辐射防护要求以及足够的机械强度要求，通常将源位置固定的双层容器放在外容器中。外容器是由钨合金制成的空心圆筒，内容器顶端被外容器顶端卡住。底部由钨合金圆板顶住，并用扣环与外容器锁牢。最后，在外容器外径有标准的固定螺纹，倒置固定在不锈钢的钴源筒中，并用旋塞紧固。通过上述三种固定措施，防止放射源在长期使用过程中位置发生变化，从而影响射线在照射野内剂量的均匀性。

2. 防护机头 是⁶⁰Co 治疗机主要部件之一，放射源⁶⁰Co 装于其中，由钨合金和铅严密保护，机头外壳由钢铸成，保证足够的强度。钴源装在不锈钢制成的源筒内，由旋塞将钴源紧闭在源筒孔中，不会松动脱落,牢固可靠。^{60}Co 治疗机通常备有两根钴源筒,两者可以相互调换,保证在装新源或更换 ^{60}Co 源时更加方便可靠。

机头装在由铸钢制成的回转臂上,结构坚固、转动灵活。钴头颈部通常装有 360°回转刻度指示盘,机头自身的转动由电动机、涡轮、减速器、齿轮组传动控制,一般可做 90°回转。

辐射头的技术参数要求为:

(1) 源皮距:不小于 600mm,应备有显示源皮距的装置(如光距尺),显示距离与实际距离误差不得超过±2mm。

(2) 辐射野尺寸:在源皮距为 800mm 时,最大辐射野不得小于 200mm×200mm;最小辐射野不得大于 40mm×40mm;显示的尺寸与辐射野尺寸的误差不得超过±2mm。

(3) 辐射头回转角度范围:不小于-90°～+90°;辐射头运动应灵活自如,使用时应能在任意位置定位,回转角度指示的误差为±1°。

(4) 准直器绕辐射束轴转动范围:不得小于-90°～+90°。

(5) 放射源抽屉在"关束"位置与"出束"位置的往复运动中不得有卡刹现象。

3. 遮线器 是控制 ^{60}Co 源 γ 射线的装置,当遮线器处于打开位置时,γ 射线束通过一定路径射出进行放射治疗;当遮线器处于关闭位置时,γ 射线束被截断,只有少部分射线漏出。遮线器有许多不同形式,最为常见的有两类:轮动式和气动式。轮动式 ^{60}Co 治疗机见图 4-8,可以灵活地选择使用和设计限束系统,在实际工作中,每关闭一次遮线器都要旋转半周。气动式 ^{60}Co 治疗机是由轮动式改进而来,结构见图 4-9,用 ^{60}Co 源的直线运动代替了旋转运动,通常设计成抽屉结构,^{60}Co 源的抽屉运动一般靠气动或机械推动来实现。气动式遮线器是目前最常用的一种方式。

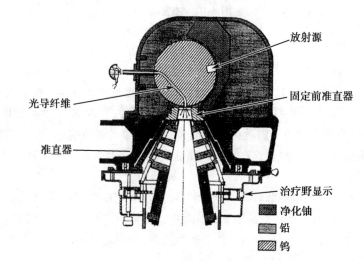

图 4-8 轮动式遮线器

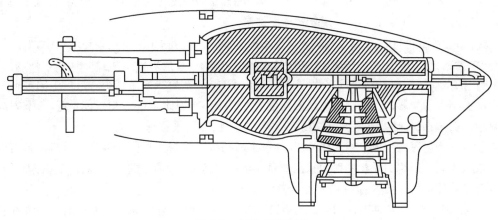

图 4-9 气动式遮线器

（三）准直器

准直器又称限光筒或限光阑,主要作用就是限制射线束的范围,即限定一定的照射野大小以满足治疗需要,结构见图 4-10。整个准直器安装在治疗头上,并可围绕治疗头轴心进行旋转。其作用是为射线提供靶区形状的照射野,同时吸收照射野外的射线,射线的照射野是指在放射源的辐射场内,距离放射源任意距离处垂直于射线轴的截面范围。一般以大于 50% 等剂量曲线所围的范围作为物理照射野。准直器一般都用重金属块(铅钨合金、钨铀合金等)制成,故又称为铅门或钨门。

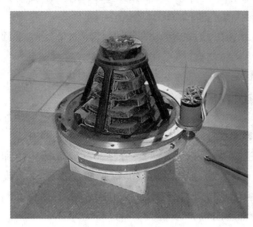

图 4-10 准直器

根据国际放射防护委员会推荐:准直器的厚度应能保证漏射线量不超过有用照射量的 5%,按照这个要求,⁶⁰Co 准直器的最小吸收厚度应为 4.5 个半价层。例如铅 HVT = 1.27cm,准直器所需铅的厚度为 5.7cm,一般取 6cm。摆位时托架上的铅挡块的厚度也应不小于 6cm。在准直器的设计中要考虑⁶⁰Co 半影问题,由于放射源是非点源,有一定体积,且辐射野内射线的散射和有用射线通过准直器的厚度不一致,使确定的辐射野边沿附近有一个剂量由大到小的渐变区域,这个区域称为半影。⁶⁰Co 的半影区是指射线照射野内自 20% 到 50% 的等剂量曲线范围。主要有下列三种原因造成⁶⁰Co 治疗机的半影问题:

1. 几何半影(图 4-11A) 放射源具有一定尺寸,被准直器限束后,照射野边缘诸点分别受到面积不等的源照射,从而产生由高至低的剂量渐变分布。造成照射野内剂量分布的不均匀性,首先应考虑设法减少半影,为了减少几何半影,准直器与体表的距离越近越好,但距离太近不利于机器旋转照射,因此准直器一般距离体表不能低于 15~20cm。

2. 穿射半影(图 4-11B) 即使是点状源,由于准直器端面与边缘线束不平行,使线束穿透的厚度不等,也会造成剂量渐变分布。为了减少穿射半影,准直器的厚度应大于 4.5 半价层,也就是说用铅作准直器时厚度应大于 6cm,而且均采用复式球面结构。

3. 散射半影(图 4-11C) 用点状源和球面形准直器,可以消除几何半影和穿透半影,但剂量分布仍然存在渐变段,这主要是由于射线穿过组织后产生散射线。在照射野边缘,到达边缘的散射线主要由照射野内的散射线造成,照射野边缘距离照射野中心越远,散射线剂量越小。组织中的散射半影是无法消除的,但散射半影的大小随入射线的能量增大而减小。因此,⁶⁰Co γ 射线能量越高,散射线主要往前,散射半影越小;γ 射线能量越低,散射线呈各向同性,散射半影越大。

综上所述,半影区的构成是由几何半影、穿射半影和散射半影三种因素组成。前两种是由机器设计造成,散射半影与射线的质和照射面积及被照射物质的密度、原子序数有关,也就是说,为了减少半影区,应采用高能量的小照射野。

准直器的理想设计,应使⁶⁰Co 的半影最小,通常设计成一级准直器和二级准直器。一级准直器一般用来限定⁶⁰Co 治疗机的最大照射野,不能调节。二级准直器有固定可切换式准直器和可调式准直

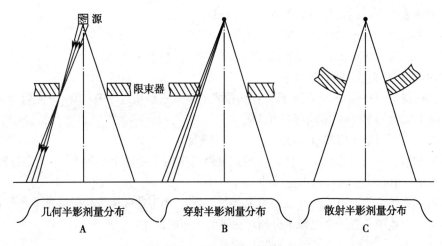

图 4-11 三类半影及剂量分析

器两种,由于固定可切换式准直器本身很笨重,所以很少使用,已被淘汰。目前大多采用可调式准直器,在设计时通常成对放置金属块,可以成对移动,以提供各种尺寸的矩形或方形照射野。根据治疗的需要,尺寸可以在 2cm×2cm~20cm×20cm 内调整。该准直器末端的两对叶片设计为伸缩式,可以改变放射源至准直器末端的距离,一般治疗时,叶片在标准距离;特殊治疗时,叶片位于下拉位置,可使几何半影进一步减少,此叶片为消半影装置。当照射野周边有重要器官或组织时,可以减少半影降低重要器官或组织的受照射剂量。

准直器的技术参数要求为:

(1)准直器绕其轴心线做自回转时,轴心偏差不得超过 2mm,准直器绕其轴心线做自回转时,光野边界的偏差不得超过 2mm。

(2)光野边界与辐射野边界之间的偏差不得超过 2mm。

(3)辐射野内有用射线的空气比释动能率不对称性应小于 5%。

(4)经修整的半影宽度不得超过 10mm。

^{60}Co 修整的半影宽度检测

在等中心位置用 100mm×100mm 的辐射野,当放射源位于出束位置时,用直径小于 10mm 的探测器测量辐射野两主轴上有用射线的空气比释动能率,绘出空气比释动能率随距离变化的曲线,以 20%~80% 的空气比释动能率之间的距离表示经修整的半影宽度。

(四)模拟灯

模拟灯提供放射治疗时所需的照射野的模拟尺寸大小,见文末彩图 4-12。通常采用 100W 12V 或 24V 的溴钨灯作光源,通过光学系统,聚集到钴源筒端部的反射镜上,经 90° 反射后,从准直器的放射口射出。在校正部位时,借此光野来确定照射野的范围。由于半影的关系,模拟灯光野并不能代表实际照射野,因为灯光野一般都采用点光源灯泡,而 ^{60}Co 治疗机存在三种半影,从而影响照射野的制订。在灯光内有 100%、50% 剂量,而灯光外的 50% 至近似 0% 的剂量分布,一般都要把边缘线定到 50% 剂量影区内。

(五)光学测距器

又称光学焦距指示器。主要作用是指示放射源与靶面之间的距离。用光学系统把标尺刻度及十字线分别投射到治疗床面上,通过移动床面的上、下位置,十字线交点所指示的标尺刻度数即放射源与靶面之间的距离。

(六)辐射安全及联锁装置

1. 非照射时(源在储存位)漏射量要求

（1）距机头表面5cm的任何位置上不大于20mR/h。

（2）距机头表面100cm的任何位置上不大于10mR/h。

（3）距机头表面100cm的任何位置,漏射量的平均值不应大于2mR/h。

2. 照射时(源在照射位)漏射量要求

（1）距治疗机头100cm处,在照射野外任何位置的剂量不得超过SSD＝100cm照射野内中心轴上最大剂量点的1%,大于5000Ci不应超过0.5%。

（2）准直器区漏射量不应超过2mR/h。

3. 平衡防护锤 透射量透过平衡防护锤的照射野范围内中心轴上剂量点,不应超过同一距离处无平衡防护锤照射中心轴上的最高剂量点的1%。

4. 治疗机的联锁装置 ^{60}Co治疗机必须设有联锁装置,当下述故障发生时必须紧急停止照射。

（1）两个定时器中任意一个电源部分损坏而不能工作时。

（2）启动2.5s后,源抽屉不能到达"照射"位置。

（3）照射中断或照射终止2.5s后,源抽屉不能返回到"储存"位置。

（4）在固定束治疗时,照射头移动。

（5）在移动束治疗时:①启动(治疗开始)5s后不运动;②中途运动发生不正常的停止;③超出预先角度5°以上。

（6）在治疗时治疗室门被开启时。

（七）治疗床

^{60}Co治疗机的治疗床主要由床面、升降筒和床座组成。一般要求治疗床能承受患者,而且当射线通过时,吸收剂量小、散射少。为了满足治疗需要,床面可做垂直升降,方便患者上下床,左右移动灵活,又可固定,纵向移动也有同样的要求。

床面在电磁制动器松开时,可做前、后、左、右的平面移动和绕升降筒的轴心线做左右0°~90°的回转。床面升降由电机经皮带传动和驱动涡杆、涡轮减速器,带动中心螺杆传动来升降。床面的中间有一个孔,盖板可以去掉,在进行反向照射或定位时,可以取掉此盖板,以方便使用操作。床面上通常装有安全保护装置,用于床面受到意外压迫时,使机头做短时间的反向运动,并立刻切断电源,以保证使用安全。

治疗床的技术参数要求为:

1. 床面水平自转≥120°。

2. 床体旋转≥±90°。

3. 床面纵向移动范围≥600mm。

4. 床面横向移动范围≥200mm。

5. 床面升降范围≥300mm。

6. 治疗床在承受30kg和135kg负载后,治疗床高度变化必须小于5mm。

治疗床的各个运动部位必须备有锁紧装置。

（八）控制台

^{60}Co治疗机的控制台配有总电源开关、源位置指示器、双道计时系统、控制钥匙开关、门联锁开关与指示器、气源压力指示、机头机架角度指示、电视监控和微机接口、对讲机等。新型^{60}Co治疗机大多采用计算机技术,实现了程序控制、自动故障寻找与排除、治疗过程的屏幕显示、治疗参数的验证与记录及治疗计划的优化设计等。

治疗机整机的技术参数要求为:

1. 环境条件

（1）环境温度:15~35℃。

（2）相对湿度:30%~75%。

（3）大气压力:7×10^{4}~11×10^{4}Pa。

2. 电源条件

（1）电源电压为单相 220V 或三相 380V,50Hz,正弦波,电源电压允许波动范围为 ±10%,频率值的允许范围为 49.5~50.5Hz。

（2）具有足够低的内阻抗,使有载和空载两种稳定状态之间的电压波动不超过 ±5%。

（九）治疗机电气设备的安全防护

1. 漏电流

（1）对地漏电流:在正常状态下,不得超过 5mA,单一故障状态下不得超过 10mA。

（2）外壳漏电流:在正常状态下,不得超过 0.1mA,单一故障状态下不得超过 0.5mA。

2. 设备的介电强度

（1）试验电压必须在规定值的 90%~100%。

（2）设备应耐压部分的介电强度必须承受 1500V 及一分钟耐压试验。

3. 接地电阻

（1）治疗机保护接地端子与附件接地端子之间电阻不得超过 0.1Ω。

（2）治疗机各部件的外壳导电部分与该部件的保护接地端子之间的电阻不得超过 0.1Ω。

（3）治疗机各部件的外壳导电部分和治疗机保护接地端子连接的保护接地导线末端之间的电阻不得超过 0.2Ω。

二、^{60}Co 治疗机的工作原理

^{60}Co 治疗机由控制电路系统、钴源及源输送机构、准直器、光学部分、治疗床、机架和底座等部分构成。其工作原理是:

首先,通过在控制台设计治疗参数,调整机架及辐射头部分来设计照射角度的范围,准直器系统调整照射光野的大小,治疗床可调整治疗时源皮距的大小,借助光学部分的模拟灯的光野指示来调整治疗时所需照射野的尺寸,用光学测距指示器来指示放射源与照射靶面的距离。在完成基本设置后,控制系统给各部分的驱动装置发出控制信号进行工作,并通过定时装置来设置工作时间。在治疗开始时,钴源输送机构的储气罐内的压缩气体将 ^{60}Co 源送至指定的照射位置,对准患者病灶进行治疗;治疗结束后,钴源输送机构改变双向阀门方向,将 ^{60}Co 源退回到"储存"位置。机器完成一个治疗工作程序。

三、^{60}Co 治疗机的临床应用

^{60}Co 放射源的应用非常广泛,几乎遍及各行各业,在农业上,常用于辐射育种、刺激增产、辐射防治虫害和食品辐照保藏与保鲜等;在工业上,常用于无损探伤、辐射消毒、辐射加工、辐射处理废物,以及用于厚度、密度、位置的测定和在线自动控制等;在医学上,常用于癌和肿瘤的放射治疗。

（一）^{60}Co 治疗机的临床应用

从放射生物学角度来看,辐射的生物学效应除依赖于吸收剂量外,还依赖于吸收剂量的分次给予、吸收剂量率和电离辐射在微观体积内局部授予的能量,即传能线密度（linear energy transfer,LET）。而 ^{60}Co γ 射线、加速器的 X 射线,电子束的 LET 值较小,属于低 LET 射线,相对生物效应为 1,它对细胞分裂周期时相及氧的依赖性较大,所以对 G_0 期、S 期和乏氧细胞的作用较小。肿瘤对这类射线不敏感,采用这类射线可能获得较好的治疗效果。虽然理论上高 LET 辐射的生物效应优于低 LET 辐射,但高 LET 辐射的装置复杂庞大,价格很贵,因此实际使用中主要应用低 LET 辐射。

从放射物理学角度来看,辐射射入人体后的剂量分布影响治疗的效果,深度剂量分布,可分为有射程（带电粒子如电子、β 粒子、质子、α 粒子等）和无明显射程（电磁辐射如 X、γ、中性粒子如中子等）两大类。电磁辐射虽没有明显的射程但具有剂量建成现象。重带电粒子辐射（电子除外）入射与出射剂量低于中心靶区剂量,相对于电磁辐射及中性粒子辐射具有物理特性方面的优越性。

^{60}Co 治疗机为远距离放射治疗设备,由于 ^{60}Co γ 射线最大能量吸收发生在皮肤下 4~5mm 深度,且

骨骼和软组织有近似相同的吸收,因而在射线穿过正常骨组织时不致引起骨损伤。在肿瘤治疗中既可以治疗浅表组织的病变,又适用于治疗更深处的病变。在一些组织交界面处,等剂量曲线形状变化较小,尤其适合于头颈部肿瘤的治疗。此外,⁶⁰Co治疗机可做常规固定源-皮距治疗、等中心治疗、旋转治疗、摆动治疗及大面积不规则照射野治疗。

姑息性治疗

恶性肿瘤转移性病变的放射治疗称为姑息性治疗,其目的是减轻肿瘤所致的症状,提高生存质量和延长生存期。治疗转移性病变时,应根据患者的一般情况、病理类型、原发病变、原发病变范围、转移病变范围及既往治疗情况等综合考虑治疗方案,才能达到最大的姑息治疗目的,使少数患者达到长期生存。

(二)⁶⁰Co源的更换

⁶⁰Co为放射源,一直在不断衰变,放射性活度逐渐减小,致使患者治疗时间不断加长,需要定期更换新⁶⁰Co源。钴源更换是一项细致、慎重的工作,应组织一个钴源更换小组,由有经验的维修人员、物理人员和技术员组成,对更换过程中每个程序都要考虑周到,做到万无一失,并须将钴源更换计划上报省、市有关放射防护管理部门,并在其监督下进行。具体步骤如下:

1. 一般新源都带有容器。首先由物理人员检测源容器漏射量大小,查看是否在允许范围内。

2. 认真检查所订购的新源强度是否在本机防护条件允许内。新源直径不能大于旧源直径。最主要的是新源容器的源抽屉与治疗机头的源抽屉形态、大小要完全一致,如果新源的直径小于旧源的直径,则源抽屉的孔也应相应减小,以保证钴源的稳定。

3. 在新源容器中有两个大小相同的铜制或钢制的抽屉,在源容器外面应标明或在说明书中注明:哪个抽屉是有放射源,哪个是实心的没有放射源的,实心的抽屉为换源模拟替换专用,一定要注意区分。

4. 将新源容器放置在一个可升降的铲车上,送入治疗室内机头旁,或将源容器运至治疗室后用倒链将源容器吊起,转动机器,使源容器抽屉窗口与机头源窗口相对接(图4-13)。

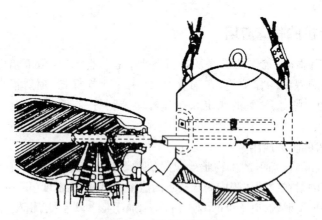

图4-13 换源示意图

5. 使两抽屉窗口相隔6~8cm,再将机头和源容器前后抽屉窗口的盖板拧开,将源容器中实心模拟源抽屉拉出3~4cm,再将机头的旧源抽屉拉出2~3cm,利用机器本身的机架角、机头角和源容器铲车的升降、左右移动,用直角尺和水平仪来校准,使两抽屉上下在一个水平面上,左右相互平行。误差不能大于1~2mm。

6. 当机头旧源抽屉前方与源容器模拟源抽屉前方对正、对齐后,将源容器模拟源抽屉抽出腾空源容器。并在旧源前方拧上环形螺栓。备好特制的一根直径2cm、长度2~3m铁管或铁棍、头部有钩、可勾进源抽屉的环形螺栓。

7. 通过源容器模拟源抽屉用特制的铁钩孔勾牢旧源前方的环形螺栓,此时治疗室内只留 1~2 人,其他工作人员全部退出。操作人员要注意轻拉,不可用力过猛,如遇卡壳现象再轻轻推回原位进一步调整,直至将机头旧源全部拉到源容器中模拟源抽屉位置,此时机头源槽处于空位。准备下一步用此程序和方法将源容器中的新放射源抽屉推入机头,再将模拟抽屉放回源容器中。

8. 此项工作在调试、校准、搬运过程中,工作人员都必须佩戴个人剂量仪。推、拉钴源的人员应在手、头、胸即人体主要部位多带几个剂量仪,以便考证、记录剂量。工作人员在更换源期间工作时间不可过长,最多 4h。如有限量报警装置,可调好安全剂量,到量报警即刻离开工作室。

9. 参加换源的工作人员,在换源前要查血常规,太低不可参加此项工作,换源后血象低应及时查出原因,以便采取措施及时地积极治疗。

10. 此项工作一定要有一定的技术条件和物质条件,要在曾换过源、有一定经验的工作人员指导下进行,必须认真仔细、小心谨慎,不可有丝毫的大意,以确保人身安全,最好安排专职的工作人员进行 ^{60}Co 放射源的更换。

11. 新钴源换上后,由于 ^{60}Co 源的物理、几何参数发生变化,需要由物理人员进行一系列的剂量测量,临床上特别重要的项目如输出剂量的测量、射野平坦度和对称性的测量、半影的测定及机器本身(特别是机头)的防护等,要一一检查,获得实际数据,并经放射防护管理部门验收通过后,方可交付临床使用。

本章小结

^{60}Co 治疗机为远距离放射治疗设备,是放射治疗常用的设备之一,通常提及放射治疗时多指远距离放射治疗。^{60}Co 治疗机是一种利用放射性核素 ^{60}Co 衰变放出的 γ 射线从体外治疗疾病的设备,这种装置可以发射 1.17MeV 和 1.33MeV 两种 γ 射线,其平均能量为 1.25MeV,其深度剂量分布与 2.5MeV 的电子加速器相当。根据 ^{60}Co 治疗机在治疗时的放射源运动方式可以将 ^{60}Co 治疗机分为固定式和回转式两大类。固定式是 ^{60}Co 治疗机的早期产品,已经逐步被回转式 ^{60}Co 治疗机取代。回转式 ^{60}Co 治疗机主要由安装在治疗室中的主机、手控器、摄像机和控制室中的控制台等组成。^{60}Co 为放射源,一直在不断衰变,放射性活度逐渐减少,致使患者的治疗时间不断加长,为保证治疗效果需要定期更换新 ^{60}Co 源。

案例讨论

某医院放疗科利用 ^{60}Co 治疗机进行放射治疗时出现以下故障现象,即在 ^{60}Co 治疗机工作过程中,当按下 ^{60}Co 治疗机控制台的"治疗启动"按键,^{60}Co 源机械指示杆能弹出三分之二,但 ^{60}Co 源指示灯闪烁并伴有报警声。此现象即为 ^{60}Co 治疗机常见的卡源。

问题:分析 ^{60}Co 治疗机常见的卡源原因有哪些?

案例讨论

(许海兵)

扫一扫,测一测

思考题

1. 简述用于外照射放射治疗的^{60}Co 治疗机的 γ 射线和 X 射线治疗机的射线的优缺点比较。
2. 简述^{60}Co 治疗机的半影的成因和消减。
3. 简述^{60}Co 治疗机的结构。

第五章　医用电子直线加速器

学习目标

1. **掌握**：医用电子直线加速器的基本结构和工作原理。
2. **熟悉**：医用电子直线加速器的临床应用。
3. **了解**：医用电子直线加速器的使用与维护。

第一节　概　　述

医用电子直线加速器是利用微波电场对电子进行加速,产生高能射线,用于人类医学实践中远距离外照射放射治疗活动的大型医疗设备。其中"医用"表示设备的用途是用于人体肿瘤治疗,应符合医疗设备的特殊要求;"电子"表示被加速的粒子是电子,而非质子或其他重离子;"直线"表示电子束在加速过程中的运动轨迹是一条直线;"加速器"表示是一种应用高能物理理论进行束流加速装置。它能产生高能X射线和电子线,具有剂量率高,照射时间短,照射野大,剂量均匀性和稳定性好,以及半影区小等特点,广泛应用于各种肿瘤的治疗,特别是对深部肿瘤的治疗。

按照输出能量的高低划分,医用电子直线加速器一般分为低能机、中能机和高能机三种类型(表5-1)。不同能量的加速器X线能量差别不大,一般为4MV、6MV和8MV,有的达到10MV以上。按加速管工作原理方式划分,医用电子直线加速器分行波加速方式和驻波加速方式。此外,按照X射线能量的挡位划分,医用电子直线加速器可以分为单光子、双光子和多光子。

表 5-1　低能、中能和高能机三种类型比较

类别	输出能量范围(光子)	输出射线类型	加速管安装方式
低能	4~10MV,一般为6MV	一般为一挡X射线	多数为竖向垂直安置,无对中和偏转系统
中能	4~15MV,可提供双挡X射线,低能量挡一般为6MV	双光子+多挡电子线输出	加速管横置,有对中和偏转系统
高能	4~25MV,可提供多挡X射线,低能量挡一般为6MV	多挡光子+多挡电子线输出	加速管横置,有对中和偏转系统

医用电子直线加速器的优点主要有:

1. 加速器的射线穿透能力强　各种射线穿透组织的能力与其本身所具备的能量成正比。一般X线治疗机输出的射线能量只有200kV左右,^{60}Co治疗机发生的γ射线也只能达到1.25MV。而加速器输出的能量则可达到6MV甚至更高,且可根据患者不同情况对输出能量的大小进行调整。因此,加速

49

器对深部体积较大的肿瘤病灶能够给以更有效的杀灭。

2. 加速器既可输出高能X线,也可输出高能电子线　电子线到达预定部位后能量迅速下降,因而能减少射线对病变后面正常组织的危害,特别适于体表或靠近体表的各种肿瘤。例如,采用电子线治疗乳腺癌,肺部及心脏损害就比^{60}Co少得多。

3. 皮肤并发症显著减少　放疗引起的皮肤并发症,与射线具备的能量成反比。X线以皮肤吸收能量最高,^{60}Co γ射线最大能量吸收在皮下4~5mm的深度。加速器的高能X线最大能量吸收在皮下15~30mm的深度,在治疗内脏肿瘤时,皮肤及皮下组织吸收的射线很少,会显著减少皮肤及皮下组织的损伤。

4. 加速器的射线能够被有效控制　由于配有精准的肿瘤病灶定位装置,可保证射线集中于肿瘤组织,肿瘤旁的正常组织影响很小。特别是肿瘤病灶附近有重要器官时,加速器这一优点尤其突出。

5. 加速器一次可输出很高的能量,能缩短照射时间　手术切除肿瘤时,有时难免有肉眼看不见的肿瘤细胞或手术难以切净的肿瘤病灶残留在患者体内,可能导致日后局部复发或转移。一般的放疗设备对此无能为力,而加速器可以相对容易地消灭这些肿瘤细胞。

6. 加速器停机后放射线即消失　加速器不存在^{60}Co等具有的射线泄漏和衰减问题,有利于保护环境和保证疗效。

正是由于医用电子直线加速器具有明显的优点,使其受到肿瘤治疗专家的普遍欢迎。又由于电子计算机在医用电子直线加速器和治疗计划系统等附属设备中的广泛应用,医用电子直线加速器剂量计算的精确性明显提高,治疗方法更加多样化,治疗效果显著提高。所以医用电子直线加速器在肿瘤治疗中得到广泛应用,发挥着巨大的作用。

一、基本功能

现代医用电子直线加速器可以设计成为输出高能和低能双光子甚至三光子X线,并有多挡电子线可供选择。比较典型的射线组合是:X线为低能4MV或6MV;高能10MV或15MV。电子射线能量的典型组合是最低4MeV,最高21MeV,中间再穿插几挡,形成较为合理的能量阶梯,如电子线能量为:4MeV、6MeV、8MeV、10MeV、12MeV、15MeV、18MeV、21MeV等。通常,腹部或胸部较深部位病灶可选用高能X线,较浅部位病灶选用低能X线;而皮肤或皮下较浅部位病灶则按照需要选择不同能量电子射线进行放射治疗,这样就可以做到一机多用,可以充分满足不同的临床需求。

另外,为了能够实现多角度、全方位照射,以达到既能躲避重要器官,又能得到所期望的剂量分布状态,现代医用加速器机架、辐射头和治疗床都可以做360°旋转,并且三条中心轴线相交于一点,这个三线合一的交汇点就称为"等中心"。当把病灶置于等中心位置时,就可以在任何角度和任何方位进行照射,以达到最佳剂量分布,从而得到最好的治疗效果。

可见,现代医用电子直线加速器既可以输出双光子甚至三光子X线,又可以输出多挡电子线,这是以往任何放疗设备都不能比拟的。同时,既可以单角度静止照射,也可以多角度旋转照射,或等中心立体照射,能够达到最佳的三维剂量分布状态,可以取得最好的治疗效果。现代医用电子直线加速器的基本特点是:多种能量的射线可以灵活选择,等中心旋转照射能够保证最佳剂量分布和最佳治疗效果,这是医用电子直线加速器能够在放疗设备中占绝对优势的主要原因。

从设备的角度来看,医用电子直线加速器的主要功能包括两方面,一是产生射线(图5-1),二是适合放疗(图5-2)。三相市电通过主电源箱加到调压器和高压电源,高压电源将该电压升压,经过整流和滤波,产生12kV直流电压输出到脉冲调制器。脉冲调制器将得到的直流高压转变为大功率脉冲供给磁控管或速调管,由磁控管震荡产生一定频率的微波功率,经微波传输系统馈入加速管,在加速管中建立起加速电场。加速管电子枪阴极表面发射的电子,被阴极与阳极间的电场加速,注入加速管加速腔,处于合适相位的电子受到微波电磁场的加速,能量不断增加,在加速管末端轰击重金属靶,发生轫致辐射,产生X射线,将电子直接引出,就得到高能电子线。高能X线或电子线经过辐射头的控制准直使其进一步适合放疗。

0502

图片:医用电子直线加速器放射治疗过程

笔记

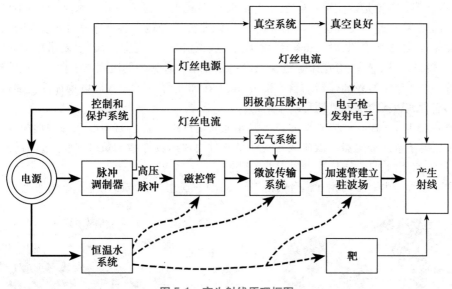

图 5-1　产生射线原理框图

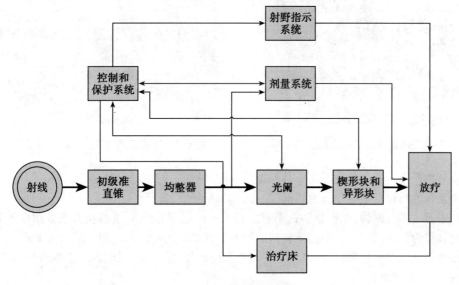

图 5-2　适合放疗原理框图

二、主要参数指标

医用电子直线加速器主要性能指标可以分为射线质量指标和机械精度指标两部分。

射线质量指标除了规定光子或电子射线各挡能量之外,还包括射野(照射区域)内射线平坦度和对称性指标。一般来说,光子的射线平坦度和对称性都不能超过±3%;电子射线平坦度不能超过±5%,对称性不能超过±2%。

机械精度指标主要规定了等中心精度和射野精度。通常规定等中心精度不能>±1mm。光子的射野半影不能>8mm。具体指标的概念与标准见相关章节。

第二节　医用电子直线加速器基本结构与工作原理

一、基本结构

医用电子直线加速器是一种比较复杂的大型医用设备,涉及诸多学科和技术,如加速器物理、核物理、无线电、电工学、电子学、自动化控制、电磁学、微波技术、电真空、机械、精密加工、电子计算机、制冷、流体力学等。不论是行波医用电子直线加速器,还是驻波医用电子直线加速器;不论是低能医用电子直线加速器,还是中高能医用电子直线加速器,尽管在结构上各有千秋,但基本组成是一致的。其主要由加速管、微波功率源、微波传输系统、电子枪、束流系统、真空系统、恒温水冷却系统、电源及控制系统、偏转系统、照射头、治疗床等组成,图5-3是目前一种典型的医用电子直线加速器外形。

加速管是医用电子直线加速器的核心部分,电子在加速管内通过微波电场加速。加速管主要有盘荷波导加速管和边耦合加速管两种基本结构。

盘荷波导加速管是由在一段光滑的圆形波导上周期性地放置具有中心孔的圆形膜片而组成,应用于行波医用电子直线加速器。盘荷波导实际是通过膜片给波导增加负载,使通过的微波速度减慢下来,是一种慢波结构,是直线加速器发展的关键技术。

边耦合加速管是由一系列相互耦合的谐振腔链组成,应用于驻波医用电子直线加速器(图5-4)。

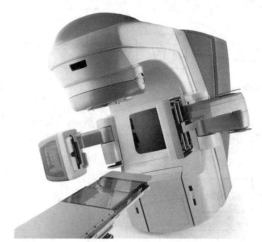

图5-3 一种典型的医用电子直线加速器外形

图5-4 驻波医用电子直线加速器结构图

边耦合结构是把不能加速电子的腔移到轴线两侧,轴线上的腔都是加速腔,缩短了加速距离。由于驻波在加速管内所建立的电场强度提高,能达到140kV/cm,提高了加速效率。

微波功率源主要有两种,磁控管和速调管。行波医用电子直线加速器和低能医用电子直线加速器使用磁控管作为微波功率源。中高能驻波医用电子直线加速器使用速调管作为功率源。

微波传输系统主要包括隔离器、波导窗、波导、取样波导、输入输出耦合器、三端或四端环流器、终端吸收负载、自动稳频等。

电子枪为医用电子直线加速器提供被加速的电子。行波医用电子直线加速器的电子枪阴极采用钨或钍钨制成,有直热式、间接式和轰击式三种加热方式。驻波医用电子直线加速器的电子枪由氧化物制成。

束流系统由偏转线圈、聚焦线圈等组成,控制束流运动方向,提高束流品质。

真空系统为被加速电子不因与空气中分子相碰而损失掉提供保证。一般使用离子泵保持医用电子直线加速器的运行真空。

恒温水冷却系统带走微波源等发热部件产生的热量。为保证整个系统恒温,恒温水冷却系统需要一定水流压力和流量。

照射头和治疗床属于应用部分。

二、工作原理

现代高能医用电子直线加速器,不论是行波结构还是驻波结构,整机构成和工作原理上基本一样。每台医用电子直线加速器的三大核心部件是:加速管、微波源和电子枪。其基本工作原理是:在"高压脉冲调制系统"的统一协调控制下,一方面,"微波源"向加速管内注入微波功率,建立起动态加速电场;另一方面,"电子枪"向加速管内适时发射电子。只要注入的电子与动态加速电场的相位和前进速度(行波)或交变速度(驻波)都能保持一致,就可以得到所需的电子能量。如果被加速后的电子直接从辐射系统的"窗口"输出,就是高能电子线,若为打靶之后输出,就是高能 X 线。

当然,为了让电子束能按照预定目标加速并得到所需要的能量,还必须有许多附加系统的协调配合:微波系统是为了传输微波功率并将微波频率控制在允许范围之内;电子发射系统是为了控制电子发射数量、发射角度、发射速度和发射时机等;真空系统可以保持电子运动区域和加速管内高度真空状态,一方面避免电子发射系统的灯丝因氧化而烧断,另一方面避免电子与空气分子碰撞而损失能量。此外,防止极间打火也是设置真空系统的主要目的之一;束流控制系统的作用是让被加速的电子束聚焦、对中和偏转输出;辐射系统的作用是按照需要对电子束进行 X 线转换和均整输出,或直接均整后输出电子射线,并对输出的 X 线或电子线进行实时监测和限束照射;温度自动控制系统的作用是让加速管、微波源(磁控管或速调管)、聚焦线圈、导向线圈、偏转线圈和 X 线靶等产热部件保持恒温以达到稳定工作的基本条件;显然,机械系统、电气控制与安全保护系统和计算机网络系统等也都是医用电子直线加速器能够持续稳定工作的必备条件。图 5-5 与图 5-6 分别是行波加速器与驻波加速器的结构组成框图。

0503

视频:医用电子直线加速器结构原理介绍

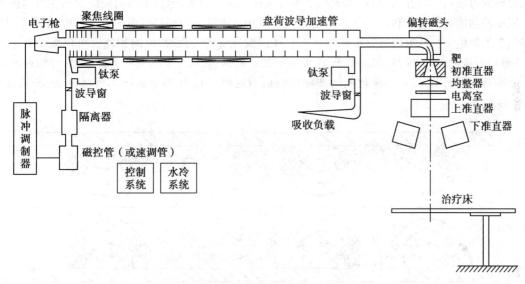

图 5-5 行波加速器的结构组成框图

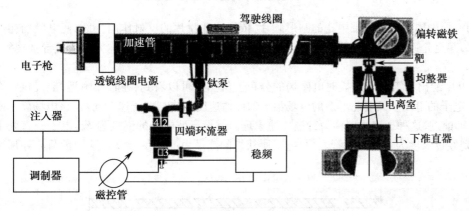

图 5-6 驻波加速器的结构组成框图

第三节 加速管与束流传输系统

一、加速管的理论模型

电子直线加速器的核心部件是加速管,而加速管的加速模式有行波加速和驻波加速两种方式。下面,首先介绍两种加速管的基本理论模型。

（一）行波加速管的基本理论模型

图 5-7 的模型是电子直线加速最基本的原理。显然，电子只能在加速缝隙 D 中得到加速。若平均电场强度为 E = Va/D，则一个电子通过加速缝隙所获得的能量为 eVa。电子经过加速缝后，进入没有电场的金属筒内，便不能被加速。如何使加速得以持续，一种直观的想法是：如果图 5-7 的系统能以电子相同的速度前进，电子一直处于加速缝中，即一直能感受到加速电场，则加速能持续。

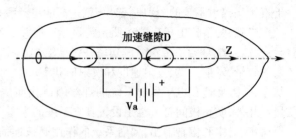

图 5-7　简化的同步加速电子模型

根据狭义相对论，现实中不可能存在这样的系统。由于电子很轻，经过几十 keV 的加速之后，速度就可与光速相比拟，而一个宏观的系统（加速缝）是不可能以光速前进的。不过这种想法却启发人们去寻找某种形式的电场，它能以接近光速的速度向前运动。第二次世界大战一结束，英美两国一些在战时研究过雷达的科技人员，组成七八个小组来探索这个问题，他们不约而同地想到在雷达技术中广泛应用的圆波导管（如直径约 10cm 的圆管），在其中可激励起一种具有纵向分量的电场（TM_{01} 模），可以用来加速电子。其电磁场分布见图 5-8，它在圆波导管内传播时，波的相速度可以大于光速。因此，要想利用这种电场来同步加速电子，保证电子加速到哪里，加速电场就跟着到哪里，即加速电场可以不断推着电子向前走，就必须把使圆波导中传播的这种 TM_{01} 模的电磁场的传播速度（相速度）慢下来。

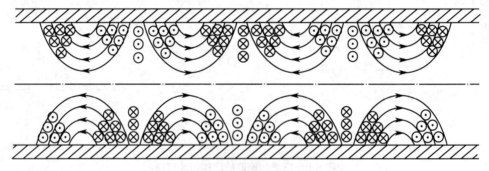

图 5-8　圆波导管中传播的 TM_{01} 模电磁波

在圆波导中周期性插入带中孔的圆形膜片，依靠这些膜片的反射作用，可以使电磁场相位传播速度慢下来，甚至光速以下，这样就能实现对电子的同步加速，这种波导管称为盘荷波导加速管，其结构见图 5-9。

图 5-9 中绘出了工作于 π 模时电磁场的分布。从图中可以看到，在轴线附近，能提供一个沿 z 轴直线加速电子的电场。只要此形态的电场沿 z 轴传播速度始终与电子速度同步，该电场就不断推着电子沿着 z 轴前进，这种加速原理称为行波加速原理。假设行波电场的强度为 Ez，电子一直处于电场的波峰上，则经过长度为 L 的加速管之后，电子所获得的能量为：$W = e \times Ez \times L$。这种盘荷波导加速管工作

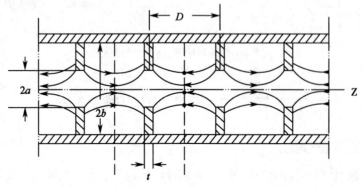

图 5-9　TM_{01} 型盘荷波导加速管示意图

原理简单,结构也不复杂,自 20 世纪 40 年代中期问世以来,一直沿用至今。

(二)驻波加速管的基本理论模型

图 5-10 给出了加速电子的另一种模型,在一系列圆筒电极之间,分别接上频率相同的交变电源,如果该频率 f_a 和圆筒电极缝隙之间距离 D 满足 $D=v/2f_a$ 的关系(v 为电子运动速度),则电子可以持续被加速。

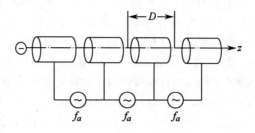

图 5-10 时变电场沿直线加速电子的一种模型

理论上,增加加速单元的数目,则电子的加速能量可以线性增加。在加速缝隙,加速电场的振幅值随时间是交变的,沿 z 轴也是交变的,在缝中央幅值最高,而圆筒中央电场为零。当然这只是一个模型,在工程上很难实现,也不合适。因为若 D 取 5cm,v 近似光速,则 f_a 等于 3000MHz,这样高频率的高压是不可能用电线传输的,而要实现这种加速模型只能在一个谐振腔列(链)中完成。图 5-9 中加速管在左右两端适当位置放置短路板(面),形成一种电磁振荡的驻波状态,其电场分布见图 5-11。加速管结构中所有的腔体都谐振在这个频率上,相邻两腔间距离为 D,而腔间电场相位差刚好为 180°,即腔间电场刚好方向相反。接近光速 c 的电子在一个腔的飞(渡)越时间 $T=D/c$,等于管中电磁场振荡的半周期,因此电子的飞跃时间刚好和加速电场更换方向时间一致,从而能持续加速,这种加速模型被称为驻波加速。

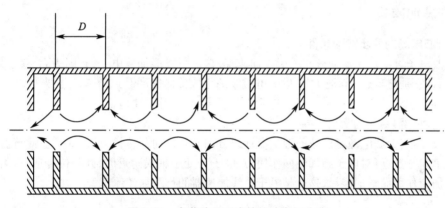

图 5-11 盘荷波导形成的驻波电场分布

由于电子静止质量很轻,仅有 $9×10^{-31}$g。它的动能很小时,速度就可以很快,比如 1MeV 的电子,它的速度就达到光速的 94%。而动能为 20MeV 的电子,其速度为光速的 99.97%。可见电子能量从 1MeV 增加至 20MeV,速度才增加约 6%。因此电子加速器有时被称为电子加能器。

(三)加速原理概述

电子直线加速器是采用微波电场把电子加速到高能的装置。一般使用的微波频率为 3000MHz(波长 $A=10cm$),因此其加速管实际上是一个微波波导管。波导管由一组圆柱形谐振腔组成,每个谐振腔的直径为 10cm,长度为 2.5~5cm(图 5-12)。波导管内由微波建立的电磁场为 TM_{01} 波,形成沿轴向分布的电场和沿横向分布的磁场,其加速的基本原理如下。

1. 行波加速 假设有一电子 e 在 t_1 时刻

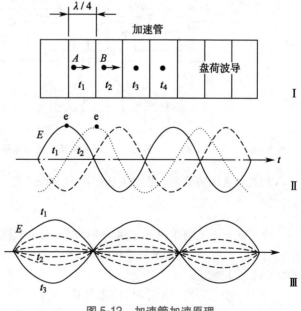

图 5-12 加速管加速原理
II. 行波加速原理;III. 驻波加速原理

处于 A 点,此时波导管内的电场见图 5-12 Ⅱ。此时电子正好处于电场力的作用下,开始加速向前运动。至 t_2 时刻电子到达 B 点,此时由于电波也在"向前"移动(实际上是电场在各点的幅值随时间变化),电子正好在 t_2 时刻,又处于加速场的作用下。如果波的速度和电子运动速度一致,电子将持续受到加速。但由于这种波的传播速度(相速度)大于光速,即大于电子运动的速度,因此必须将波速减慢。为此,在波导管内加上许多圆盘状光栏,改变圆盘间的间距可以改变波的传播速度(相速)。这种以圆盘光栏为负荷来减慢行波相速的波导管称为"盘荷波导管"。在开始阶段由于电子速度较小,因此间距小些,使波的传播速度慢些,随着电子速度的增加,慢慢增加其间距,使波速也随之很快达到光速后,间距可保持不变,即波速也接近光速,这种波称为行波。利用这种波加速电子的直线加速器称为行波电子直线加速器。

2. 驻波加速　适当调节反射波的相位和速度,可以产生驻波。利用驻波来加速电子的直线加速器称为驻波电子直线加速器,其基本原理见图 5-12 Ⅲ。t_1 时刻电子受电场的作用向前加速运动;t_2 时刻电场为零,电子此时并不加速;t_3 时刻电场正好反向,但电子已经运动到它的后半周,又处于加速场作用下得到加速;t_4 时刻电场由反向恢复到零,电子不被加速;直到 t_5 时刻电场恢复到与 t_1 时刻一样,电子也正好运动到它的加速场,在其作用下得到加速。在 t_1 与 t_2 时刻之间,由于电场由正向零变化(即幅值变小)而相位不变,此时位于 t_1 与 t_2 间的电子仍然受加速场的作用而累增其能量,在其他时刻的电子与此类似。

二、行波加速管

(一)行波电场的同步加速条件

医用行波电子直线加速器的核心是行波加速管,它之所以能加速电子,是因为它不但具有电场的纵向分量,而且它是"慢波",能把 TM_{01} 模的电磁波的相位传播速度慢到光速,甚至光速以下。

1946 年英国科学家 Walkinshaw 等人想到在圆波导管中周期性地插入带中孔的金属膜片来"慢波",人们称这种慢波结构为盘荷波导。

在盘荷波导中,微波电磁场以波的形式沿轴线方向(z 轴)向前传播,见图 5-13。此行波电场在轴线附近具有轴向分量,可对电子施加轴向作用力,电子若处于轴线附近时,并相位合适,就可不断受到行波电场的加速作用而增加能量,这就是电子直线加速器的行波加速原理。

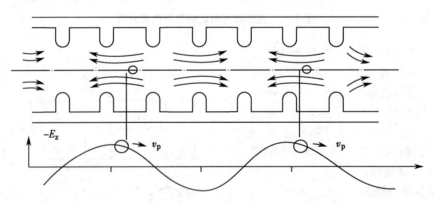

图 5-13　行波电场分布与电子相对于波的位置示意图

行波加速原理的核心是电子速度 $v(z)$ 和行波相速 $v_p(z)$ 之间必须满足同步条件:

$$v(z) = v_p(z)$$

电子在行波电场作用下,速度不断增加,要求行波电场的传播速度也同步增加,以对电子施加有效的作用。显然,若同步条件遭到破坏,电场就不能对电子施加有效的加速,如果电子落入减速相位,电子还会受到减速。

电子刚注入直线加速器时,动能为 $10\sim40\text{keV}$,电子速度为 $v = 0.17\sim0.37c$;当加速到 $1\sim2\text{MeV}$ 时,电子速度就达到 $v = 0.94\sim0.98c$。如前所述,其后能量再增加,电子速度也不再增加多少了。由于这一特点,加速能量大于 2MeV 的电子时,行波电场的波速可以不变,等于光速,即用结构均匀的盘荷波导就可持续加速电子,从而简化盘荷波导加速管的设计和加工。

行波电场的强度和方向是随时间和轴上位置交变的。在同一时刻,沿加速管轴线的不同地方,电场方向有的与加速运动方向一致,有的则相反。电场随时间以波的形式沿轴向向前传播。行波加速就是在行波电场不断向前传播的过程中,行波电场不断给电子以加速力。这时波在前进,电子也在前进。在这动态过程中,并不是在任何情况下电子都能受到电场的加速作用,而是只有当电子落入加速相位才能受到加速。若电子相对行波场的相位关系不合适,落入减速相位,电子反而会被减速,甚至失去能量。因此在讨论同步加速时,常常引用一个相位图来表达电子在加速过程中电子相对于行波电场的相位关系(图 5-14)。记 $0° < \phi < 180°$ 范围为加速相位,$\phi = 90°$ 为加速的波峰,$-180° < \phi < 0°$ 范围为减速相位。

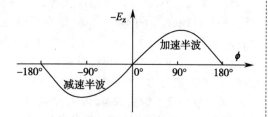

图 5-14 电子相对于行波电场的相位关系图

需要注意,电子受行波电场加速,不能简单地理解为行波像一节车厢,电子像旅客,火车速度加快了,旅客前进的速度也就加快,车厢必定带着旅客一道走。实际上,行波和电子之间不是这种简单的关系,没有什么东西把电子绑在行波的波峰上。在加速过程中,波在前进,电子也在前进,在这个意义上,它们之间是独立的但又是相互联系着的,当同步条件得到满足时,场给电子以加速力,电子从场中获得能量;反之,同步加速条件受到破坏,电子落入减速相位,则电子会把自身具有的动能交换给场。在同步加速过程中,电子在行波场的作用下速度越来越快,而行波场传播速度按照人们的设计也越来越快,当电子速度逐渐接近光速时,波的速度可设计为等于光速,维持电子一直处于波峰附近。在这个意义上,电子好像骑在波峰附近前进,不断获得能量。

(二)相运动及纵向运动

同步条件要求 $v_p(z) = v(z)$,是在一般意义上讲的,实际上在行波加速过程中,始终严格保持 $v_p(z) = v(z)$ 是不可能的。即使从电子枪注入加速管的电子,其初始速度 $v(0)$ 就很难保证做到和设计加工好的加速管的初始相速度 $v_p(0)$ 绝对相等;另一方面从电子枪注入加速管的电子,其注入时刻有先后,不可能注入在同一相位上,在加速过程中,也不可能严格保持 $v_p(z) = v(z)$。此时,无论是电子比波快,还是电子跟不上波,电子相对于波的相位就存在滑动,称之为"滑相",这种滑相运动也就被称为相运动。由于电子速度和波速不同步,就会引起相运动。因此,相运动是绝对的,具有不可避免的性质。

必须将相运动控制在允许的范围内,使电子在这相位范围内往返地滑动,并在这往返滑动过程中,基本上处于某一个加速相位(平衡相位)附近而受到加速,而不至于单方向滑动,滑入减速相位而丢失。这种能够实现相运动状态称为"存在相运动稳定性"。相运动稳定性问题实质上就是电子纵向加速运动的稳定性,只有相运动是稳定的,才能对电子进行有效的纵向加速运动,即相运动稳定性是电子能持续加速的前提。

(三)相位会聚任务的提出及聚束器的作用

如何使注入加速管的电子大多数能够稳定加速,不致丢掉,而另一方面又同时具有较高的加速效率?如何使注入加速管的大多数电子在相位上都能会聚到波峰之前一个较小的相位范围内?为了回答这些问题,首先需要了解从电子枪注入的电子和加速电子的电磁波之间相位关系。

医用电子直线加速器是脉冲工作的,脉冲宽度一般为 $\tau \approx 2 \sim 4\mu s$ 的矩形脉冲。在这脉冲的时间内微波功率持续通到加速管内,并在加速管中激励起加速电子的行波电场,电子也在这期间内从电子枪连续注入加速管。

在这一个脉冲时间内加速管里的电磁场已经完成了上万次振荡,因此如果让电子枪的电子直接进入加速管,电子会均匀分布在每一个行波场相位上,有一半电子会遇到加速电场,另一半电子会遇到减速电场。如何使均布在360°相位范围的电子多数能集中到波峰之前某一个平衡相位附近呢?这就提出相位会聚任务的问题。为此,要在电子枪和主加速管之间加入一个聚束器或一聚束段,通过聚束器(或聚束段)把注入时均匀分布在$-180° \sim +180°$,电子多数能会聚到加速电场的波峰附近。

可以有各种不同形式的聚束器(或聚束段)实现相位会聚。医用行波电子直线加速器为了结构紧凑,常常把聚束器和主加速管制作在一起,成为整根加速管的一部分,称其为"聚束段"。

三、驻波加速管

（一）电子驻波加速原理发展概述

尽管 20 世纪 60 年代后期，驻波电子直线加速器获得了迅速发展，然而其原理并不新颖。早在 20 世纪 40 年代中期，在开始研究行波电子直线加速器同时，不少小组就已经注意到利用驻波电场加速电子。前面已经介绍了行波工作方式，至于驻波工作方式，就是加速管的末端不接匹配负载，而接短路面，使微波在终端反射，所反射的微波沿电子加速的反方向前进，如果加速结构的始端也放置短路面，那上述的反射功率在始端再次被反射，如果加速管的长度合适，则反射波和入射波相位一致，加强了入射波，在加速管内形成驻波状态。

美国麻省理工学院 Slater 等人在 1947~1948 年就注意到这一点，并指出当加速管比较短时，驻波加速方式比较有利，在相同的微波功率、相同的加速结构下，可使电子获得较高的能量。其后，他们于 1951 年建成了一台 π 模工作的驻波直线加速器，把电子能量加速到 18MeV。

然而，在此后漫长的十几年间，一直找不到一种既适合驻波加速工作方式而又具有竞争力的理想驻波加速管结构。

诚然，用两金属板短接盘荷波导而构成的驻波结构最简单，但分流阻抗低。而且工作在 π/2 模时，有半数腔只起耦合作用，对加速没有贡献，加速效率很低；而工作在 2π 模时，又由于模式分隔窄，腔数不能太多，以及群速度很低不利于稳定工作，因此这种单周期驻波加速结构没有竞争力。

20 世纪 60 年代初美国洛斯阿拉莫斯国家实验室（Los Alamos National Laboratory，LANL）为了建造 800MeV 的介子工厂曾经研究过多种驻波加速结构，后在 E. A. Knapp 等人领导下终于发展出了一种新颖的驻波加速结构——边耦合驻波加速结构。它的基本思想是，把工作在驻波工作状态 π/2 模时只起耦合作用的腔，从束流轴线上移开，移到加速腔的边上，耦合腔留下来的空间为加速腔所扩展占有，加速腔通过边孔和耦合腔耦合，相邻两个加速腔相差 180°。此结构既具有 π 模的效率，又具有 π/2 模的工作稳定性。由于这种边耦合驻波加速结构分流阻抗高，工作稳定性好，尺寸加工精度要求低，因此很快就被按比例缩小，把原来加速质子的加速结构改成适合加速电子的结构，于 1968 年先后成功地把边耦合结构应用于医用和无损检测用的驻波电子直线加速器。该成果在电子直线加速器发展史上具有里程碑意义，使驻波电子直线加速器的发展进入了一个崭新的阶段。

边耦合驻波加速结构的提出，也推动了其他各种类型驻波加速结构的发展，这包括磁轴耦合的双周期结构、三周期结构，环腔耦合双周期结构，电轴耦合双周期、三周期结构，交叉式高梯度驻波加速的发展。我国从 20 世纪 70 年代起，各种驻波加速结构，诸如箭形环腔耦合双周期结构、边耦合驻波加速结构、磁轴耦合驻波结构，也得到迅速发展。国际上自边耦合驻波加速器问世以来，无论是医用的还是无损检测用的电子直线加速器都纷纷采用驻波加速结构，目前世界上低能驻波电子直线加速器约有 6000 台以上，占低能电子直线加速器的 80%~90% 以上。驻波电子直线加速器之所以能获得如此发展，其原因不单是由于找到了具有良好性能的驻波加速结构，而且很重要的是由于微波技术和无线电电子学技术等方面的成就提供了各种性能良好的辅助系统，保证了驻波加速结构的稳定工作。譬如工作可靠、正向衰减少、反向隔离度高、能承受大功率反射的环流器（高功率隔离部件）的研制成功，保证了微波功率源，如磁控管的稳定工作，而不受负载高 Q 驻波谐振腔工作状态的影响，保证了在场建立过程中从驻波结构反射回来的大量微波功率，能被环流器的吸收负载所吸收，而不致反射到功率源中，损坏微波源；又如高灵敏度的锁相式自动频率稳定系统的研制成功，保证了磁控管的振荡频率精确地和驻波加速腔联锁，频率偏离控制在 ±20kHz 范围内，从而使工作频带很窄（≈100kHz）的驻波加速结构能稳定工作。没有这些性能良好的辅助系统的配合，驻波结构的优越性能是无法实现的。文末彩图 5-15 为医用驻波加速管。

（二）驻波加速原理

1. 驻波观点分析　无论哪种驻波加速结构，都可看成是一系列以一定方式耦合起来的谐振腔链，在谐振腔轴线上有让电子通过的中孔，在腔中建立起随时间振荡的轴向电场，轴上电场的大小和方向是随时间交变的，而这种振荡的包络线都是原地不动的，故称为驻波。图 5-16 画出了工作在 π 模的典型驻波结构的场分布图，图中轴线上的中孔既是束流通道又是实现腔间耦合的耦合孔。从图可知，每一个腔内场大小及方向是随时间交变的,而出现场强最大值和零值的地方是不随时间变化的。场是位置和时间的函数,在每一个腔中电场强度可表示成:

$$E_z(z,t) = E_z(z)\cos\omega t$$

式中 $E_z(z)$ 为场的包络线。

当图 5-16 中 1#腔的电场随时间渐渐从小到大,而方向又正好合适加速电子时,2#腔的电场方向却是减速的,但过一会儿,当 1#腔的场值随时间变成减速方向时,则 2#腔电场的方向变得正好能加速电子。因此可以设想,如果让电子在 1#腔的场正好由负变正那一瞬间(场强正是加速方向)注入其中,电子在前进时,场强不断增加,电子不断获得能量,场强到达峰值时,电子也正好到达腔的中央。其后场强开始下降,电子在后半腔中飞行,当场强开始由正变负时,电子正好飞出 1#腔进入下一个腔。这时2#腔的场强又正好由负变正。电子在 2#腔中又能继续加速获得能量。如果这种条件能得到满足,电子就可不断获得能量。这就是驻波加速原理。

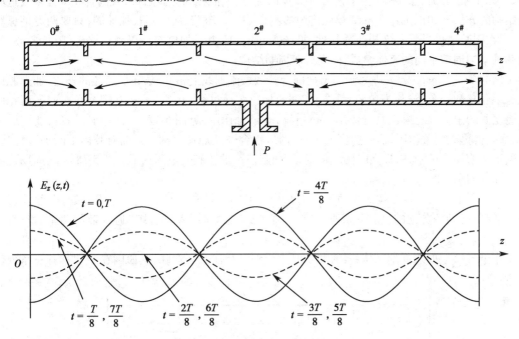

图 5-16　π 模工作的驻波腔链场分布示意图

驻波加速能得以持续进行,必须满足同步加速条件。同步加速条件可表为 $D/c = T/2$,即电子渡越腔体(腔长为 D)的时间正好等于微波振荡的半周期 $T/2$。

2. 行波观点分析　其实驻波加速也不是从原则上区别于行波加速的另外一种新的加速原理,驻波加速也可以用行波观点来分析。因为任何驻波都可以分解为无数个沿两个反方向传播的行波的组合。$E_z(z,t)$ 可表示成:

$$E_z(z,t) = E_{zF}(z,t) + E_{zB}(z,t)$$

$E_{zF}(z,t)$、$E_{zB}(z,t)$ 分别表示向前和向后传播的行波。即一个向前行波和一个向后行波可叠加成一个驻波。

可见,电子在驻波加速结构中的加速过程也可以用行波观点分析。然而这并不是说驻波加速结构和行波结构的效果就不一样了,更不能讲两种结构的性质相同了,事实上,两种加速结构各有不同的特点和优点。

(三)驻波加速管结构

驻波加速管结构在驻波电子直线加速器中占有重要地位,它是驻波加速器的核心,其性能很大程度上决定了整机的性能。

在 30 年的发展进程中,出现过各种各样的驻波加速管结构。根据不同的特点,它们有不同的分类:一种是按每一个腔的平均相移来划分,分为 π 模、2π/3 模、0 模;一种是按结构包括的周期数来划分,分为单周期、双周期、三周期;一种是按耦合孔位置来划分,分为轴耦合、边耦合、环腔耦合;一种按电磁场耦合方式来划分,分为电耦合、磁耦合。

目前在国际上广泛采用的是磁边耦合及磁轴耦合的双周期结构。美国、中国、日本、俄罗斯均有相应的商品。

1. 单周期驻波加速结构　最简单的驻波加速结构是双端短路的均匀盘荷波导,各腔体通过膜片的中心孔之间电场相互耦合在一起。当然,单周期结构也可以用磁耦合方法来相互耦合。根据短路条件的不同,可以形成 0 模、$\pi/2$ 模、π 模等。单周期结构是一种均匀结构,构成驻波腔链的每一个腔体的振荡频率都相同,由 N+1 个固有频率相同的腔组成的耦合腔链可以有 N+1 个振荡频率。

单周期结构中,$\pi/2$ 模见图 5-17A,具有最大的模式间隔,具有最大的群速度,因此工作稳定性最好。不过它有半数腔不激励,它只起功率耦合的作用,因此整个结构的分流阻抗很低。

2. 双周期驻波加速结构　为了保持 $\pi/2$ 模的优点,又能提高分流阻抗,人们研究了许多改进驻波加速结构的方法。如把工作在 $\pi/2$ 模腔链中的耦合腔加以压缩,从而延长加速腔,只要两者谐振频率保持一致,则腔链仍显示 $\pi/2$ 模工作特性,见图 5-17B。而由于加速腔得以延长,分流阻抗提高,而腔链由两种结构周期不同的腔体组成,而变成双周期结构。

美国的 E. A. Knapp 等人进一步提出把耦合腔从束流轴线上移开,放在加速腔的外边,加速腔的外壁上有耦合孔和耦合腔(称为边腔)耦合,相邻的加速腔通过耦合(边)腔相互耦合在一起。而相邻的加速腔之间的中孔只起束流通道作用,而不起功率耦合作用,见图 5-17C。这样加速腔长度扩展了一倍,从而获得更大的分流阻抗。这是前面所讲的边耦合驻波加速结构。目前对腔体不断加以优化,在束流通道上增加了鼻锥,以提高时间渡越因子,把圆筒形加速腔变成圆拱形。图 5-18 为双周期边耦合驻波加速管的示意图。

由于双周期驻波加速结构是由两种几何结构不同的腔链相互耦合在一起组成的,因此该系统存在两条通频带(两条分立的色散关系曲线)——加速腔"通频带"及耦合腔"通频带",两条通频带之间不相交。

工作于 $\pi/2$ 模的双周期结构一经出现,马上受到广泛注意和青睐,其原因在于它具有一系列优越

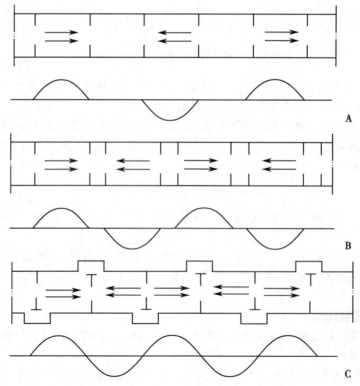

图 5-17　双周期驻波加速管结构演变示意图

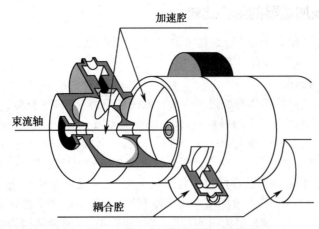

图 5-18　边耦合驻波加速管结构示意图

的微波特性:

（1）π/2 模工作在通频带中央,与其他模式相比,模式分隔最大,群速度最大,工作稳定。

（2）储能集中在加速腔,而且结构具有最高的分流阻抗。

（3）在一级近似下,任何腔体的频率误差不导致加速场的幅值误差。

（4）在腔体无频率误差下,损耗和束流负载不引起加速场的相移,显示出零相移特性。

（5）耦合腔中的场和耦合腔本身的频率误差无关,它是由损耗引起的,是二级小量。

（6）禁带、端腔失谐、腔体频率误差、损耗、束流负载等对加速场的幅值或相移的影响都是二级小量。

这些特点汇合在一起,使得 π/2 模双周期结构具有分流阻抗高、加工精度要求低、频率稳定性好、相移对束流负载不敏感、调谐方便等优点,从而推动了该结构的迅速发展,在国际上得到广泛的应用。不过边耦合结构加工较复杂,焊接较麻烦,自 20 世纪 70 年代中后期,加拿大、中国、俄罗斯、印度都在发展磁轴耦合双周期驻波加速结构,它最大的特点是把边耦合腔放回到轴线上。加速腔和耦合腔通过偏离开轴线的肾形孔（图 5-19）利用磁场相互耦合在一起,整个结构保持了轴对称性,利于加工、调谐,简化了腔链焊接工艺。它的缺点是:轴耦合腔又在轴线上占据一定的位置,加速腔的长度要缩短,使结构的分流阻抗稍有下降,但上述的优点常常会弥补其不足,而保持大体相同的整体性能。

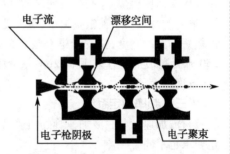

图 5-19　电子在驻波加速（管）结构中的纵向及横向运动

（四）电子在驻波电场中的纵向运动及横向运动

电子在驻波加速管结构中的纵向及横向运动与在行波加速管结构中的横、纵向运动有很多相同之处,也有自身具有的特点。在纵向运动方面,相同的地方是:同样存在不同相位注入的电子,也是均匀地分布在不同相位的电磁场中,有半个周期注入的电子会遇到加速相位,半个周期遇到的是减速相位,因此,也存在一个俘获的过程（即需要相位会聚）。为了提高俘获系数及使电子束团以较窄的相位宽度注入主加速腔链中,一般也需要聚束器（段）。不同的地方是由于驻波加速管加速场强都很高,用 1~3 个腔就可完成相聚（相俘获）过程,因此,相振荡不充分,致使俘获系数比较低,一般只有 30%,而不像行波加速结构,可达 70%~80%。在横向运动方面,由于从电子枪注入的束流具有径向尺寸及散角（即具有一定的初始发射度）,对那些离轴的电子,驻波腔中的电场径向分量 E_r 和磁场轴向分量 B_θ 要对其施加作用力。类似于行波加速管,为了减少电子在加速过程的发散,顺利通过各腔的束流孔道（一般小于 10mm）,同时获得较小的靶点,常常也需要外加纵向聚焦磁场。但通过对驻波加速腔的腔型（即场型）优化和利用相位聚焦等技术,在驻波加速管中实现利用驻波电磁场来完成束流的聚焦,也可以不需要外加的纵向聚焦磁场。

61

四、行波与驻波加速器的结构比较

医用电子直线加速器有两种加速管结构,即行波加速管与驻波加速管。这两种加速管不仅结构与长度、整机配置和部件不同,还有以下差别。

(一)加速管结构与长度

1. 驻波结构中可利用微波功率有所提高　在行波结构中,终端的微波剩余功率白白消耗在终端吸收负载上,如果将相同的结构改为驻波结构,即在终端加短路金属板,由于终端短路,剩余功率全部反射,并转向输入端,在这过程中微波功率受到进一步衰减,其衰减系数为 e-2αL,这个反射波对加速电子没有用,但是这个波在输入端又受到全反射。如果加速结构的长度是波导半波长的整数倍,则输入端的反射波又将在输出端反射,这样的过程将继续下去,直至达到平衡为止。由于来回反射,驻波加速结构等效的输入功率提高了,等效的输入功率等于多次来回反射功率的级数和。

2. 能量增益上的比较　如果采用相同的结构,当加速管很长,两种结构的能量增益差别很小;当加速管很短时,两种结构的能量增益差别很大。如果采用不同的结构,如将束流孔道与耦合孔道分开的驻波加速结构本身就比束流孔道与耦合孔道合在一起的盘荷波导效率高,这样两种结构的能量增益差别就更大。

对低能医用电子直线加速器,两种加速结构能量增益的差别十分重要,例如同样是 6MeV 的医用电子直线加速器,采用驻波加速结构,加速管仅长 30cm 左右,可以做成直立式,无须偏转系统,而采用行波加速结构,长度要在 100cm 以上,只能水平安装于机架上,必须采用偏转系统把电子束引向下方。

对于中、高能量医用电子直线加速器,尽管驻波加速管要比行波加速管短些,但无论行波还是驻波方式,加速管长度都在 100cm 以上,都需要配备偏转系统,此时采用哪一种加速方式,在长度方面的差别已无关紧要。

(二)建场时间

行波加速管中电磁场的建立只要一次传输就可完成,驻波加速管中电磁场的建立是通过波在加速管内来回反射建立的,驻波建场时间要比行波建场时间长 2.5~3.5 倍。在建场时间内,不能正常加速,输入的微波功率被浪费掉了,微波功率利用效率要求微波脉冲宽度必须远大于建场时间。行波容许较短的脉冲宽度,驻波希望有较宽的脉冲宽度。目前驻波加速管一般采用 $\tau = 4\mu s$,重复频率 F = 250/s,而行波加速管采用 $\tau = 2\mu s$,重复频率,F = 500/s。从微波功率源及脉冲调制器角度来看,脉冲愈宽,难度愈大。

(三)频率稳定系统

行波加速管与驻波加速管的负载特性与功率特性具有相同的形式,但两者频率特性不同,频率稳定要求也不同。

1. 行波加速管　原则上,在微波功率发生器的频率范围内,微波功率都可顺利进入加速管,不产生严重的反射。对于磁控管微波功率发生器,这个频率范围为 7~8MHz。

行波加速管频率稳定性的要求与行波加速管的色散特性有关,在工作频率附近,当频率偏离工作频率时,会引起电子相对于波的滑相,使能谱变坏,能量降低,为此要求采用频率稳定系统,对于工作频率为 3000MHz 左右的行波加速管,要求频率稳定度为 160kHz 左右。

中、高能医用电子直线加速器要求 X 线辐射方式有 2~3 挡能量,电子辐射方式有多挡能量。在 X 辐射方式时,因能谱要求较高,通常采用调节输入功率方式调节能量,频率有时也要微调;在电子辐射方式,因流强非常低,能谱要求不高,通常采用调节频率方式调节能量,因此行波加速管容许有数个不同的工作频率,每个工作频率对应不同的能量。

2. 驻波加速管　进入驻波加速管的微波容许频率变化范围由驻波加速管的品质因素决定。驻波加速管自动稳频系统的稳定度由容许的 X 线辐射剂量率稳定度决定,对于工作频率为 3000MHz 左右的驻波加速管,当要求剂量率稳定度为±3%时,由前面可计算出,要求频率稳定度在±20kHz。

驻波加速管虽然有多个分立谐振频率,但满足电子动力学设计要求的只有一个工作频率。当微波功率发生器的频率偏离工作频率±200kHz 时,微波功率根本不能进入驻波加速管,因此驻波加速管自动稳频系统只容许有一个工作点。

（四）偏转系统

1. 能谱的影响　行波与驻波医用电子直线加速器的一个重要差别是它们的能谱,使用者可能并不能直接感觉到差别,因为设计者已采取一些措施来弥补。能谱是指流强随能量的分布,能谱(S)定义为峰值流强一半处的能谱宽度(FWHM)δV 与峰值流强处能量 V_0 之比。显然,S 愈小,能谱愈好。

行波加速管由于相振荡比较充分,相聚较好,因此输出电子束的能谱较窄(1%~3%),驻波加速管场强较高,电子很快达到光速,相振荡不充分,加之场建成时间较长,所以能谱较宽(10%~20%)。

低能医用电子直线加速器采取直束式,不同能量电子均可打靶,驻波加速管产生的 X 辐射含低能成分较多。

2. 偏转系统的色差　偏转系统对不同能量粒子的敏感程度称为色差。中高能医用电子直线加速器采用偏转磁铁系统,有两种形式,一类是简单的 90° 单偏转磁铁系统,另一类是 270° 复合偏转磁铁系统。90° 单偏转磁铁系统是色差系统,对电子束的能谱极为敏感,不同能量的电子将沿不同曲率半径散开,散开的宽度正比于能谱宽度。

能谱愈宽,愈不对称,打靶后产生的 X 线辐射分布愈不对称,为下一步均整工作带来困难。行波加速管因能谱较好,早期大都采用简单的 90° 单偏转磁铁系统。随着消色差偏转系统的出现,现代行波电子直线加速器亦都采用消色差偏转系统。

3. 驻波加速管对偏转系统的要求　驻波加速管出现后由于能谱较差,遇到偏转的困难,不得不采用具有消色差功能的 270° 复合偏转磁铁系统。消色差偏转系统的特点是对于能散度不敏感,也对散射角不敏感。偏转以后束斑仍能保持圆形。

（五）微波传输系统

驻波传输系统与行波传输系统在要求上有所不同。

1. 驻波传输系统　传输系统上的微波器件要求承受较高的电场强度,要插入能吸收全部反射功率的环流器作为隔离器件,以防微波功率返回对微波功率发生器造成破坏。驻波传输系统可分为两类:

（1）隔离式驻波传输系统:驻波加速管与磁控管之间有隔离器件进行隔离,隔离器件由四端环流器或四端环流器与隔离器的组合构成。隔离式传输系统的优点是磁控管的工作基本上不受加速管工作的影响,缺点是对于脉冲内及脉冲间的快速频率变化无法补偿,因为自动稳频系统的伺服机构只能跟踪慢变化,来不及响应快变化。另外要求隔离器件的隔离度较高,隔离器件的插入损耗较大。

（2）牵引式驻波传输系统:牵引式传输系统不将加速管完全隔离,反而用来控制磁控管的频率,优点是可以补偿频率阶快速变化,由一只三端环流器构成,在三端环流器的第三支臂插入一个调相器(phase wand),调相器的作用是使磁控管的输出频率恰好和加速管的频率相等。

2. 行波传输系统　行波加速管可视为阻抗不变化的负载,并且可认为是一个匹配负载。行波加速管是一种带通器件,在一定频率范围内,微波功率反射很少。为防止加速管内或波导内打火引起功率反射,仍须在行波传输系统中插入能吸收大部功率的隔离器作为隔离器件。每次脉冲从开始到结束,微波功率都是单向流通的。行波传输系统沿传输波导电场分布是均匀分布的,除非因严重打火造成反射使传输系统形成驻波状态。

（六）电子枪

驻波加速管的加速场强较高,所需电子初始能量较低,较好的驻波加速管注入电压在 1~10kV 即可,电子枪的高度较小,只有 3cm 左右。

行波加速管由于加速场强较低,所需注入电压在 40~100kV,电子枪的高度较高。一般在 10~20cm。

（七）温控系统

由于同样的温度变化对行波加速管和驻波加速管产生几乎同样的工作频率波动,约为 50kHz/℃,而驻波加速管要求频差比行波加速管要求频差要小得多,如果不采用自动稳频系统,则驻波加速管对温控系统的要求很高,为 ±0.4℃。行波加速管采用双腔自动稳频系统,这种双腔自动稳频系统的稳定点对温度很敏感,要求稳在±1℃。驻波加速管采用锁相自动稳频系统,这种锁相自动稳频系统对温度不敏感,采用温控系统主要为了使微波功率源的频率不致过分偏离中心点。

综上所述,驻波加速管具有较高的效率,加速管与电子枪较短,结构紧凑,但对脉冲调制器、自动稳频系统、偏转系统、微波传输系统等都有较高的要求,而行波加速管虽然效率较低,但能谱较好,能量调节较容易。

五、束流传输系统

束流传输系统由聚焦系统、导向系统及偏转系统组成。聚焦系统主要是为了使加速束流在加速过程中,不致因受射频电磁场作用及束流内部电子之间的空间电荷作用力而散开,或因外部杂散磁场作用而偏离轨道,从而最终顺利地打靶或引出。导向系统用于校正因安装原因或外部磁场引起的束流轨道偏斜。偏转系统用于改变束流运动的方向。

(一)聚焦系统

1. 聚焦原理

(1) 洛伦兹力(Lorentzn force):实验发现,若在磁场中电荷为 e 的电子运动速度为 ν,该点的磁感应强度为 B,则此运动电荷受到的磁场作用力 $\vec{F}=e\vec{\nu}\times\vec{B}$,该式确定的力称为洛伦兹力。由矢量积的定义可知 $\vec{F}$ 的大小,$F=e\nu\times B\sin\theta$

$\vec{F}$ 的方向垂直 $\vec{\nu}$ 和 $\vec{B}$ 所构成的平面,并且这三个方向符合右手螺旋关系。如果运动电子是负电荷,则电子所受磁力方向与 $\vec{\nu}\times\vec{B}$ 积的方向相反,为了使 $\vec{F}=e\vec{\nu}\times\vec{B}$ 在运动电子为负电荷时仍能确定电荷所受磁力方向,e 应该是代数量,即正电子 e 用正值,负电子 e 用负值。因为磁场对运动电荷的作用力始终垂直电荷的运动方向,故磁场对运动电荷的作用力不做功。即磁场力只改变电荷的运动方向,不改变电荷运动的速度。这是洛伦兹力的一个重要特点。

(2) 电子在电场和磁场中的运动方程:如果空间同时存在电场和磁场,一个电量为 e、质量为 m 的电子将同时受到电场和磁场的作用力。设在空间任一给定点处电场的场强为 E,磁场的磁感应强度为 B,电子正以速度 ν 通过该点,则它受到的电场和磁场的作用力分别为:$\vec{F}_E=e\vec{E}$ 和 $\vec{F}_B=e\vec{\nu}\times\vec{B}$,这时电子所受合力(忽略重力):$\vec{F}=\vec{F}_E+\vec{F}_B$。因此只要知道了电场与磁场的分布,以及电子的初始位置和速度,则电子在任何时刻的运动速度、位置,均可求得。

(3) 长磁透镜聚焦:一束发散电子束在磁场的作用下,可以在另一点会聚起来,就像光束经过透镜聚焦一样。这种均匀磁场对电子的聚焦作用称为长磁聚焦,也即长磁透镜聚焦。

2. 聚焦线圈　根据聚焦原理,在电子直线加速器的聚束区域,为克服射频场和空间电荷力等因素的散焦作用,一般采用螺线管聚焦。它调整比较容易,磁场连续分布,中间不存在无场区,对线圈的准直要求相对较低。

螺线管线包有长筒形线包和短饼形线包两种,长筒形线包对安装的同轴性要求较高,要保证加速管的轴线与磁场的轴线重合,不然电子束流会偏离中心位置。短饼形线包由于每一个线包很短,把它们组合连接起来后,考虑安装误差的统计效应后,对线包的同轴性要求相对较低。线包的绕制一般采用高强度扁漆包线,它比圆漆包线的填充系数高和电流密度大。

(二)导向系统

1. 束流导向的必要性　由于电子枪、加速管和偏转系统等各部件存在加工误差及部件之间的相互对接存在安装误差等原因,电子束往往会稍微偏离设计的束流中轴线,这将可能使电子枪发射的电子束在进入加速管入口时,不在加速管的中心轴上甚至电子束无法正常通过加速管微小的孔道完成有效加速。另外,如果从加速管输出的电子束偏离设计的中轴线,则经偏转系统偏转后,束斑中心位置会相对于设计的束流中轴线产生偏差,从而使照射野内剂量的均整度和对称性难以保证。为此,需要引入束流导向装置来纠正这种束流的方向和位置偏离,以满足整机束流强度和均整等技术指标要求。在工程实践中,一般在电子枪和加速管入口之间的漂移管上安装一组输入导向线圈,用于引导电子束进入加速管;而在加速管出口和偏转系统之间的漂移管上,则安放了一组输出导向线圈,用来使束流进入偏转系统的入射位置和方向落在设计的范围内。即前后导向线圈,也可只装前导向线圈,具体情况根据加速器能量加速管类型而定。

2. 导向原理 所谓导向,是指将束流引向某个指定方向和位置,或者当束流飞行方向和位置偏离预定轨道时把它校正过来。束流导向由中心轨道的偏转来实现。

对导向线圈而言,它所产生的磁场大小在非磁饱和状态下分别与线圈绕组的匝数和所通过的电流大小呈近似线性正比关系。但由于线圈两端存在边缘场,磁感应强度 B 沿轴线不是常数,因而运行时必须调节励磁电流。

3. 导向线圈 每组输入导向线圈或每组输出导向线圈由两对螺线管形线圈或两对马鞍形线圈组成。两对线圈分别用来在水平面对束流进行左右导向和在垂直面对束流进行上下导向。

为增强导向磁场,每个螺线管形线圈或马鞍形线圈有时整体地套在一个圆环形的铁磁材料(如电工纯铁)芯架内。安装时,将所有线圈及其芯架的中心轴沿漂移管的径向放置,并且每个线圈芯架的一端部紧贴于加速管管颈之外,另一端部与圆桶形导磁外罩环的内表面相连。导向线圈也可制成马鞍形,贴在加速管外壁上。

线圈的制作过程一般比较简单,以马鞍形导向线圈为例,制作方法是先将聚酯漆包扁铜线绕制成线圈饼,再将数十层线圈饼串接后一起弯成马鞍形,并涂以环氧树脂。马鞍导向线圈可看成由直线导线段与圆弧导线段构成,其中与轴大体平行的导线电流所产生的磁场起主要偏转作用,圆弧段导线电流用以形成电流回路。医用电子直线加速器的输入和输出导向线圈的轴向长度一般为几厘米,采用直流供电,并根据实际导向需要,电流可在零和设计最大值之间调节。

(三)偏转系统

1. 偏转系统概述 与导向系统的目的不同,偏转系统的任务是应整机应用的需要,较大角度地改变束流运动的方向为目的。因为中、高能医用电子直线加速器的加速管放置在一个可以绕中心旋转的机架上,大体呈水平方向。从加速管引出的水平电子束流必须经偏转磁铁(bending magnet)变成垂直方向的束流去轰击靶和散射箔形成所需的 X 线和电子线,才能对平躺的患者做等中心治疗。由于束流中各个电子的能量和动量存在一定的差别,即所谓"色差",在偏转磁铁作用下这些不同能量的电子具有不同的弯转半径,即导致电子的运动状况各不相同,从而使得束流中各个电子的轨迹发生变化,即所谓"色散",它使偏转后的束斑形状产生畸变,影响辐射品质和效率。另外,当由于某种原因,束流进入偏转系统的入射位置、角度和能量发生波动时,输出照射野剂量的均整度和对称性均难以保证,需要一套自动均整系统随时进行校正。

为此,在存在束流能散和能量波动的情况下,对偏转磁铁系统设计的理想要求是:具有良好的消色差特性和聚焦特性,使输出的粒子束流轨迹与束流的动量散度无关,以及束流焦斑与束流的动量散度关系较小。这样输出的粒子束流仍将具有小截面、小发散角和轴对称的特性,其打靶后形成的 X 线分布半影小、轴对称性好、稳定性好,给 X 线均整度的调整带来很大的方便;对束流的入射位置、角度和能量波动有自动补偿作用,以保证加速器照射野内剂量分布的均匀性和稳定性,并降低对自动均整系统的要求;在垂直方向所占空间尽可能小,以减小机架的回转半径和降低整机的等中心高度。

根据束流弯转路径的不同,医用电子直线加速器的偏转磁铁系统基本分为 90° 和 270° 偏转两大类。90° 偏转系统适合于能散度不大(能散度约在 5% 以内)的行波电子直线加速器,特点是平行于加速管的方向上偏转系统较长而垂直于加速管方向上尺寸可以很小,束流在垂直方向仅占据约一个偏转半径,因而可以使用回转半径较小的滚筒式机架结构,降低等中心高度。

驻波电子直线加速器的显著优点是加速梯度较高和加速管长度较短,但缺点是驻波系统束流能谱较宽,在低能驻波电子直线加速器中尤为明显(高达 20%),90° 偏转系统已不能满足医用性能要求,为此在 20 世纪 70 年代国外开始发展 270° 偏转系统,这些系统单独或组合用于均匀场、梯度场、倾斜磁铁边界及漂移空间,以尽量逼近一个双聚焦、全消色差系统,同时力求结构简单。总的说来,270° 偏转系统的偏转角度大,激动功率大,偏转真空盒结构较为复杂。束流在垂直方向将占据两个偏转半径,从而使整机的等中心高度较高。

2. 270° 消色差偏转系统的分类

(1)滑雪式三磁铁 270° 消色差偏转系统:从原理上是由三块 90° 偏转磁铁组合而成,其中间一块是反向布置的,另外,为节省旋转机架高度的需要,入射方向不是水平的,因而各偏转磁铁不是严格的90°,这种复合偏转系统能消除能散对束流的影响,给出理想的束斑。

(2)分立式三磁铁270°消色差偏转系统:由三块独立的90°均匀场偏转磁铁和相应的漂移段组成。其特点是电子束轨迹位置调整比较方便,但垂直于加速管方向上偏转系统尺寸较大,有些医用电子直线加速器为不提高等中心高度,需要将X线靶位置上提,在真空区内设靶拖动机构,使结构和制造工艺比较复杂。

(3)分立式双磁铁270°消色差偏转系统:由两块均匀磁铁及漂移段组成。第一块磁铁偏转大于180°,第二块磁铁偏转小于90°。特点是垂直于加速管方向上偏转系统尺寸可以相当小,设计时可根据需要自由调整漂移段长度,同时需加一对反对称四极透镜调整输入束的空间参数以匹配磁铁聚焦性能。

(4)整体式270°消色差偏转系统:由一块带有一个梯度区和两个均匀区的偏转磁铁组成,见图5-20。其特点是垂直和平行于加速管方向上的偏转系统尺寸均可控制得较小,梯度磁场对束空间特性的调整能力较强,但梯度场区的设计和加工比较复杂。

双台阶气隙消色差偏转系统可以看作该类型的变异,它由三个紧密相邻的均匀区的扇形磁铁组成,其中外侧两个磁铁的气隙高度相同,但比中间磁铁的气隙高度稍高。双台阶气隙磁偏转系统的研究表明,即使中心能量明显偏离设计值,在30%~40%的偏离范围内,系统仍具有较好的传输特性,特别适用于大能散束流的偏转。

图 5-20 270°偏转系统

从以上几种270°偏转的结构形式来看,所有方案在垂直于加速管方向上偏转系统尺寸均比90°偏转的结构大,即前者比后者的等中心高度高。另外,在几种270°偏转的结构形式中,整体式设计结构最为紧凑并且安装方便,但其可调参数少,对设计和调试要求高。分立式三磁铁设计由于磁铁分离,有两个漂移段,其可调参数较多,调束方便,但是它的安装较复杂。分立式双磁铁设计的优点是垂直于加速管方向上偏转系统尺寸较小,降低了等中心高度,但由于需要用到一对反对称四极透镜等,其结构和安装更为复杂。

3. 偏转电源 无论是90°偏转系统还是270°偏转系统,一旦其机械布局和结构参数被选定后,与能区中不同能挡相对应的所有偏转磁铁磁场大小也就固定了。由于偏转线圈的励磁绕组产生的磁场大小分别与线圈绕组的匝数和所通过的电流大小有固定的关系,而磁场的大小又直接影响到偏转系统出口束流斑点的位置和形状,因而一般要求励磁绕组用稳流电源供电,稳定精度要求达千分之一以上,偏转电源的工作原理与聚焦电源工作原理相同。

知识拓展

能量开关系列加速管

所谓能量开关技术,就是人为地在加速管光速段某个选定为开关腔的耦合腔内,插入一金属调变装置,从而造成耦合腔频率改变、失谐甚至相位发生变化。它的目的在于保持加速管聚束段(靠近电子枪的一小段)场分布不变的前提下,改变其后的主加速段(电子速度接近光速)内的场强,从而在大范围改变加速管出口能量的同时保证其能谱不变。基于能量开关技术研制的中高能系列驻波加速管,能量可调范围可达6~22MeV,6MeV挡X剂量率裸束可达1600cGy/min,均整后可达600MU。未来采用连续可调型能量开关技术后,最低能量可至2.5MeV,在满足治疗射线需求的同时,还能大幅度提高MVCT的影像引导的成像质量,并减少患者的吸收剂量,从而达到精确放疗的目的。

0504

图片:交叉耦合能量开关驻波加速管

第四节　电子发射系统

某医院最新引进一套医用电子直线加速器系统,经过 3 个多月的调试,现在可以开展动态调强放射治疗。动态调强放疗是精确放疗中的一种高端放疗技术,它是一种采用弧形照射技术的放射治疗系统,跟普通电子直线加速器一样,也是采用高能 X 线来治疗肿瘤,但它是通过单弧或多弧的方式来实现调强放射治疗,对机器性能的要求较高。在治疗过程中需要机架从一个角度连续转动到另一个角度,在连续转动中同时连续调整多叶准直器进行连续照射,同时 X 线照射剂量率也在不断地变化过程中。相较于普通的调强放射治疗,它的优点是治疗时间短,速度快,在治疗计划中对部分肿瘤能够获得更好的适形度,尤其对于偏离中心靠近周围的肿瘤其剂量分布最具优势。

问题:

1. 在动态调强放疗中,加速器可通过控制什么来调整 X 线照射剂量率的变化?
2. 如果该加速器使用的是二极电子枪,如何控制 X 线照射剂量率大小?
3. 如果该加速器使用的是三极电子枪,如何控制 X 线照射剂量率大小?

一、电子发射系统概述

医用电子直线加速器 X 线辐射是由加速管加速的电子束转换产生的,电子束由电子发射系统产生。在加速管设计中,电子发射系统的设计是其中一个十分重要的课题。该系统包含一台电子枪以及一套专用供电电源和相应的控制电路。

电子枪是一种电子发射器,是电子发射系统的核心器件,也是医用电子直线加速器的心脏部件之一,加速管的使用寿命直接受到电子枪寿命的制约,而电子枪寿命又主要取决于它的阴极。当电子枪的阴极损坏时,加速管就停止了工作。

医用电子直线加速器对电子发射系统的基本技术要求包括:电子发射数量(束流强度)、发射角度、发射时机和电子射程等。电子发射数量与阴极的结构、材料和加热温度(灯丝电流)有关;电子发射角度与阴极和阳极的几何形状相关;发射时机由控制电路来确定;电子射程取决于电场强度(阳极电压)和电子在电场内的运行距离。所以,作为一套完整的电子发射系统,除了必须针对加速管内动态电场的加速特点精心设计制造电子枪之外,还必须设计配置专门的电子枪供电电源以及相应的控制电路,以充分满足加速电场对电子注入形态、注入数量、注入时机和电子射程等各项技术要求。

二、电子枪的基本结构与特点

任何类型的电子枪,必须包括阴极和阳极两个主要部分,它的电子发射原理见图 5-21。在阴极和阳极之间加上直流电压时,两极之间就会建立起由阳极指向阴极的直流电场。如果阴极使用比较活泼的金属材料,在直流电场的作用下,阴极上的自由电子就具备了向阳极移动的趋势,有的电子会脱离阴极向阳极移动。显然,电场强度越高,电子的移动速度就越快。如果阳极上留有孔洞,只要直流电场的分布状态合适,移动电子就会向孔洞轴线处集中,有一部分电子会穿过孔洞,然后依靠惯性继续前进,这种情况就叫作电子发射。但是,常温下电子的发射数量非常有限,为了增加自由电子的活性与发射数量,必须对阴极加热升温,所以通常要有加热阴极用的电热丝,称之为枪灯丝。有时可以把枪灯丝直接作为阴极使用。

电子是由电子枪阴极发出的,阴极是比较活泼的金属材料。加热阴极是增加电子发射能力的常用且有效的方法,通过加热增

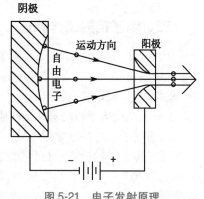

图 5-21　电子发射原理

加电子逸出能力的阴极叫作热阴极。一般来讲,在一定的范围内,温度越高,电子发射能力越强,即枪电流越大。但是,对特定材料与特定结构的电子枪而言,当超过一定温度之后,阴极电子发射能力就不再增加,即便再增加阳极电压,枪电流也不再增大,会出现电流饱和状态,这时的电流称为电子枪的"饱和电流"。

医用电子直线加速器配用的电子枪有二极电子枪和三极(栅控)电子枪两类,下面将分别介绍这两种电子枪的基本结构与特点。

(一)二极电子枪的基本结构

二极电子枪的基本结构原理见图5-22。这种电子枪的枪灯丝既是发热体,也是电子发射极。图中标注的"阴极",其实并不发射电子,只是为了形成聚焦电场而设置的凹形电极。由图中可见,枪灯丝的一端与阴极连接之后再与另一端同时接到灯丝电源,灯丝电源可以是交流电,也可以是直流电。枪灯丝接通电源后,经过一定的预热时间就具备了所需要的电子发射能力。通常,在饱和范围内枪灯丝电流越大,灯丝温度越高,发射能力越强,但枪灯丝电流不能太大,以免烧坏灯丝,图中的阳极与加速管对接,经阳极孔发射出的"电子注"会直接进入加速管被连续加速。

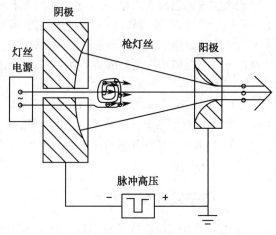

图 5-22　二极电子枪结构

(二)三极电子枪的基本结构

三极电子枪又叫栅控电子枪,见图5-23。与普通三极管中利用栅极控制原理一样,在二极枪的基础上,在靠近阴极一侧增加一个控制极(栅极)。在脉冲间隙期,当栅极对阴极加上一个不大的负电压时,阴极发射截止;而脉冲的持续期控制极对阴极加上零或不大的正电压,使阴极发射电子,通过对这个正电压的调整,达到对电子注的控制。而阳极对阴极,可以始终加上一个稳定的直流高压,减轻了电源设计压力。

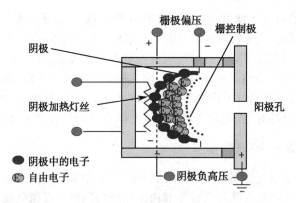

图 5-23　三极电子枪结构

三、电子枪的工作原理

加速管配备电子枪之后,只是具备了电子发射条件,为了满足同步加速条件和其他技术要求,必须严格控制电子发射时机、发射频率、发射数量以及电子发射状态等。下面分别介绍二极电子枪和三极(栅控)电子枪的基本工作原理。

(一)二极电子枪的基本工作原理

二极电子枪的基本控制电路,见图5-24。枪灯丝采用交流发射方式,枪灯丝电源经过一个隔离变压器降压之后给枪灯丝提供加热电流,其中,枪灯丝的一端连接阴极以保持同电位。图中的阳极与加速管连为一体并共同接地,阴极则通过枪灯丝和一个RC电路连接到"脉冲变压器"副边的并联线圈同名端,其另一端接地。当阳极加直流负高压,就会在阴极与阳极之间建立直流强电场。工

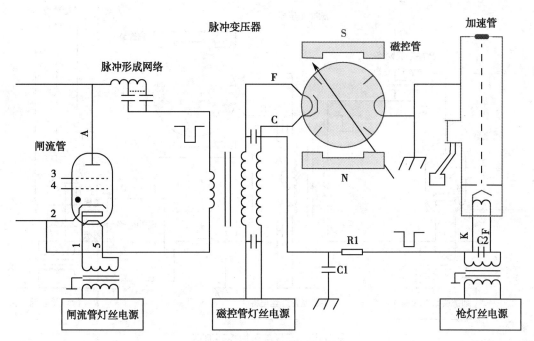

图 5-24　二极电子枪控制原理

作时,每当脉冲变压器副边送来一个脉冲负高压,电子枪就发射一次电子。R_1C_1 的主要作用是延迟送到电子枪阴极的高压脉冲时间,保证电子枪发射与微波电场同步,以满足加速器的同步发射条件。

通常加在枪灯丝上的电压很低,只有十几伏或几十伏电压,为了增加阴极发射能力和电子枪射程,以提高电子进入加速管的初速度,应尽量提高阴极与阳极之间的电场强度。由于阳极接地,实际上就是提高加在电子枪阴极上的脉冲负高压。脉冲变压器输出的脉冲负高压通常高达几十千伏,与枪灯丝的低电压差了好几个数量级,但是两者必须接在一起(枪灯丝一端与阴极连接)。枪灯丝电源一般是经过市电降压后为灯丝提供交流低电压或整流后提供直流低电压,而脉冲变压器送过来的脉冲负高压是接在隔离变压器的副边线圈上,对电子枪的阳极来讲,可以形成高达几十千伏的脉冲负高压,可以在阴极与阳极之间建立起很高的直流脉冲电场。而对枪灯丝电源侧来讲,脉冲负高压只加在线圈的一端,不能形成回路,并且,脉冲负高压的变换频率要比市电频率高得多,跨接在隔离变压器副边线圈上的电容器 C2 相当于短路,进一步抑制了杂散感应在副边线圈上形成电流,故不会感应到隔离变压器的原边线圈,从而起到了隔离脉冲负高压与低压灯丝电源的效果。可见,隔离变压器也是电子枪控制电路的重要器件之一。

(二)三极(栅控)电子枪的基本控制原理

三极(栅控)电子枪枪灯丝加热和脉冲负高压部分基本和二极电子枪相似,见图 5-25。但图中所示的枪灯丝是采用直流供电方式,主要的不同是增加了栅极控制电路。待机时,在栅控极与阴极之间,预置一个负偏压,在电子枪内形成栅控极电位低于阴极电位的负向电场,对阴极表面的热电子形成牵制作用,让大量的阴极电子处于聚集待发状态。当需要发射电子时,在栅控极加上一个脉冲正电压,相当于把栅门打开,与此同时,脉冲变压器的副边送来一个脉冲负高压,在阴极与阳极之间形成一次脉冲强电场,于是,电子枪就集中发射一次电子,然后恢复电子待发状态。显然,只要控制好栅控极正电压的脉冲时机和阴极负高压的脉冲时机,就可以满足同步加速调节,而调节脉冲宽度,可以改变电子的发射数量,从而改变输出剂量率,甚至可以调节射线的输出能量。

三极(栅控)电子枪阴极上的脉冲负高压高达 25kV,所以安全防护很重要,除了隔离变压器之外,常在高压部分和低压部分采用"光耦合"器件或光缆连接等隔离措施,可以有效地避免高压电源对低压控制电路的影响。

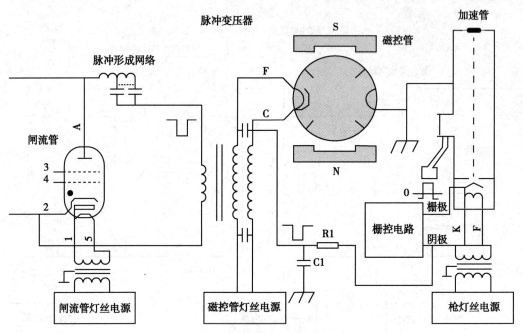

图 5-25 三极电子枪控制原理

第五节 微波系统

一、微波基础

(一)微波概述

微波是指频率为 300MHz 至 300GHz 的电磁波,是无线电波中一个有限频带简称,即波长在 1mm 到 1m 之间的电磁波。通常,微波分成许多波段,不同微波频段的频率(波长)范围及波段名称见表 5-2。

表 5-2 微波频段

波段名称	频率范围 (GHz)	波长范围 (mm)	波段名称	频率范围 (GHz)	波长范围 (mm)
L 波段	1~2	300.00~150.00			
S 波段	2~4	150.00~75.00			
C 波段	4~8	75.00~37.50			
X 波段	8~12	37.50~25.00			
Ku 波段	12~18	25.00~16.67			
K 波段	18~27	16.67~11.11			
Ka 波段	27~40	11.11~7.50	Q 波段	30~50	10.00~6.00
U 波段	40~60	7.50~5.00	V 波段	50~75	6.00~4.00
E 波段	60~90	5.00~3.33	W 波段	75~110	4.00~2.73
F 波段	90~140	3.33~2.14	D 波段	110~170	2.73~1.76

绝大多数医用电子直线加速器工作于 S 波段,标称频率为 2998MHz 或 2856MHz。微波成为一门技术科学,开始于 20 世纪 30 年代。微波技术的形成以波导管的实际应用为其标志。若干形式的微波电子管(速调管、磁控管、行波管等)的发明,是另一标志。在第二次世界大战中,微波技术得到飞跃发展。因战争需要,微波研究的焦点集中在雷达方面,由此而带动了微波元件和器件、高功率微波管、微波电路和微波测量等技术的研究和发展。至今,微波技术已成为一门无论在理论和技术上都相当成

熟的学科,又是不断向纵深发展的学科。医用电子直线加速器就是其在医学肿瘤治疗领域的典型科技成果之一,它有力地推动了肿瘤治疗领域实施无创性放射治疗技术的迅速发展。

微波作为加速电子的载体,它必须携带很高的微波功率(能量)。因此,注入加速管的微波必须有与之相适应的大功率的微波源以及与之相适应的微波传输器件。

作为微波源使用的有磁控管和速调管,其中磁控管本身是能发射高功率微波的自激振荡器,体积小,重量轻,设备比较简单;但至今 S 波段可调谐的磁控管最高的脉冲功率约为 5MW,多应用于中低能量的医用电子直线加速器。采用速调管为功率源的加速器可得到较高的微波输入功率,但设备较为庞大,且速调管是一种微波功率放大器,必须配备有小功率的微波激励源驱动,才能输出高功率微波。

理论分析和实践证明,低频时,通过两根导线就可以将交流电功率或交变电磁波信号输送到负载,而且对导线形状没有任何限制。但是,随着频率提高,波长缩短,导线的集肤效应和辐射效应变得越来越不可忽视,结果是大量的电功率都被消耗在输送过程中。并且频率越高,消耗越多。至微波频段,无法用任何形状的导线传输能量。对于传输方式和传输线的选择,不但要考虑传输过程中的损耗,效率和容量大小的问题,还会涉及传输系统的频带特性和结构尺寸的合理性等问题。因此,不同频段的电磁波,要采用不同的传输结构与相应的传输系统。微波频段,采用最多的有圆形波导、矩形波导和同轴电缆等传输结构。

(二)微波原理

一个电感线圈与一个电容器串联就可以构成一个最简单的 LC 振荡电路,一般的无线电波就是以这种方式产生并发射的。然而,在微波频段,不能采用这种普通的 LC 振荡电路,原因如下:

1. 按照振荡电路的固有频率公式 $f=\dfrac{1}{2\pi\sqrt{LC}}$ 可知,由于微波频段的频率极高,所以要求在线圈电感 L 和电容 C 非常小,这势必给加工造成极大的困难。就算是制造出来了,体积非常小,产生的微波能量也十分微弱。

2. 由于频率太高,电容器的介质损耗及电感线圈的趋肤效应会引起极大的损耗,微波产生的效率极低。

3. 由于电磁波的辐射功率与频率的 4 次方成正比,微波频率太高,辐射损耗也急剧增加,进一步降低了微波的产生效率。

所以,在微波频段,不能采用普通的集中参数元件,必须经过特殊设计,采用由金属空腔做成的振荡系统才能产生所需要的微波功率。实际上,微波谐振腔可以看成是一个电感量和电容量极小的特殊 LC 振荡电路,其过渡原理见图 5-26。

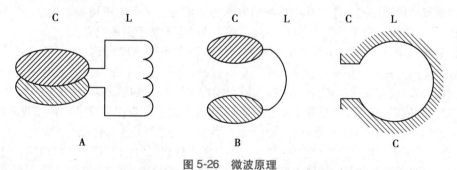

图 5-26　微波原理

理论研究证明,平行板电容器与极间电介质的介电常数和极板面积成正比,与极板间的距离成反比,而线圈电感量与线圈匝数和长度成正比,为了得到更小的电容量和电感量以提高电磁波固有振荡频率,可以取消电介质,缩小极板面积,拉大极间距离,同时,将电感线圈减少至只保留半匝,于是形成了图 5-26B 所示的等效 LC 振荡电路,显然,这种电路的电磁振荡频率可以显著提高,但功率非常微小,根本不可能产生大的微波功率,经过进一步变形,将无穷多的半匝线圈并联构成一个半圆弧面,就可以形成横截面为图 5-26C 所示的谐振空腔,该谐振空腔的入口处相当于等效电容,腔内的圆弧面相当于等效电感,该谐振腔的结构尺寸要按照所需要的微波频率和微波功率来确定。当结构尺寸确定之后,该谐振腔的固有振荡频率和最大微波功率也就被确定下来。磁控管就是按照这一思路设计出来的大功率微波源。

研制大功率微波源的另一条途径是,先设计制造一个所需频率的小功率微波器件,通常称之为微波驱动器(RF driver),它可以发射出所需频率的小功率微波,然后设计一套微波放大器,它可以对微波驱动器送过来的小功率微波进行功率放大。这两种器件可以共同构成频率和功率都符合要求的大功率微波源,速调管就是按照这一思路设计出来的大功率微波源。

(三)微波传输方式与传输特点

微波是一种电磁波,它具有电磁波的一切属性。下面从一般电磁波入手研究大功率微波电磁场的传输方式与传输特点。

根据电磁场理论和多年的实践应用可知,电磁波既可以在真空中自由传播,也可以沿导线定向传输,引导电磁波定向传输的导线或载体叫传输线。

一般情况下,电磁波的能量不是沿传输线内部从电源传输给负载,而是在导体之外的空间沿传输线表面传到负载,然后从其侧面输入。传输线不仅起着引导电流的作用,而且起着引导电磁场能量的作用。必须强调指出,电磁场能量不是通过电流来传递的,而是通过电磁波来传递的。

电磁波在真空中以光速传播,即 $c = \lambda \cdot f$,电磁波的波长与频率成反比,光速是不变的,频率越高,波长越短。

电磁场理论指出,电磁波沿传输线传播时,会产生电磁辐射,而且电磁辐射的功率与电磁波频率的四次方成正比。频率越高,辐射损耗越大,因此,如何减少电磁场能量在传输过程中的辐射损耗,成为电磁波传输的重要课题。

由于不同波段电磁波频率与波长的差别是巨大的,因此,不同频段的电磁波必须采用不同的传输方式来传输。微波通常由波导管传输。

去掉内导线的中空金属管叫"波导管"。波导管的截面可以是圆形,也可以是矩形或其他形状。为了让波导管能够传输所限定的微波频率,对波导管的截面尺寸提出了严格要求。例如:矩形波导管宽边尺寸必须大于波长的一半,这说明,频率降低时,波导管的截面尺寸就增加,频率越低,尺寸越大,这显然不实用,因此,波导管可以看成是专门用来传输微波能量的特殊传输线。

用波导管传输微波电磁场能量,不仅传输功率大、能量损耗小,而且波导管的金属外壁能起屏蔽作用,可以防止微波泄漏和辐射损失;同时,波导管具有结构简单、加工容易、机械强度高、运行寿命长等优点。

虽然微波在波导管内是以自由传播特性传输,但波导管将微波电磁场局限在特定结构尺寸的管内,因而限制了管内微波电磁场的分布形式。即波导管的形状、结构尺寸确定之后,也就限定了波导管中微波电磁场的传输模式。能在其中传播的电磁场必须符合交变电磁场基本规律,并且要满足金属边界条件,即电力线一定要垂直于金属边界面,磁力线必定平行于金属边界面。

根据电磁场理论,在空间自由传播的电磁波是横电磁波(记作 TEM 波),而由平行双导线和同轴传输线引导传播的电磁波也是横电磁波。所谓横电磁波,是指沿一定方向传播的电磁波中的电场和磁场只有横向分量,没有纵向分量,其电力线与磁力线均在与电磁波传播方向垂直的平面内。

然而,理论和实践证明,在波导管中不能传输 TEM 波。由于空心波导管中不存在载流导体,没有轴向电流,TEM 波又不存在轴向(纵向)电场,而磁力线只能是围绕载流导体或交变电场而存在的闭合曲线,管中磁力线又不可能穿过管壁再闭合,所以不可能在横截面内建立 TEM 波的磁场。但是可以传播有纵向电场分量的横磁波(也称 TM)或带有纵向磁场分量的横电波(也称 TE)。

如前所说,在波导管内不可能沿轴向传播 TEM 波,而是如图 5-27,斜射至波导边壁的 TEM 波(入射角 θ),受金属面来回反射,曲折前进,可以通过波导,使电磁能量沿轴向输运。波导管中可以同时传播多种不同模式的横电波与横磁波。

用于传输微波的波导管可以有各种各样的结构形式,如矩形、方形、圆形等。但矩形波导管最为典型,而且电子直线加速器中用来传播微波的波导管主要是采用矩形结构,因此,主要介绍应用矩形波导管传输微波时电磁场的传输特点与分布规律。

理论分析证明,在尺寸一定的波导管中,各种不同模式的电磁场均存在一个截止波长 λ_0,只有当波长 λ 小于截止波长 λ_0 时,微波才能在该波导内顺利传输。通常我们把微波在波导管内传播时截止

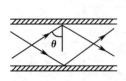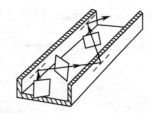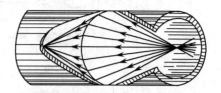

图 5-27　电磁波在波导管中传播

波长最长的模式叫最低模式,也叫作"基模"。矩形波导管(宽边长 a,窄边长 b)的最低模式是 TM_{10} 波,其截止波长是 $\lambda_0 = 2a$;通常波导管尺寸设计必须保证 TE_{10} 波的单一模式的传播,单一模式微波场的分布最简单,损耗最小,允许传输的功率最大,波导管的尺寸最小。因此,为了保证在单一模式下传播微波能量,波导管结构尺寸要满足:$\frac{\lambda}{2} < a < \lambda$;$0 < b < \frac{\lambda}{2}$。

可见,波导管的结构尺寸要根据微波波长来确定。当需要传输的微波波长确定之后,波导管尺寸也就被确定下来。微波理论指出,对特定结构尺寸的波导管而言,微波入射角 θ 与微波波长 λ 有以下正弦函数关系:

$$\sin\theta = \sqrt{1 - \left(\frac{\lambda}{\lambda_0}\right)^2}$$

式中 λ_0 表示波导管截止波长。

可见,不同的微波波长 λ 会以不同的入射角 θ 在波导管内传输,λ 越长,入射角 θ 越小,当 $\lambda = \lambda_0$ 时,$\theta = 0$,此时微波只能在壁间来回反射,不可能沿轴线向前传输。

另外,微波在波导管内传输时,会在波导管内壁上产生感生电流。由于集肤效应,高频感生电流必然会集中在波导管内壁很薄的一层金属层内。为了减少高频感生电流的欧姆损耗,波导管宜用良导体制作,或在管子内壁镀一层良导体(如银等)。采取以上措施后,波导管的欧姆损耗不会很大,通常不需要设置冷却措施。

二、微波传输系统

微波传输系统是由各种无源微波元器件组成,主要功能是将微波输出的功率馈送进加速管中,用以激励加速电子所需的电磁场,并且在传输过程中还必须能消除或隔离加速管作为负载对微波源的影响,以保证系统的稳定运行,同时也能提供系统运行频率及功率的监控信息。下面分别介绍几种典型的微波传输系统。

(一)行波加速器的微波传输系统

行波医用电子直线加速器都是以磁控管作为微波源。行波低能医用电子直线加速器一般只能输出一个单光子能量,而行波高能医用电子直线加速器可以输出双光子和多挡电子射线。行波加速器的微波传输系统见图 5-28。

从微波输入来看,磁控管发出的微波功率经过各个微波传输器件后进入加速管;加速管末端,仍有部分微波能量没有用完,必须为其寻找出路,所以其末端连接带真空泵的波导管引出微波,再连接大功率水负载吸收剩余的微波能量转换成热能。由于加速管始终保持高度真空状态,所以在两端的波导窗前都连接一个真空泵,用来维持加速管的高真空度。

(二)驻波加速器的微波传输系统

驻波加速器的微波传输系统,微波能量一般是从加速管的中段注入,也没有末端吸收负载。驻波医用低能电子直线加速器一般采用磁控管作为微波源,见文末彩图 5-29。

驻波低能医用电子直线加速器从磁控管发出微波功率,首先通过波导输送到环流器(三端环流器或四端环流器),再经过后面的充气波导、波导窗等,最后进入加速管。如果有微波功率从加速管反射回来,会从环流器的另一个出口送到大功率吸收负载消耗掉,不会返回磁控管影响其正常运行。低能驻波加速管多采用全密封结构,仅附有小离子泵(钛泵)来维持真空。

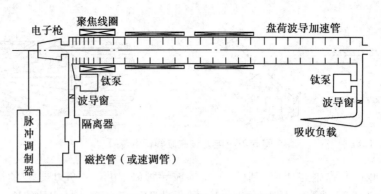

聚焦线圈　　　　　　　　盘荷波导加速管
电子枪

钛泵　　　　　　　　　　　钛泵
波导窗　　　　　　　　　　波导窗
隔离器
脉冲调制器　　磁控管（或速调管）　　吸收负载

图 5-28　行波加速器微波传输系统

　　驻波高能医用电子直线加速器多是采用速调管作为微波源,见图 5-30。速调管一般都配有油箱,体积比较大,只能固定安装,不能与机架一起转动,因此必须配用旋转波导。其他与驻波低能加速器传输系统基本相同。

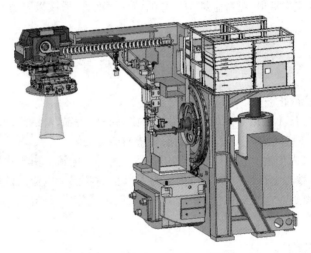

图 5-30　驻波高能加速器微波传输系统

三、磁控管与速调管

（一）磁控管

　　1. 磁控管的基本结构　磁控管系统的基本结构包括管体和管外磁铁两大部分,而管体又可分为阴极和阳极两个主要部分。管体是微波产生与发射的主体结构;管外磁铁可以是永久磁铁,也可以是电磁铁,一般来讲,小功率磁控管多采用永久磁铁,大功率磁控管多采用电磁铁。其作用是为管体提供轴向磁场,是磁控管微波振荡系统不可或缺的重要组成部分。但在一般情况下,管体和管外磁铁分别安装。

　　磁控管其实是一种管内被抽成高度真空状态的特殊二极管结构,但其输入的是电功率,输出的微波功率。从外形上看,磁控管的一端有阴极(灯丝)接头,另一端是用高强度玻璃封堵的微波输出端口,而阳极与外壳连为一体(零电位)。此外,外观上还可以看到两个水管接口和一个调谐机构接口,以便分别连接外部冷却水管与外部频率调谐机构。磁控管外形见图 5-31,其内部结构见图 5-32。

　　（1）阴极:阴极处于整个磁控管正中央,一般是圆筒形的旁热式氧化物阴极。在阴极圆筒内装有灯丝,两者之间彼此绝缘。磁控管工作时,灯丝通电可以间接加热阴极,使阴极具有电子发射能力。因

0505

动画:磁控管
核心结构

笔记

图 5-31　磁控管

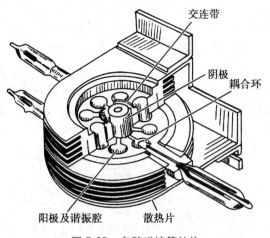

交连带

阴极

耦合环

阳极及谐振腔　　散热片

图 5-32　多腔磁控管结构

此,阴极加热需要一个过程,灯丝通电以后,一般需要预热 3~5min 才能正常发射电子。由于阴极外表面面积较大,因而具有很大的电流发射能力,阴极电流脉冲值可达数十安培甚至数百安培,以适应磁控管产生大功率微波能量的要求。

(2)阳极:磁控管的阳极与普通二极管相似,相对阴极处于高电位,起着收集电子的作用。但磁控管的阳极又有其特殊作用,它实际上是磁控管自激振荡的振荡系统。图 5-32 示,与阴极同轴的阳极是环绕阴极的大铜块,上面开了许多圆孔和槽缝(8~40个),每一个圆孔就是一个圆柱形谐振腔,各谐振腔通过槽缝相互耦合,其中每一个谐振腔可等效为一个 LC 振荡回路,整个系统等效为一系列谐振腔形成的耦合腔链。

由于磁控管分布参数是由谐振腔的结构尺寸来确定的,所以,谐振腔的谐振频率主要取决于谐振腔的结构尺寸。一般来说,腔体尺寸越大,分布参数越大,谐振频率就越低,波长就越长。为了能够产生单一频率的微波电磁场,各个腔体被设计为完全相同的结构尺寸,所以每一只磁控管都具有单一模式的固有谐振频率,工作时,磁控管阳极与阴极之间要施加直流高电压或脉冲高电压。由于阳极露在外面,而且体积较大,为了安装方便和运行安全,阳极总是通过外壳接地,而将阴极连接负高压,这样,在阳极与阴极之间就会产生一个径向直流高电场,与磁场共同作用可以起振产生微波。

(3)微波能量输出装置:由于磁控管阳极的谐振腔是通过电磁场耦合在一起,因此从其中任何一个谐振腔都可以把微波能量输送出来,应用最广泛的输出耦合装置有同轴线和波导管两种。通常同轴线输出装置与磁控管之间采用的是磁环耦合,只能用于小功率输出;大功率微波能量的输出必须采用槽缝耦合的波导管输出装置。要求能量输出装置既能保证功率匹配传输,又必须保证真空密封。

(4)调频机构:行波加速管存在一个通频带,在通频带范围内可以有多个频率工作点;驻波加速管虽然只有一个工作频率点,但由于加速管与磁控管在制造过程中的离散性和微波在传输过程中的各种影响,很难保证两者之间的频率特性完全匹配,也要求磁控管产生的微波频率可调。因此,在医用电子直线加速器上的磁控管必须是频率可调。磁控管的微波频率调节原理,是在阳极谐振腔中插入一根金属杆来干扰内部的谐振条件以改变微波频率,通过调节插入深度,就可以在数兆赫范围内调频。

(5)冷却措施:磁控管工作时,调制器输出的功率大约有 50% 消耗在阳极上,因此必须采取冷却措施。通常,根据功率大小和应用环境的不同,可分为采取自然冷却、水冷却和油冷等不同的降温措施。在医用电子直线加速器上应用的磁控管,一般是在阳极外周加装水套,与阳极联为一体,通过循环水流来强制冷却,以保证磁控管的稳定工作。

2. 磁控管的工作原理　磁控管作用空间中的电子同时受到 3 个场的作用,即恒定电场、恒定磁场和高频电磁场。恒定电场将阳极电源(从脉冲调制器输出)的能量转化为电子的动能;恒定磁场使电子运动轨迹弯曲,做旋转运动,进而激发耦合腔链,产生微波频段的交变电磁场;高频交变场将进一步与电子相互作用,使电子减速,将电子的动能转换为微波能。

为了正确使用磁控管,对工作原理有关的几个重要概念进行说明:

(1)临界状态:在磁控管中,阴极与阳极块之间的恒定电压形成径向加速电场,使阴极发射的电子沿半径方向飞向阳极,形成很大的阳极电流。随着外加轴向磁场 H 的增加,电子运动开始偏离直线轨迹,电子的渡越时间就增加,单位时间落到阳极的电子数就减少,因而阳极电流 I_a 减小。当磁场增强到某一个临界值 H_c 时,运动电子与阳极表面相切而过,飞向阴极,阳极电流大幅度下降,这种状态叫临界状态。当磁场 H 超过 H_c 以后,电子轨迹将完全离开阳极表面,阳极电流趋于零。

一般磁控管中的磁场都是在略高于临界磁场的状态下工作的。当磁控管外加恒定磁场 H 值确定时,则相应给定了阳极电压 V_0 的极限值 V_a,V_0 若高于极限值 V_a,磁控管不能正常工作。

（2）π模振荡：如前所述，多腔磁控管的阳极块是包含 N 个腔组成的耦合腔链。谐振时，电磁场在环形腔链空间呈驻波分布。考虑到环形首尾相连，从某点出发的波，传播一整圈后回到原出发点的相位应该相同，或相差为 2nπ(n 为整数倍)，所以谐振条件就是作用空间环形圆周长为波长的整数倍，相应的 $\Delta\varphi=2n\pi/N(n=0,1,2,\cdots\cdots)$。

可见对应不同的 n，腔间相差不同，称为不同的振荡模式。当 n=N/2 时，$\Delta\varphi=\pi$，称为 π 模振荡或反相型振荡。图 5-33 示 N=8 的 π 模电场分布，可见相邻空腔间相差 180°。微波电子学理论和实验证明，π 模振荡是工作最稳定的模式，并且是与电子相互作用转换能量效率最高的模式，因此大多数磁控管都是工作在 π 模。

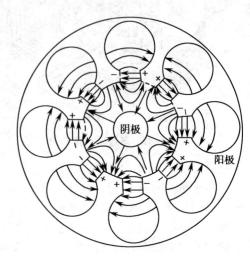

（3）同步条件：要想使电子与高频场交换能量最充分，就要设法使电子沿环形空间圆周运动到每个谐振腔槽缝都遇到高频减速场，这样就会使电子的动能变成高频场能量。对于 π 模振荡情况，要求电子在两个相邻槽缝之间的渡越时间 t 必须等于高频场半周期 T/2 的整数倍，即 $t=(m+1/2)T,m=0,1,2,\cdots\cdots$，称此为同步条件，是磁控管顺利工作的基本条件。

（4）脉冲工作方式：大功率磁控管都是做成脉冲工作的，也就是加到磁控管上的高压是脉冲方式。在高压脉冲内磁控管振荡，在两个脉冲间磁控管停止振荡。

图 5-33 π 模振荡的瞬时电场分布

（二）速调管

速调管具有输出功率大、增益高、寿命长以及稳定性好等特点，所以在雷达、通信以及医用电子直线加速器等方面获得广泛应用。高能医用电子直线加速器多采用速调管微波功率。

1. 速调管基本结构 速调管的内部结构见图 5-34。这是一种多腔结构的速调管，是目前应用比较广泛的大功率速调管微波源。这种速调管的主体部分是中间的四个谐振腔——输入腔、第二腔、第三腔和输出腔；有灯丝、阴极、阳极、收集极和微波输出窗，当然，套在速调管外面的聚焦线圈和装在内部的冷却水路也是速调管不可缺少的重要组成部分。

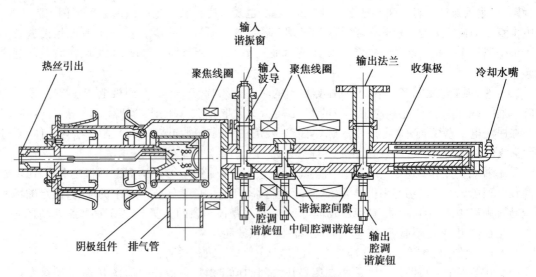

图 5-34 多腔速调管结构示意图

另外，为了保持速调管内始终处于高度真空状态，在微波输出窗的波导上通常加装一套真空离子泵，即钛泵。除了保持速调管内的高度真空状态外，钛泵的另一个作用就是通过电离电流的大小实时监测管内的真空状态。

与磁控管一样，速调管的阳极也是露在外面，为了安装方便和运行安全，速调管的阳极和微波输出腔通过机壳接地，而将阴极连接直流脉冲负高压。

2. 速调管工作原理 当速调管工作时,首先要注入低功率微波源,让四个谐振腔受激产生共振。这时,由电子枪注入的电子束流处于相对松散的状态,当这些电子高速运动经过输入腔槽口时,只要相位合适,必然会通过能量交换来加强腔内的初始振荡功率,而电子本身的动能也会降低,其结果是处于正半周的电子被减速。同样原因,处于负半周的电子会被加速,即电子速度被"调制",经过速度调制的电子群,处在前边的电子速度降低,而后面的电子速度增加。在经过"漂移管"时,前边的电子与后边的电子会进一步向一起靠拢,这种电子向一起会聚的现象称为电子的"群聚"效应。另外,因大量电子聚在一起具有散焦作用,速调管还必须套一个大功率的聚焦线圈,以便对高速运动的电子产生更大的径向群聚作用。如果能让"群聚"过的电子在漂移管内的渡越时间正好等于高频场振荡的半周期,即经过第二腔和第三腔时,高频振荡方向正好反向,则这些电子会受到进一步的"群聚"作用,形成一个体积很小,但能量很高的电子束群。当达到最后一个谐振腔,即输出腔时,可将"群聚"电子团看成一个个携带巨大电量与能量的小"电子球",这些球与球之间的距离正好就是电磁振荡的一个周期,于是,就可以在最后一个腔的出口处输出功率被巨幅放大的微波能量。由于经过"速度调制"才能获得"群聚"电子,并最终产生微波功率放大效应,所以,这种微波源被称为"速度调制微波管",简称"速调管"。

当群聚电子束团越过最后一个谐振腔时,仍然携带很高的电子能量,所以,必须在其末端设置电子"收集极"。收集极一般是一个空心圆筒,形成一个既无电场又无磁场的独立空间,以便于电子流在其中散开,防止热量过于集中。电子束团完成使命之后,会直接撞击收集极,其剩余能量会在收集极变成大量的热能,因此必须加强对收集极的冷却降温措施,一般是采取油冷与水冷相结合的降温措施,以保证速调管能在恒温下稳定工作。因为大量的电子能量会以热能散失,所以速调管的能量转换效率通常只能达到30%~50%。

速调管在工作时,注入的电子是由灯丝加热阴极发射出来,为了得到高能电子束流,往往要在阴极与阳极之间施加很高的直流脉冲电压,大功率速调管的工作电压一般高达100kV以上,因此,必须加强绝缘保护,通常是将速调管阴极和灯丝浸泡在高压绝缘油里面,而且对绝缘油的绝缘性能提出了很高的技术要求。

速调管虽然能产生并输出比磁控管大的微波功率,但其结构更加复杂,工作效率也比较低,要求的各种条件也比较苛刻,所以,通常只有当磁控管的微波输出功率不能满足要求时才选用速调管。

3. 微波激励源 速调管只是一个微波功率放大器,必须配备微波激励源才能正常工作。微波激励源是用作高功率速调管放大器的激励极,具有可靠性高、抗干扰能力强及易于操作等优点。通常采用频率稳定性很高的固态振荡器输出小功率的连续波信号,再经PIN二极管调制成一定脉宽的脉冲信号,最后经功率放大,达到数百瓦的功率电平输出,用于速调管输入。

激励源的特性是按照速调管的工作要求来确定的,主要包括有工作频率及带宽、频率稳定度、输出微波的脉冲功率及脉宽和脉冲重复频率等技术指标。

速调管调谐的频率及带宽和频率的稳定度主要是由激励源决定;在一定的增益条件下,速调管的脉冲功率随激励源输出的脉冲功率而变化,激励源的输出功率对速调管来说,则为输入功率。如激励源输出功率300W,输入到增益约为40dB的速调管,则放大后输出的脉冲功率约为3MW。

4. 速调管的性能指标 速调管的性能指标主要有能量增益、输出功率、工作效率、工作频率与频带宽度,使用寿命等。

(1) 能量增益:是指速调管的微波输出能量与激励源注入管内的微波功率之比,单位是分贝(dB)。

(2) 输出功率:速调管一般工作在脉冲状态,因此,速调管的微波输出功率包括峰值输出功率与平均输出功率,并要规定最大脉冲宽度和脉冲重复频率的比值。即在标注输出功率时,要注明最大脉冲宽度和脉冲重复频率。

(3) 工作效率:指直流电子能量转换为高频微波能量的转换效率,即速调管的高频微波输出功率与直流脉冲电源的输入功率之比。

(4) 工作频率与频带宽度:工作频率是指速调管工作时的标称频率,目前多是2856MHz,它也是许多驻波医用电子直线加速器所采用的微波工作频率。频带宽度简称"带宽",是在指定条件下,能够满足一定技术指标的频率变化范围。

（5）使用寿命:衡量速调管的寿命指标有如下几项:高压小时、低压小时和储存寿命。高压小时是指速调管在加有高电压并有高频微波输出条件下的最小工作时间(以小时计);低压小时主要是指灯丝加有低电压条件下的最小工作时间(以小时计);储存寿命是指速调管自出厂之日起允许存放而不失效的时间,一般是以年计。

四、微波传输器件

（一）波导管

微波频段的电磁波,尤其是大功率微波能量必须通过波导管传输,而医用电子直线加速器一般是采用矩形波导管。矩形波导管的边长要根据微波的波长来确定,并且波导管内表面应该光滑平整,以便尽量减少杂散损耗,见图5-35。

在微波传输路径上,为了满足机械设计的总体结构要求,有时必须改变微波的传输方向,于是有了弯波导,见图5-36。

为了避免增加传输损耗,波导弯角的横断面必须均匀一致,并且弯角半径越大越好。为了减少杂散损耗,扭曲角度必须均匀,并且扭曲段的长度应大于微波长度。对于90°的扭曲波导管,扭曲长度应是波长的4倍。

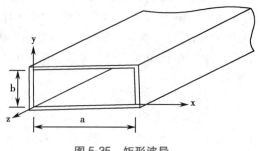

图5-35　矩形波导

软波导(图5-37)可以提供较灵活的弯曲度,通常用于刚性微波器件之间微小偏差的补偿,它的另一个作用是减少连接器件之间的机械应力。

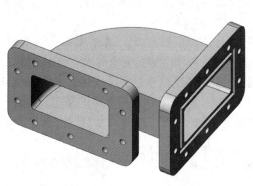

图5-36　弯波导

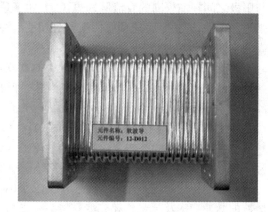

图5-37　软波导

（二）定向耦合器

定向耦合器是一种具有方向性的微波功率或微波信号分配器,可以对主传输系统中的入射波和反射波范围分别取样,用于监测微波传输系统的频率、相位或频谱特性,也可以用来提供自动控制电路所需的信号。图5-38为一种定向耦合器,定向耦合器一般安装在取样波导上。

（三）波导分支

在微波能量的传输过程中,为了实现微波功率的分配或合成,这就需要设计各种类型的分支接头。几种常见的分支耦合波导见图5-39。

1. H-T分支波导　从场的对称性判断可知,如果从3口输入微波功率,将从1口和2口输出等幅同相的微波功率;反之,如果从1口和2口同时输入等幅同相的微波功率,将在3口合成后输出微波功率;而在1口和2口同时输入等幅反相的微波功率,则3口无微波输出。

2. E-T分支波导　从场的对称性判断可知,如果从3口输入微波功率,将从1口和2口输出等幅反相的微波功率;反之,如果从1口和2口输入等幅反相的微波功率,将在3口合成后输出微波功率;而在1口和2口同时输入等幅同相的微波功率,则3口无微波输出。

图 5-38　定向耦合器

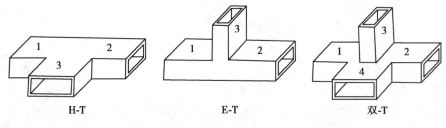

H-T　　　　　　E-T　　　　　　双-T

图 5-39　常用波导分支

3. 双-T 分支波导　双-T 分支波导管是由 E-T 分支波导管和 H-T 分支波导管组合而成的,3 口(E 臂)和 4 口(H 臂)是相互隔离的,共臂的 1 口和 2 口也是互不相通。要实现从 1 口到 2 口之间的微波传输,通常要利用 3 口和 4 口的反射波才有可能。

（四）波导接口

波导连接技术是保证微波正常传输的重要环节,特别是大功率微波传输系统的连接,不但要保证良好的电气连接,还要具有足够的气密性,以保证微波传输系统的真空度或充气系统较低的漏气率。如果连接不好,不但会破坏气密性,还会引起接触损耗或微波反射。另外,在传输大功率微波时,还会引起放电打火现象,轻则影响微波传输的稳定性,严重时甚至会损坏波导管。

1. 固定波导接口　固定接口一般用法兰连接,见图 5-40。

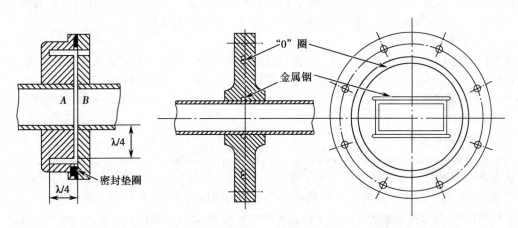

图 5-40　各种法兰接头

上图左侧为抗流(扼流)接头法兰,其接合面上刻有圆形槽沟,沟槽外围有密封圈,沟边与矩形波导宽边的距离为 $\lambda/4$,在波导轴向的深度是 $\lambda/4$,槽底是电场的短路面,法兰对接面之间留有距离为 $\lambda/2$ 的间隙。其工作原理是利用 $\lambda/4$ 长的传输线具有阻抗倒转特性,$\lambda/2$ 长的传输线具有阻抗周期性的原理而设计,优点是允许相对较低的加工精度,装配方便,适合较大功率的微波传输。

另外一种为铟丝连接法兰,在矩形波导宽边采用附加两根软质金属铟丝的方式以保持接触良好,在法兰外侧装有密封垫圈,用于充气或真空系统的波导连接。这种结构的精度不是要求很高,加工比较容易,适合大功率的微波传输,其最高传输能量可达 10MW 以上。

2. 旋转波导接口　在波导管微波传输系统中,如果一段波导旋转,另一段固定不动时,就必须采用波导旋转接口。例如,在高能驻波加速器中采用的微波源速调管固定不动,而加速管必须随机架一起转动,因此,就在微波传输系统的固定波导与旋转波导之间设置了波导旋转接口,实现了固定微波源于转动微波负载之间的微波功率的传递。图 5-41 示,这种旋转波导接口一般是用在大功率微波传输系统中,为了防止打火,波导管内通常需要充入高压气体。

（五）波导窗

医用电子直线加速器的微波源和加速管都是高度真空器件,但处于中间的微波传输系统却不能进行真空处理,这就要求在微波传输系统的接口处设置"波导窗"器件。其作用是,既能保证微波源和加速管的真空状态,又能让微波功率"透过"窗口顺利传输。常见波导窗结构见图 5-42。

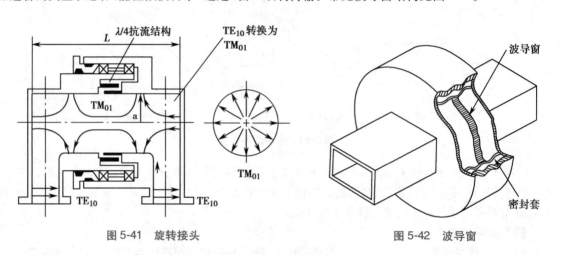

图 5-41　旋转接头　　　　　　　　　图 5-42　波导窗

由于传输的是大功率微波能量,为了防止微波打火,一般需要将系统内充气增压。现代的加速器微波能量较高,多是充入六氟化硫气体。这样,波导窗一侧处于真空状态,另一侧处于高压状态,对窗口材料的机械强度和气密性提出了更高的要求。介质窗片通常是选用圆盘形状的高频玻璃或一种高氧化铝陶瓷材料。为了充分满足微波传输的通透性,在完全满足机械强度要求的前提下应尽量减小介质窗片的厚度,实用中一般采用 2~3mm 厚度。另外,为了减少二次电子发射,在真空侧的陶瓷介质窗片上一般要镀上一层钛镍合金材料,可有效避免次级电子的倍增效应。

（六）模式转换波导管

微波传输系统中,有时会遇到不同微波器件之间不同波导结构的相互转换问题。例如,磁控管的微波输出窗口要接圆波导,而微波传输系统是采用方形波导,这就需要波导转换器件。图 5-43 是圆方转换波导,其一端是圆口,另一端是方口,可以实现圆波导与方波导之间的自由转换,要求反射小,损耗小,匹配性能好。

（七）衰减器和移相器

为了调节传输的微波功率或改变微波信号的相位,在电路中常用到衰减器或微波移相器。图 5-44 为常用的衰减器和移相器。

衰减器通常是在波导中放置一片与吸收负载类似的吸收介质片,放置的方向与电场方向平行。对于移相器,由于微波的相移等于相移常数和长度的乘积,所以改变相移常数和波导长度都可以达到移相效果,但改变波导长度不够方便,一般改变相移常数,就是在波导管中按特定方向插入一种不吸收微波功率的介质片,由于介质系数变化而引起相移常数的变化,从而达到移相的目的。

（八）隔离器与环流器

当从微波源向加速管输送微波能量时,为了防止因微波反射而影响微波源的正常工作,就必须在微波源与加速管之间安装微波隔离器,其作用是只允许正向微波能量通过,禁止反射波的通过。隔离器与环流器就是对传输的入射波和反射波呈现方向性的元件,都应用了铁氧体材料。铁氧体是由铁

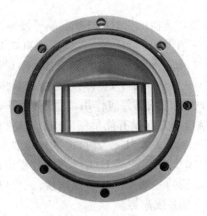

图 5-43 圆方转换

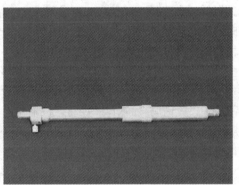

图 5-44 衰减器与移相器

氧化物和金属氧化物混合烧结后制成的黑褐色陶瓷状磁介质材料(又称黑磁),和金属材料相比它具有很高的电阻率,因而电磁波可以伸入到铁氧体内部产生磁效应。微波能量在其内传输时介质损耗很小,铁氧体这一特性在微波器件中得到了广泛的应用。

另外,铁氧体加上恒定磁场后,对微波在各个方向上会表现出不同的磁导率,利用这一特点,可以制成传输特性不可逆的微波传输器件。其中,隔离器是两端口单向传输的微波器件,环流器是多端口定向传输的微波器件,使用最多的是三端口和四端口环形器。

1. 微波隔离器 微波隔离器种类很多,可分为波导型、同轴型、微带型等不同传输形式的电磁波隔离器。其中波导型适用于微波能量的传输,而同轴型和微带型适用于微波信号的传输。

波导型谐振场移式铁氧体隔离器,见图 5-45,是在矩形波导管内离窄边适当距离的宽边上设置两条轴向铁氧体材料,并在波导管外安置永久磁铁,让铁氧体宽边垂直的方向上形成恒定偏置磁场。

隔离器又称单向器,它是一种单向传输微波能量或微波信号的微波传输器件。当微波沿正向传输时,可将微波功率或微波信号全部输送给微波负载,而对来自负载的发射波则产生很大的抑制与衰减作用。

对大功率微波隔离器来讲,除了正向波会产生一定的热损耗之外,由于反射波能量在铁氧体内被吸收要变成热能损耗,其结果也会造成隔离

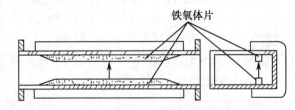

图 5-45 谐振场移式铁氧体微波隔离器

器温度急剧升高,不及时降温会影响微波传输,甚至会烧坏隔离器。因此,必须采取可靠的冷却恒温措施。一般是紧贴隔离器波导管窄边的外表附设冷却水管,通过水循环将热量及时带走。

隔离器外加的磁场一般采用永久磁铁,磁场变化会引起频带变化,会导致隔离器性能变坏,因此一般不要在其周围搁置强磁性材料,以免引起磁性变化。另外,不宜使用铁质工具装卸,以免造成引

81

力冲击。

2. 三端口环流器 三端口环流器属于波导型环流器,见图5-46。三个分支波导交汇于一个微波结上,内置有一个圆柱形铁氧体柱,为了使电磁波产生场移效应,通常在铁氧体柱上沿轴向施加恒磁场。根据场移效应原理,被磁化的铁氧体将对通过的微波产生场移效应,并遵循顺序传输:端口1→端口2→端口3……→端口1。即:当微波能量由端口1注入时,由于场移效应作用,它将向端口2方向传输,端口3方向没有能量输出;同样道理,当微波能量由端口2方向注入时,由于场移效应作用,它将向端口3传输,端口1没有能量输出;将三端口环流器的一端用匹配负载短接,就可以构成一个微波能量隔离器。

端口1
端口2
端口3

图5-46 三端环流器

环流器的性能指标是:插入损耗和隔离度。显然,插入损耗越小,说明微波传输端口方向的能量损耗越小;而隔离度越大,则说明另一个端口方向的微波泄漏越小。通常,三端隔离器的插入损耗和隔离度分别为0.15dB和20dB。

3. 四端口环流器 图5-47示,四端口环流器是由一个双T接口、一个移相器和一个耦合器构成的,它可以当隔离器用。微波能量从端口1输入,全部从端口2输出,而端口4没有微波输出。在四端口环流器中,微波功率的传递规律是按1→2→3→4顺序进行的,即1口入→2口出、2口入→3口出、3口入→4口出。但如果外加磁场方向反转,则顺序也将反转。

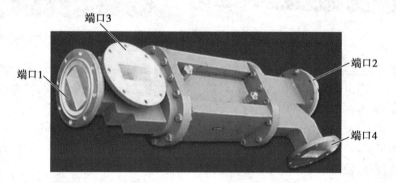

端口3
端口1
端口2
端口4

图5-47 四端口环流器

四端口环流器在驻波加速器微波系统中的连接方式是:端口1接微波源,端口2接加速管,端口3和端口4分别接大功率水负载和小功率负载。加速器工作时,微波功率经波导管从端口1进入四端环流器,然后从端口2输出,经波导管注入加速管建立驻波加速电场;当有微波反射时,反射功率不会反射到微波源,而是进入端口3所连接的大功率吸收负载内消耗掉,小部分微波功率会从端口3再反射到端口4消耗。这样,虽然有微波反射,但不会影响微波源的正常工作。由于四端环流器可以承受比三端环流器更大的微波功率,所以更适合在失配时反射功率较大的驻波加速器上应用。

(九)吸收负载

加速器常用吸收负载,见图5-48。这些微波吸收负载均是矩形波导结构,通常采用法兰连接。在吸收负载的外壁上还设有冷却水的接口。

1. 全水微波吸收负载 全水微波吸收负载内部充满了负载水,通过一种氧化铝材料制作的陶瓷窗密封。负载水可通过管道接口与外界的冷却水交换散热。工作时,微波功率透过波导窗进入负载水,能量全部被水吸收变成热量,并通过循环水将热能带走。

全水微波吸收负载处理能力可达10kW。但只适合于固定安装,不能安装在机架上,原因是机架旋转时,水中气泡串动会引起微波反射,容易造成阻抗失配。

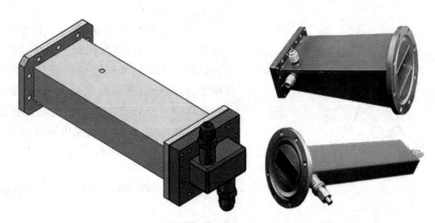

图 5-48 吸收负载

2. 水冷干式微波吸收负载 吸收体采用固体介质损耗材料,一般是由碳化硅材料制成。吸收体的周围有冷却水包围,微波功率在吸收体上消耗之后产生的大功率热量由循环水带走。这种水冷干式微波吸收负载的处理能力通常只能达到 3kW 左右,一般可以满足医用电子直线加速器的需要。这种吸收负载牢固可靠,可以安装在机架上随意转动,并且可共用加速器的冷却水系统。

五、微波频率自动控制系统

磁控管制造过程中,不可能完全排除管内气体,在阳极和阴极这些金属的内部和表面总会吸附有微量气体,存放久了,这些气体会释放出来使管内真空度下降,此时如加高压会形成气体放电,即使磁控管在规定的工作条件下运行,也会发生打火。这就是加速器在医院放置一段时间后,再重新开机时总会频繁打火的主要原因之一。可以采用老练的方法克服。根据管内真空度变坏程度的不同,老练的时间可能需要几分钟到几小时,甚至十几小时。磁控管存放时间愈久,老练所需时间愈长,甚至因为放得太久,再也无法恢复正常。因此,一定时间的轮流使用会相对延长磁控管的寿命。

问题:

1. 磁控管为什么要定期老练?
2. 速调管是否需要定期老练?

自动稳频控制系统(auto frequency control system,AFC)是为了协调微波源与加速管之间的电磁振荡频率一致性的重要环节。

电子直线加速器微波功率源的振荡频率必须与加速管的工作频率相一致,才能保证加速器的稳定工作,否则就会因为频率的偏离,造成电子能量的降低和电子能谱的增宽,从而导致加速器输出剂量率降低,甚至导致停止出束。因此电子直线加速器中都设有自动稳频系统。通常,磁控管和速调管微波源系统本身都会带有微波频率调谐机构,以便于随时进行微波频率的自动控制与调节。

目前电子直线加速器常用的自动稳频系统有两种:双腔型、锁相型。行波医用加速器的微波系统有的采用双腔型,也有的采用锁相型;驻波医用加速器的微波系统都是采用锁相型。下面介绍医用加速器常用的几种自动稳频系统。

(一)行波双腔自动稳频系统

行波双腔自动稳频系统的核心器件是双腔鉴频器。双腔鉴频器是由装在同一个金属壳体内的两个 $\lambda/4$ 同轴谐振空腔构成。两个谐振腔的谐振频率不同,分别叫作"高腔"和"低腔"。

设 f_n 是需要稳频的行波加速管第 n 个工作频率,高腔的谐振频率略大于 f_n,可写为 $f_n+\Delta f$,低腔的谐振频率略小于 f_n,可写为 $f_n-\Delta f$,Δf 选择 $1.0\sim1.2MHz$,双腔谐振曲线见图 5-49,行波双腔自动稳频系

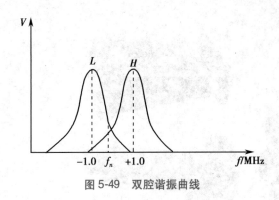

图 5-49　双腔谐振曲线

统见图 5-50。

其基本控制原理是：将从定向耦合器（取样波导）采集到的微波信号同时送到双腔鉴频器的高腔和低腔。从高腔和低腔输出的脉冲信号由二极管检波，然后分别送到信号放大、峰值取样和差分放大器电路。差分放大器的输出与高低腔脉冲幅度的差值成正比，此输出经电机驱动电路产生驱动电压来驱动电机控制磁控管调谐杆，从而改变磁控管的振荡频率。

当微波频率等于加速管的工作频率时，高腔和

图 5-50　行波双腔自动稳频系统

低腔输出的信号幅值相等，差分放大器的输出为零，此时的微波频率不作调节；当微波频率大于加速管的工作频率时，高腔的输出增大，低腔的输出减小，差分放大器的输出为正，输出驱动磁控管的调谐杆，使磁控管的振荡频率降低，直至差分放大器的输出为零，回到磁控管的振荡频率与加速管的频率相等的状态。当微波频率小于所设定的工作频率时，情况与上述相反。

低能机不用改变双腔的谐振频率，而多挡能量的高能机可在多个频率点上工作，可以通过改变工作频率的方式来选择不同的输出能量。这种从一个工作频率变到另一个工作频率的方式叫"跳频"，跳频原理见图 5-51。当改变至另一工作频率时，两腔依然保持频差 $\pm\Delta f$，自动稳频系统能保持一个新的稳定工作频率。

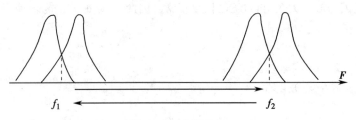

图 5-51　跳频原理

（二）行波控相自动稳频系统

行波医用电子直线加速器在 X 线辐射模式，可以设置 1~3 个工作频率，在电子线辐射模式下，可以设置 4~8 个工作频率。这些工作频率，特别是电子辐射模式下，相邻工作频率的间隔可能很近。为了保证电子辐射模式下设定的频率和输出能量的精确性和稳定性，多采用行波控相自动稳频系统，见图 5-52。

行波控相自动稳频系统的核心器件是 3dB 耦合器。它是由两个输入端（A、B）和两个输出端（X、Y）组成的 4 端口微波检测器件。A 端的输入会出现在输出的 X 端，其幅值减半相位相同；B 端的输入也出现在输出的 X 端，其幅值减半相位超前 90°。同时，A 端的输入也会出现在输出的 Y 端，其幅值减半相位超前 90°；B 端的输入也出现在输出的 Y 端，其幅值减半相位相同。当 A 端和 B 端输入信号的相位相同，则不论幅值是否相等，X 端和 Y 端输出信号的幅值永远相等，输出端 X 和 Y 的值见图 5-53。当 A 端和 B 端输入信号的相位不同，则不论幅值是否相等，则 X 端和 Y 端输出信号的幅值都不会相等，输出端 X 和 Y 的值见图 5-54。行波控相自动稳频系统正是利用 3dB 耦合器的同相输入等幅输出

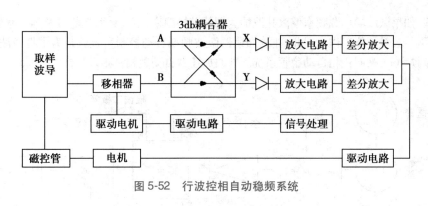

图 5-52　行波控相自动稳频系统

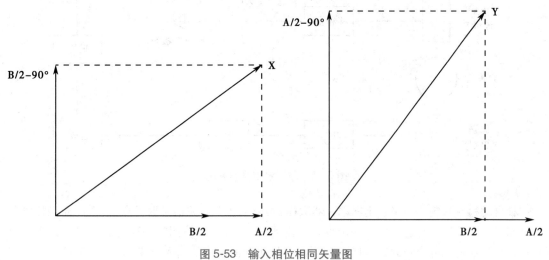

图 5-53　输入相位相同矢量图

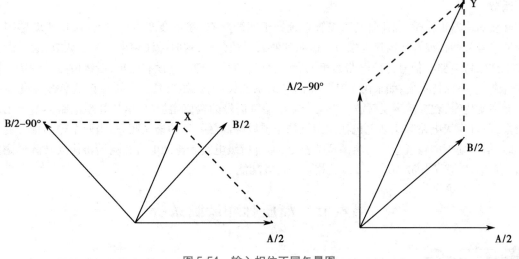

图 5-54　输入相位不同矢量图

和异相输入不等幅输出特点而设计的高精度控相微波自动稳频系统。

　　当加速器工作在谐振频率时,两个取样微波信号一般不是同相位,因此必须在 3dB 耦合器的一个输入端(A 或 B)串接一个可以调节相位的移相器。当行波加速器在每个工作频率运行时,通过移相控制,可将输入到 3dB 耦合器 A 端和 B 端的信号调整为同相位输入,这时,X 端和 Y 端输出的信号幅值相等,系统不做调节;当频率发生变化时,因输入端相位的变化必然会引起 X 端和 Y 端输出幅值的变化,通过控制电路和调谐机构就可以将磁控管的谐振频率拉回到设定的工作频率,从而达到控相自动稳频目的。

　　（三）驻波锁相自动频率控制系统

　　驻波加速器只有一个工作频率,就是驻波加速管的谐振频率,微波功率源的频率必须等于驻波加速管的谐振频率,如果微波功率源频率偏离驻波加速管的谐振频率,不仅会引起能量及剂量率的下降,而且会产生功率反射,甚至不能工作。因此,驻波加速器微波频率自动控制系统就是为了将微波锁定在加速管的唯一工作频率上,又叫锁相自动稳频系统。驻波加速器自动锁相稳频系统,见图5-55。

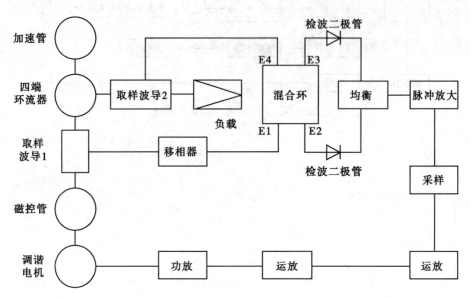

图 5-55 驻波锁相稳频系统

这种自动稳频系统也是采用定向耦合器取样,共设了两个微波信号取样点,一个设在磁控管与环流器之间,检测的是入射波信号,另一个设在环流器与负载之间,检测的是反射波信号。其中入射波信号经过移相器送到混合环的输入口1,反射波信号送到混合环的输入口4。端口2和端口3输出的信号分别经过检波二极管送到处理电路驱动电机控制磁控管调谐机构以实现微波频率的自动控制与自动调节。

驻波加速器工作时,加速管与磁控管系统处于匹配状态,就不会产生反射波,端口4就监测不到反射波信号,这时,混合环内只有端口1监测到的入射波信号,这时微波频率不需要调节,通过设置和调节取样保持电路与信号处理电路的相关参数,可让信号处理电路没有输出,后级电路和调谐机构不动作,微波频率保持不变;如果由于某种原因导致系统失谐,例如当温度变化或束流负载变化而引起微波频率变化时,就会产生反射波。当两个输出端口信号的幅值增加时,信号处理电路会给出正的调节指令,通过后级电路和驱动电机让调谐机构正转以提高磁控管的谐振频率;当两个输出信号的幅值减小时,信号处理电路就会给出负的调节指令,通过后级电路和驱动电机让调谐机构反转降低磁控管的谐振频率,实现了驻波加速器微波锁相自动稳频功能。

第六节 高压脉冲调制系统

高压脉冲调制系统的负载是磁控管或速调管,负载阻抗的变化会引起调制器输出不稳定。当磁控管衰老,引起负载阻抗增大,会出现正失配放电状态;磁控管打火,引起负载短路,是负失配放电的极端情况。

问题:

1. 正失配放电状态下,可能会导致什么结果?采用什么电路可消除?
2. 极端负失配放电状态,可能会导致什么结果?采用什么电路可消除?

一、高压脉冲调制系统基本结构

（一）概述

不论是磁控管还是速调管，都是由阴极和阳极两个主要部分构成，在阴极和阳极之间都需要建立直流高压电场，而且，由于两种微波源都是阳极接地，所以必须在阴极上连接直流负高压，以建立管内所需强度和方向的高强度电场。加在磁控管阴极上的负高压可以是直流静止电压也可以是方波脉冲负高压，但为了能够产生兆瓦级的输出功率，直接采用一般的直流高压电源很难实现，因此必须采用脉冲负高压为磁控管供电；而速调管也必须注入一簇簇高速运动的"电子注"，这就要求在阴极上也必须施加脉冲负高压，以便产生比磁控管还要高的微波输出功率。

另外，为了让电子发射系统实时发射电子，以满足同步加速条件，必须对电子的发射时机、发射数量等进行有效控制。由此可见，"高压脉冲"和"脉冲调制"是一个问题的两个方面。为了产生大功率微波能量，必须设置"高压脉冲电源"；而为了满足电子与加速电场的同步加速条件，就必须设置"脉冲调制器"，两者合一就构成了高压脉冲调制系统。

（二）技术要求

由于频率太高和非线性等原因，脉冲电路一般不能用集中参数进行分析计算，通常可用分布参数进行定性分析，并且用"脉冲波形"进行定量计算，这是脉冲电路与普通电路在分析计算方法上的主要区别。微波功率源确定后，对调制器的主要技术要求也就随之而定。通常脉冲调制器技术要求包含以下内容：

1. 脉冲功率 PM　供给振荡器产生超高频振荡所需的脉冲功率。
2. 调制器效率 ηM　调制器输出功率与输入功率的比值。
3. 脉冲重复频率 FM 或它的倒数重复周期 TM　FM 常用每秒脉冲数（PPS）表示。
4. 输出脉冲波形见图 5-56。

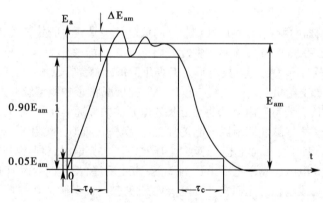

图 5-56　脉冲调制器输出的脉冲波形

图中：

（1）脉冲电压，用 U_L 表示，单位伏特，用 V 表示。

（2）脉冲电流，用 I_L 表示，单位安培，用 A 表示。

（3）脉冲重复频率：每秒脉冲个数，用 F_r 表示，单位 Hz，常用每秒重复脉冲数（pps）表示。

（4）脉冲宽度：一般定义脉冲幅度 90%处的波形宽度为脉冲宽度，用 $\tau_{0.9}$ 表示，单位一般用 μs。有时会定义脉冲幅度 50%处的波形宽度为脉冲宽度，如当计算平均电流时。

（5）脉冲幅度：指脉冲波形顶部波动范围内的平均高度。

（6）脉冲前沿 τ_ϕ：是从脉冲幅度的 5%上升到 90%所需要的时间。

（7）脉冲后沿 τ_c：是从脉冲幅度的 90%下降到 5%所需要的时间。

（8）脉冲波动系数 G：由脉冲顶部的变化量 ΔE_{am} 和脉冲幅度 E_{am} 的比值表示，$G = \Delta E_{am} / E_{am}$。

除了技术要求，脉冲调制器对工作环境还有以下要求：

（1）储存环境：温度、湿度、气压、空气质量。

（2）工作环境：温度、湿度、气压、空气质量。

（3）工作时间：开机时间和连续工作时间。

（4）运载条件：震动、冲击和谐振点。

（三）脉冲调制器的基本电路形式及其特点

目前，常用的脉冲调制器有线型脉冲调制器、刚管脉冲调制器和栅极调制器。

1. 线型脉冲调制器

（1）线型脉冲调制器的基本结构：线型脉冲调制器主要有由高压电源、充电电路（一般包括充点电感、充电隔离元件）、脉冲形成网络（PFN，有时也叫人工线或仿真线，本书统一用仿真线）、放电开关等部分，其基本电路见图5-57。在实用中通常还包括脉冲变压器、触发器和匹配电路等。

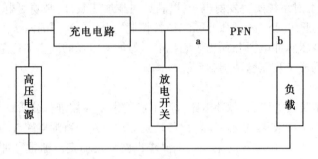

图 5-57　基本线型脉冲调制器电路图

在这类调制器中，高压电源通过充电电感、隔离元件向仿真线充电，在充电结束时，仿真线被充上约2倍于电源的电压值；放电时，在触发脉冲的激励下，放电开关管导通，仿真线通过放电回路将能量传给负载。在匹配情况下，放电结束时，仿真线上的能量将全部传给负载。在负载上得到的脉冲电压幅值近似于电源电压，其脉冲波形由仿真线决定。在使用脉冲变压器来传输脉冲能量时，脉冲变压器及其放电回路参数也会对输出波形产生影响。

（2）线型脉冲调制器的特点：线型脉冲调制器的放电开关是软关断式开关，只有当放电电流小于放电开关的维持电流之后，放电开关才逐步恢复其阻断状态。能够作为这类开关的器件主要有闸流管、可控硅（SCR）等。软性开关的特点决定了人工线几乎每次都完全放电，尤其是在阻抗匹配的情况下，仿真线的储能将全部交给负载。仿真线与负载的失配情况将影响线型脉冲调制器的可靠工作，正失配时（负载阻抗大于仿真线特性阻抗），将会延长放电开关的导通时间，严重时容易使放电开关不能恢复阻断状态而连通，使线型脉冲调制器不能正常工作；负失配时（负载阻抗小于仿真线特性阻抗），容易使仿真线在放电结束时被反向充电，该反向电压在下一次充电时，将与高压电源叠加在一起向仿真线充电，使仿真线的充电电压高于电源电压的2倍，如此反复，严重时容易使仿真线被充上数倍于电源的电压值，造成仿真线电容过压而击穿。唯有匹配状态是线型脉冲调制器较佳的工作状态。实际使用时常定在轻微负失配的情况下，这有利于放电开关的关断和调制器可靠的工作。为了避免在负载打火短路时，仿真线上产生过大的反向电压从而使开关管反向击穿，必须使用反峰电路来限制开关管上的反向电压值。由于放电开关是软性关断，触发脉冲只起激励放电开关导通的作用，因此触发信号要具有足够的前沿幅度和能量、一定的脉冲宽度和幅度、尽量小的触发脉冲前沿。高压电源电压相对较低，电路较简单。输出脉冲宽度由仿真线决定，因此随意改变脉冲宽度较困难，不适用于多种改变脉冲宽度的场合。

2. 刚管脉冲调制器

（1）刚管脉冲调制器的组成及工作过程：刚管脉冲调制器主要由高压电源、充电隔离元件（一般为充电电感或电阻）、储能电容、放电开关等组成。这类调制器的工作过程是：高压电源通过充电隔离元件向储能电容充电，能量储存在储能电容中。理想情况下，储能电容被充上近似于电源的电压值，在预调器脉冲的激励下，放电开关导通，储能电容通过放电回路将部分能量传给负载，在负载上得到的脉冲幅值是电源电压与开关管管压降之差，其脉冲宽度主要由激励脉冲决定。

（2）刚管脉冲调制器的特点

1）刚管脉冲调制器的放电开关受激励脉冲的控制来导通或关断，储能电容向负载部分放电是这类调制器的一个显著特点。这类调制器的放电开关具有硬性关断的能力，即所谓的"刚管（刚性开关管）"。常用的刚性开关管主要有真空三极管、四极管、场效应管和绝缘栅双极晶体管（IGBT）等半导体器件。

2）激励脉冲波形决定了输出脉冲波形。由于激励脉冲功率小，易于改变脉冲宽度和形状，因此这类调制器可输出不同宽度的脉冲，非常适合于改变脉冲宽度的要求。

3）对激励脉冲的顶部平坦度要求较高。

4）为消除过大的脉冲顶降，要求储能电容具有较大的容量，一方面增大了体积，另一方面电容上储存的能量较大，在负载出现打火等异常情况时，过多的能量容易对薄弱环节造成损伤。

5）对阻抗的匹配要求不严，可允许在失配状态下工作。

6）波形易受分布参数的影响，尤其是使用了输出脉冲变压器之后，其脉冲顶降会更大，且储能电容不能像 PFN 那样产生顶升来补偿脉冲变压器的顶降，同时它的分布参数还会使脉冲前、后沿变差。

7）电路较复杂，体积大且笨重。

3. 栅极调制器　栅极调制器主要由悬浮在高电位（数千伏以上）的正偏置电源/正偏置开关（VT$_1$）、限流电阻（R$_3$）、负偏置电源、负偏置开关（VT$_2$）、隔离驱动电路等部分组成，其基本电路框图见图 5-58。

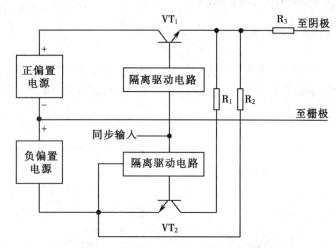

图 5-58　栅极调制器基本电路框图

图 5-58 中，VT$_1$ 为开启管，VT$_2$ 为切尾管。VT$_1$、VT$_2$ 平时截止，负偏压由 R$_2$ 加到 TWT 的栅极。在调制脉冲后沿开始时，让 VT$_2$ 导通，给分布电容放电。有 VT$_2$ 时 R$_2$ 的值可取大一些，没有 VT$_2$ 时 R$_2$ 的值宜小，以控制后沿的大小。

能够作为正偏置开关、负偏置开关的器件主要有真空三极管、真空四极管、半导体开关三极管等，尤其是采用半导体器件时，往往为了开关能够具有较高的电压阻断能力，需要将多个器件进行串联使用。

4. 调制器比较　栅极调制器具有波形好、功率小、电压较低、波形变化灵活的优点。而大功率钢管脉冲调制器和线型脉冲调制器虽然在阴极调制器微波管中都可以用，然而线型脉冲调制器则主要用于电压高、功率大、波形要求不太严格且脉冲宽度基本固定的线性电子注阴极调制器微波管中，几种主要调制器的性能对比见表 5-3。

表 5-3　几种主要调制器的性能对比

性能	栅极调制器	钢管脉冲调制器	线型脉冲调制器
脉冲波形	好	较好，波形易受分布参数影响	取决于 PFN 与脉冲变压器的联合设计
脉冲宽度变化	容易，灵活	容易	较难，取决于 PFN
脉冲宽度	易实现大脉冲宽度	不宜太宽	较宽，由 PFN 与脉冲变压器决定
时间抖动	小，1～5ns	较小，1～10ns	较大，5～50ns

续表

性能	栅极调制器	钢管脉冲调制器	线型脉冲调制器
失配要求	无匹配要求	对匹配要求不严，允许失配	对失配有要求
所需高压电源	较低，功率小，悬浮在高电位上	电压较高，体积大，重量重	较低，电源较轻小
线路复杂性	较简单	较复杂	简单
可靠性	可用固态器件，可靠性高	较低	较高
效率	较低	较低	较高
可功率容量	小	较小	大
成本	低	较高	较低

调制器的选择需综合各有关因素，进行折中选择，以得到一个较为理想的方案。

二、高压脉冲调制系统的工作原理

下面分别描述高压脉冲调制系统主要部分的工作原理。

（一）充电回路

图 5-59 中普通的充电电路是由电源、储能元件和负载电阻（或脉冲变压器的初级绕组）组成。为了防止电源在脉冲输出期间被开关管短路，还需要在电源和开关之间安插一个充电隔离元件，这个元件常用电感，叫充电电感。

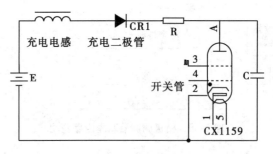

图 5-59　充电回路

为使调制器良好地工作，充电电路应满足三项要求：

（1）充电电流尽量平缓，在脉冲变压器上产生的感应电压可以忽略不计。

（2）每次充电结束时，PFN 上的充电电压都要符合预置能量的要求。

（3）尽可能提高充电效率。

为了满足以上要求，首先保证直流高压电源的稳定供电，主要是消除高压整流电源的谐波电压，通常是采用并联滤波电容来解决。

充电二极管是为了避免产生反向放电电流，解决振荡衰减过程。由于充电二极管的正向导通特性，不会影响正向充电过程，等效电容 C 上的充电电压达到最大，充电电流等于零，这时的 PFN 内储存了最大的电场能量。这时会发生反向充电和振荡衰减，由于充电二极管的反向截止特性，充电二极管必然会阻止反向充电和振荡衰减现象的发生，于是，充电回路停止工作，PFN 具有最高的充电电压，并会保持最高电压不变，直到进入放电脉冲为止。

（二）放电回路

图 5-60 中放电电路是调制器的输出电路，由脉冲形成网络、开关管、脉冲电缆、脉冲变压器和负载组成。

为什么 PFN 产生的脉冲负高压不是直接加在微波源的阴极上，而是通过脉冲变压器向微波源施加脉冲负高压呢？

主要原因是：

（1）改变高压电源脉冲的极性。因为直流电源通常是阴极接地，而微波源是阳极接地，通过脉冲

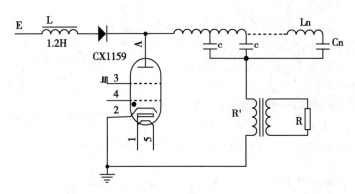

图 5-60　放电回路

变压器很容易改变加在微波源上的高压脉冲极性,易于实现阴极脉冲负高压供电要求。

（2）可进一步提升脉冲电压幅度,有了脉冲变压器后,可以采取较低的耐冲调制电压,有利于高压器件的耐压设计和安全运行。

（3）易于阻抗匹配。可知,放电脉冲回路的"电源"是 PFN,而最终的脉冲负载是磁控管或速调管。在正常情况下,磁控管的等效阻抗一般是 400Ω 左右,速调管的阻抗是 1400Ω,而用在磁控管和速调管回路的 PFN 的典型特征阻抗分别是 25Ω 和 12.5Ω。为了满足阻抗匹配条件,用于磁控管回路的脉冲变压器绕组变比一半设计为 1∶4(阻抗比是 1∶16);用于速调管回路的脉冲变压器绕组变比一般为 1∶11(阻抗比 1∶121)。这样就可以实现脉冲源与脉冲负载之间阻抗匹配,这时保证微波源正常工作的基本条件之一。

（4）可以隔离高压脉冲调制器和微波源之间的直流分量,易于电路之间的独立设计。

放电回路等效电路见图 5-61。

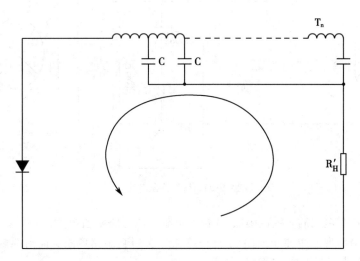

图 5-61　放电回路等效电路

放电回路有三种工作状态。

$R'_H = \rho$ 匹配情况:仿真线在放电后电压降为零。闸流管阳极电压在放电完了降为零,恢复到截止状态。仿真线重新充电,等待下一次触发。

$R'_H > \rho$ 正失配情况:仿真线向负载放电,经过 τ 时刻后,电压虽有降低但仍大于零,闸流管继续导电,直到仿真线上电压下降到小于闸流管管压降以后才截止,不利于闸流管消电离,引起闸流管连通。

$R'_H < \rho$ 负失配情况:仿真线放电经过 τ 时刻以后,仿真线上电压变为负值。调制器一般工作在轻微的负失配状况,在严重负失配,如磁控管打火,负载短路时,这是危险的,常用反峰电路去消除这危险。

（三）反峰电路

在负失配时,仿真线上的反向电压(绝对值)和充电电压都随着放电次数的增加而逐次增加。主要危害有破坏稳定的充电过程,发生器件击穿的危险。仿真线电压和时间关系见图5-62。

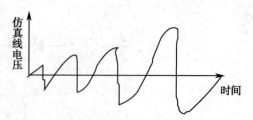

图 5-62 仿真线电压和时间关系

反峰电路由一只二极管和一个电阻串联后并接在闸流管的两端。闸流管只有正向导通特性,反峰电路只有反向导通特性。通过反峰电路消除反峰电压,保护器件。反峰电路见图5-63。

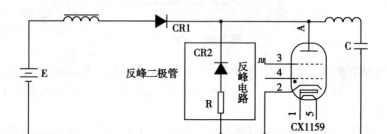

图 5-63 反峰电路

（四）RC 匹配电路

RC 匹配电路又称前沿钝化或瞬时匹配电路,见图5-64。

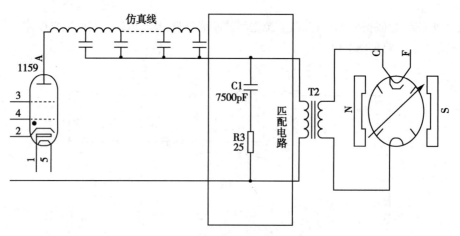

图 5-64 RC 匹配电路

因磁控管的阻抗是电压的非线性函数,起振前负载近似开路阻值极大,仿真线与负载严重的正失配而在输出脉冲前沿出现上冲尖峰,前沿上升速率太快会引起跳模现象。前沿匹配电路是并联在脉冲变压器原边的 RC 串联削尖峰电路。

（五）De-Q 稳幅电路

大多数线型调制器输出脉冲幅度均有1%以上的跳动,引起脉冲幅度跳动的原因有两种:一是直流高压电源不稳,纹波大;二是充电电压还会随着充电电路品质因数的变化而变化。

目前,广泛应用的脉冲幅度稳定电路,不去稳直流高压,只去稳定仿直线上的充电电压(图5-65)。

（六）仿真线

高压脉冲形成网络(pulse forming network,PFN)(图5-66)也被称为仿真传输线,简称"仿真线"。这种仿真线兼具两个功能,即:充电储能和放电脉冲两个阶段。

在充电储能阶段,仿真线可以等效于一个集中电容器参数。

高压放电方波脉冲阶段,之所以能够产生所期望的高压方波脉冲,是基于开放式传输线理论而专

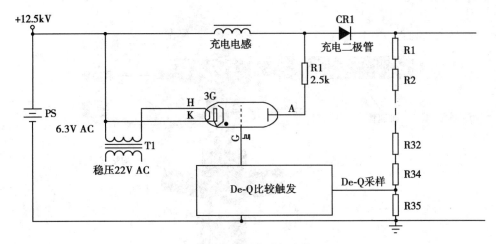

图 5-65　De-Q 稳幅电路

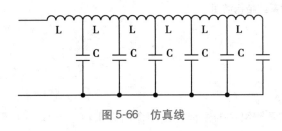

图 5-66　仿真线

门设计的高压脉冲形成网络。从理论上分析,当接通电源后,之所以不能瞬间传遍整条传输线,是因为传输线本身存在着无数个等效串联电感,而两根平行传输线之间存在着无数个等效并联电容,这些等效电感和等效电容统称为传输线的"分布参数",相应的等效阻抗就被称为传输线的"特征阻抗"。特性阻抗 $\rho = \sqrt{L/C}$ 。

第七节　辐 射 系 统

一、辐射系统的基本结构

辐射系统主要是指医用电子直线加速器上的辐射头部分,主要功能如下:

（1）射线均整:将加速管产生的自然分布的辐射束流转换为满足临床需要的具有一定均匀性和对称性要求的辐射束流。辐射束流包括电子束流以及通过打靶产生的 X 射线。

（2）射线准直:将辐射束流限制在一定的照射区域内,得到临床需要的不同尺寸的辐射野。

（3）光学指示:辐射野光学模拟系统和源皮距测量。

辐射系统的基本结构和结构简图分别见图 5-67 和图 5-68。

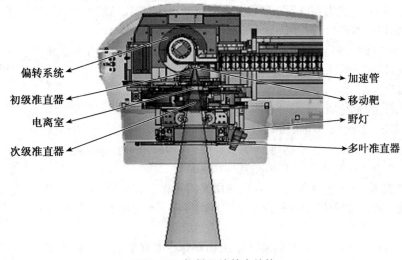

图 5-67　辐射系统基本结构

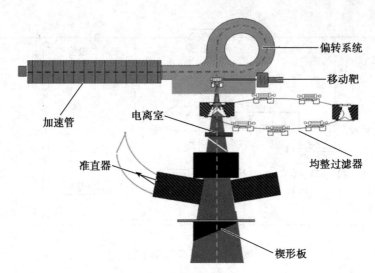

图 5-68　辐射系统结构简图

二、辐射系统的工作原理

辐射系统各部分的工作原理如下:

（一）移动靶

移动靶组件分为内置式和外置式两种。内置式其靶组件的主体在偏转盒内引出窗上方真空区域内,外置式则在引出窗下方非真空区域。

移动靶组件设置有多个工位,总体上 X 射线和电子线两大工位类型:X 射线工位上焊接有重金属靶块,其作用是将经偏转系统引出的电子束通过轰击重金属靶产生轫致辐射产生最初的 X 辐射线束;电子束工位一般为中空的通道或在通道中焊接有一层轻金属箔,其作用是让经偏转系统引出的电子束无阻拦地或经过一定程度初级散射后通过。

为获得高的 X 射线产额,靶材料均选用高 Z(原子序数)材料,即重金属材料,如钨、金等。当电子束打靶能量≥10MeV,就会产生中子射线,即中子污染。

（二）准直系统

准直系统:产生一定形状轮廓辐射野的部件称为准直系统。

规则野准直系统:产生规则形状(方形、矩形或圆形)轮廓辐射野的部件称为规则野准直系统。

由于需要准直的辐射束流的不同,准直系统分为 X 线辐射准直系统和电子辐射准直系统。

1. X 线辐射准直系统　医用电子直线加速器的 X 线辐射准直系统包括:初级准直器、次级准直器和附加准直器(多叶准直器)。

（1）初级准直器:形状为圆锥形孔的准直器又称初级准直锥,见图5-69。装在电子引出窗(或靶)下方,为电子辐射和 X 线辐射所共用。

初级准直器一方面决定了该加速器所能提供的最大辐射野范围,另一方面能够阻挡最大辐射范围外的由辐射源产生的初级辐射。

初级准直器设计原则如下:

1) 材料:钨合金、贫化铀、铅。

2) 锥孔的确定:①距源100cm 处直径为49.5cm 的圆形辐射野,该圆形区域称为 M 区域;②准直锥上孔直径:辐射源的直径限制在4mm 以内;③其高度应能将初级辐射衰减至10~3,或 3 个 1/10 值层厚(TVL)。

（2）次级准直器:由上下两层光阑组成,两层光阑垂直交叉布局,四个光阑的工作面在空间形成四棱锥体,对辐射束加以准直。俗称上光阑和下光阑,见图5-70。

根据开合运动的对称性分类:对称准直系统和非对称准直系统。对称准直系统是每对光阑只能同时相向闭合或相离打开。通过上下两对光阑的开合运

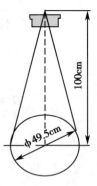

图 5-69　初级准直器

图 5-70　次级准直器

动,可形成相对于辐射束轴对称的方形辐射野或矩形辐射野。非对称准直系统的每块光阑可以独立运动,也可成对联动,光阑还可穿过束流轴线,称之为非对称准直系统(有的设计保留一对对称光阑)。主要用于常规矩形野照射、半野(切线野)照射、可扩展进行动态楔形照射,当一侧矩形准直器恰好位于射线中心轴的位置时,由此形成切线射野。

次级准直器的设计原则如下:

1)材料:钨、铅、贫化铀。

2)为了减少 X 射线在准直器侧壁的散射和准直器边缘部分的透射半影,光阑的内侧面应与射线的发射方向相切。

3)光阑的厚度要足够厚,以确保 X 射线穿过准直器的透射量应小于中心射线强度的 1%,即辐射衰减至 10^{-2},或两个十分之一值层厚(TVL)。

(3)附加准直器(也叫多叶准直器):随着精确放射治疗技术的发展,现代医用电子直线加速器一般都配置多叶准直器。多叶准直器(multi-leaf collimator, MLC)是用来产生适形辐射野的机械运动部件,俗称多叶光栅。

MLC 是用高密度的钨合金制作的叶片替代传统的铅挡块屏蔽射线,以相应对数的电机驱动叶片,通过计算机控制和检测叶片和箱体的位置、速度,并且与加速器的二级准直器协同工作,动、静态调制射野形状,实现动态、静态调强及适形放射治疗。图 5-71 为 40 对叶片的多叶准直器的实物图。

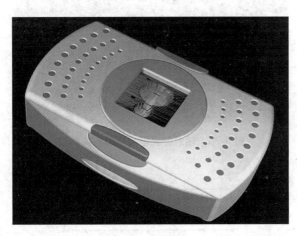

图 5-71　多叶准直器

2. 电子辐射准直系统　电子辐射准直系统除了利用初级准直器、次级准直器和附加准直器外,在辐射头的下方还配有电子限束装置。电子辐射野的边界由电子限束器决定,电子限束器实物图见图 5-72。

电子限束器分为接触式限束器和非接触限束器两种类型。

(1)接触式限束器:接触式限束器的形状为锥形或桶形,为固定的或可调节的,材料为低原子序数材料。低原子序数材料可降低电子束流在限束器内部产生轫致辐射,过低的原子序数材料的使用又会产生明显多的低能电子进入电子束流中,因此,需要有一种最佳原子序数的选用。

接触式限束器具有散射电子的功能,可以改善均整度,使用时需要将限束器底部直接接触患者皮肤,否则均整度可随离开限束器的端面距离发生明显的改变。虽然限光筒设有防挤压的压缩缓冲弹簧,但在降床时,仍需要小心。禁止带限光筒旋转机架。

(2)非接触式限束器:非接触式限束器与接触式限束器的重要区别在于极大地降低了限束器对电子散射的贡献。非接触式限束器底部与皮肤保持一定的距离,患者受挤压的危险大大降低。

图片:准直器实例

视频:MLC演示

笔记

图 5-72　电子限束器

（三）辐射野光学模拟系统

辐射野光学模拟系统主要由模拟光源和反光镜组成,是用普通光模拟辐射源通过准直器形成辐射野,主要为了测试辐射野尺寸的偏差。其实物图和组成简图分别见图 5-73 和图 5-74。

图 5-73　辐射野光学模拟系统实物图

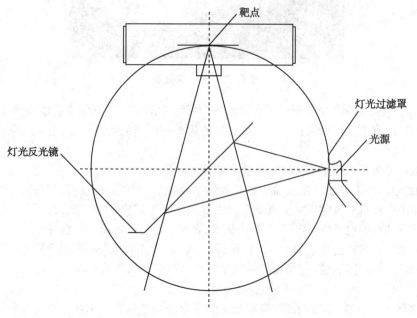

图 5-74　光学模拟系统简图

模拟光源安装于准直器侧面,便于观察和调节。先调整光源 X、Y 两方向和光源距离的调节,调节后以螺钉固定。由于受辐照的影响,应不定期更换镜片,使用时间取决于照射量多少。

(四)辐射分布系统

医用加速器引出的电子束或产生的 X 线辐射经过散射、均整和准直后会在正常治疗距离处形成用于临床治疗的剂量分布。通常辐射野内剂量分布的均匀性用辐射野的均整度和对称性来表征,这些是满足临床治疗的重要指标。下面详细描述 X 线辐射分布和电子辐射分布。

1. X 线辐射分布　X 线辐射的分布主要通过 X 线辐射野的均整度、对称性、均整过滤器和楔形分布四个方面进行分析说明。

(1) X 线辐射野的均整度:是指在一个辐射野的限定部分内,最高与最低吸收剂量之比。测量时使标准体模入射面与辐射束轴垂直,并在其特定深度与规定的辐射条件下测量吸收剂量。

X 线辐射野均整度要求在标准试验条件下,在吸收剂量率的全部范围内,对应每一标称能量,测量辐射野内最大吸收剂量点与辐射野内最小吸收剂量点吸收剂量的比值。对 5cm×5cm 至 30cm×30cm 辐射野,不得大于 106%;对大于 30cm×30cm 至最大方形野,不得大于 110%。

(2) X 线辐射野的对称性:是指均整区域内对称于射线束轴的任意两点吸收剂量之最大比值。X 线辐射野的对称性要求在标准试验条件下,对大于 5cm×5cm 的所有辐射野,均整区域内对称于射线束轴的任意两点吸收剂量之最大比值(大值比小值)不得大于 103%。

(3) 均整过滤器:均整过滤器的作用是使角度分布的 X 射线辐射"均整"呈强度均匀分布的射线,有单均整过滤器和复合均整过滤器之分。单均整过滤器是一块用一种高原子序数材料制成的锥形圆盘,厚度较薄,所占空间体积小,只有一挡能量 X 线辐射时使用。复合均整过滤器是用高原子序数材料和低原子序数材料两种组合而成,以低原子序数材料为主,常和复合靶配合使用。采用复合均整过滤器的原因有以下几点:

1) 对于高能 X 线辐射,如果全用高原子序数材料中子产额较高。如果全用低原子序数材料势必要有很高的厚度,所占空间体积大,并因锥角尖锐对安装位置误差较敏感。

2) 用于低能 X 线辐射时,如果全用低原子序数材料,在较浅深度处均整度变坏。

3) 对于高能加速器,单均整过滤器不易同时满足不同能量 X 线辐射均整的要求。

(4) X 线辐射楔形分布:楔形过滤器在临床上的主要作用是组织补偿:患者体表面的倾斜;多照射野,使靶区获得均匀的剂量分布。按照形成剂量分布的方法,楔形过滤器可分为固定角度楔形过滤器和动态楔形过滤系统两种。

楔形角是指在标准源皮距条件下,水体模表面射野大小为 10cm×10cm,在参考深度处(取 $d=10cm$)的等剂量曲线与 1/2 射野宽的两个交点连线与通过射野中心轴在参考深度处垂线的夹角。

楔形因子是指在参考深度处(一般取楔形角定义的参考深度,即 $d=10cm$),射野大小为 10cm×10cm,加与不加楔形板时射野中心轴上该点剂量率之比。

其中固定角度楔形过滤器主要有 15°、30°、45° 和 60° 四种楔形角物理楔形板,见图 5-75,用平射野和 60° 楔形射野按一定剂量比例混合分两次照射可形成 0°~60° 任意楔形角度的等剂量分布。

动态楔形过滤系统是指用计算机控制非对称准直系统的其中一对光阑的某一侧钨门,按特定的方式运动,来实现楔形剂量分布,形成虚拟楔形射野。动态楔形过滤系统将剂量分布转化为一个对称全射野和一系列非对称子射野,楔形角取决于子射野的 MU 值。

2. 电子辐射分布　电子辐射的分布主要通过电子辐射野的均整度、对称性、电子线散射过滤器和楔形分布四个方面进行分析说明。

(1) 电子辐射野的均整度:电子辐射野的均整度与 X 线辐射野均整度定义有所不同,它用主轴(X/Y)上某条等剂量线与辐射野边界的距离来表征。电子辐射野的均整度要求在标准试验条件下,对每一标称能量及不小于 5cm×5cm 所有电子辐射野有以下要求:

1) 在基准深度(90%)处,两个主轴上 80% 等剂量曲线与几何射野投影边的距离应不大于 15mm。

2) 在标准测试深度(Rp/2)处,两个主轴上 90% 等剂量曲线与几何射野投影边的距离应不大于 10mm,在两个对角线上 90% 等剂量曲线与几何射野投影边的距离应不大于 20mm。

图 5-75　四种楔形角物理楔形板

（2）电子辐射野的对称性：电子辐射野的对称性是指为对称于辐射束轴的任意两点吸收剂量之比。电子辐射野的对称性要求在标准测试深度，90%等剂量线内推 1cm 的均整区域内对称于辐射束轴的任意两点的吸收剂量（为不大于 $1cm^2$ 面积内的平均值）之比（大比小）不得大于 105%。

（3）电子线散射过滤器：加速管引出束流为直径约为 2mm 笔形束，该类型的电子束流不能直接用于临床治疗。为了在一定的治疗距离和一定的辐射野大小范围内获得较为均匀的剂量分布。采用在电子束流的引出口下方附加散射过滤器的方法，对笔形束流的角度分布进行扩展和散射，与 X 射线均整过滤器作用类似。其作用是将电子束强度的不均匀自然分布散射过滤为符合临床治疗要求的均匀分布。

电子线散射过滤器的工作原理与 X 射线均整过滤器不同，它是利用单一方向高速运动的电子在金属箔（一般为铜或铝）里与金属原子发生弹性或非弹性碰撞，其结果是增加了电子横向运动分量，运动方向发生了改变，即所谓的散射效应。大量电子作用的结果使得电子束的强度分布从不均匀的自然分布变为均匀分布。为增强电子束的散射效果，达到更好的均匀分布，可以采用复合散射过滤器，即两种或两种以上金属材料组成的散射过滤器。常见的散射过滤器有单散射过滤器和复合散射过滤器两种：

单散射过滤器由单一材料制成，通常用重金属材料如铅或铜制成。为了达到一定的散射效果，散射过滤器需要有一定的厚度；但过厚会附加能量损失和产生 X 线辐射污染，而且射线准直需配接触式限光筒使用。

应用双散射过滤器并适当选择其厚度和形状可以明显地改变电子束流的均整质量，且散射过滤器的总厚度比单个散射过滤器时要薄得多，有利于降低电子束流的能量损失和能量的分散，改善深度剂量分布特征，增加剂量率和能量的均匀性。而且其射线准直既可使用非接触式限束器，也可使用接触式限束器。

FFF 调强治疗模式

随着放射治疗调强技术的发展，直线加速器的非均整（flattening filter-free，FFF）模式在肿瘤放射治疗中发挥着越来越重要的作用。FFF 模式广泛应用于立体定向体部放射治疗中，相比传统的均整模式（均整后的剂量分布用于临床），剂量率显著提高，大大缩短了患者治疗时间，减少了患者在治疗过程中体位变化带来的误差。由于去掉了均整器，FFF 模式下射野剂量学参数有一定特殊性，取消了均整性能的测量，其能谱变化、百分深度剂量、离轴比及射野输出因子均与常规均整模式显著不同。

第八节　充气、温控与真空系统

案例导学

微波系统中波导管内充气之前,先用机械泵把波导内的大气抽去,待真空度达到 0.001MPa 时停止抽气,再充以 SF6。

问题:如果波导内混入大气,可能会发生什么?

一、充气系统

波导充气系统是指给微波传输系统充以一定压强的特定气体的一套装置。充气的目的,是为了增加波导内气体分子的密度,以缩短气体分子运动的平均自由程,从而提高波导击穿强度阈值。

所充的气体,一般多为干燥高纯氮(N_2)、氟利昂(F_{12})或六氟化硫(SF_6)等。所选气体的种类都是基于其绝缘强度、安全性能和来源的可能性。在相同状况下,由于 SF_6 的电击穿强度高于干燥高纯氮的电击穿强度,故医用电子直线加速器的微波传输系统大多充以六氟化硫。

实践证明,对于干燥高纯氮,直接向波导内充以 $0.20\sim0.25MPa$ 的压强;对 SF_6,直接充以 $0.18\sim0.22MPa$ 的压强,即可保证高功率微波的正常传输。故国产医用电子直线加速器一般常把 SF_6 直接充到 $0.18\sim0.22MPa$ 作为微波传输波导的充气范围。

早期国产的医用电子直线加速器,多使气源通过手动阀门直接向波导充气。有时由于操作不当,常出现过把波导充鼓的现象,充鼓了的波导,改变了波导系统原来的匹配状态,影响微波功率的正常传输。

借助于一套充气装置,能使波导内的气压自动进入预定的范围。既不欠压亦不过压,避免了波导过充或可能充鼓的现象。国内某厂家医用电子直线加速器的波导充气系统组成实物图和示意图分别见图 5-76 和图 5-77。

储气罐中是以液体状态存储的 SF_6 气体,容器内的气压一般在 $10kg/cm^3$。虽然 SF_6 是一种无毒气体,但是在某种情况

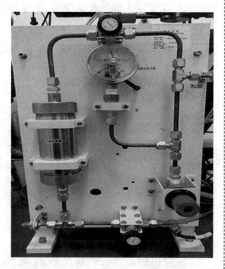

图 5-76　波导充气系统实物图

下,譬如微波系统连续打火,SF_6 就会分解成剧毒的气体。如果需要将 SF_6 排出微波系统,则须有专门的排气通道将其排放到室外的大气中。如果排气阀自动打开,或正在给系统排气时,不要在其附近呼吸。当对微波波导进行工作或在其附近工作时,要保证适当的通风条件。拿放 SF_6 气瓶,如果不够细

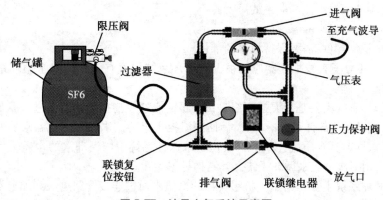

图 5-77　波导充气系统示意图

心掉到地上或与硬质物体碰撞,可能会震破容器或震坏控制阀,导致液体或气体泄漏。这样将会造成各种危害。在移动 SF₆ 容器或对其进行作业时应十分小心。闲置不用的 SF₆ 容器应放在通风良好的地方。SF₆ 容器温度决不允许超过 51.5℃。

波导充气系统的工作程序是:

1. 调节限压阀上限至 0.20MPa,作为波导充气系统压力保护的第一道屏障。

2. 调节压力表的上限和下限至 0.18MPa 和 0.22MPa,作为波导充气系统压力保护的第二道屏障。

3. 将放气口的皮管置于排气通道口,相继打开储气罐的阀门和排气阀,排掉皮管内的空气,后将储气罐的阀门和排气阀关闭。

4. 相继打开储气罐的阀门和进气阀,缓慢充气至 0.20MPa,后关闭储气罐的阀门和进气阀。

为保证波导充气系统内气体的纯度,可多次重复充气过程,一般 3 次即可,即每次充气结束后再依次打开进气阀和排气阀,至波导充气系统内部气压缓慢降低 0.10MPa,再重复上述过程。波导充气系统内部的压力超过 0.18~0.22MPa 的范围,会产生相应的联锁信息,设备禁止出束。波导充气系统内部的压力超过 0.22MPa,压力保护阀门会自动打开,进行排气,保护波导器件。

二、温控系统

在医用电子直线加速器中有许多产热部件,如加速管、磁控管(速调管)、聚焦线圈、导向线圈、偏转线圈、脉冲变压器、X 线靶和吸收负载等。这些器件只有在恒温条件下才能保证稳定工作。因此,温度自动控制系统也是医用电子直线加速器的重要组成部分。

在医用电子直线加速器中,温度控制方式一般是采用水循环强制冷却自动恒温系统。现生产的医用电子直线加速器也采用了水循环温控系统,分布情况见图 5-78。

加速管是由无氧铜制成,无氧铜的线膨胀系数 $\beta_T = 1.65 \times 10^{-5}℃$。温度的变化将引起加速管发生膨胀或收缩,使加速管的尺寸发生变化,从而导致加速管谐振频率的变动,影响加速管的工作。驻波加速管的谐振频率的变化与无氧铜的线膨胀系数相同,当 $\Delta T = 1℃$ 时:

$$\Delta f/f_0 \approx 1.65 \times 10^{-5} (f_0 = 2998 \times 10^6 Hz)$$

可以得出当温度上升 1℃ 时,频率降低约 50kHz;按照 IEC 标准要求:$\Delta f < 20kHz$。

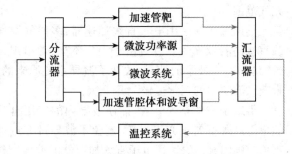

图 5-78　水循环温控系统分布图

温控机组是温控系统的核心部件,它主要由三部分组成。

1. **恒温水循环系统**　恒温水循环系统的组成:储水箱、水泵、过滤器、分流阀、换热器、加速器的恒温部件。

(1) 储水箱:使温控系统的恒温水源有一定的蓄冷蓄热能力。

(2) 水泵:保证恒温水流的流量或压力。

(3) 过滤器:把恒温水中所含的杂质颗粒控制在一定的范围。

(4) 分流阀:调节恒温水流的流量或压力。

(5) 换热器:调节恒温水的温度使水温保持恒定。

(6) 加速器的恒温部件:需要保持恒温的部件。

现阶段,国产医用电子直线加速器应用恒温水循环系统主要有一次恒温水循环系统和二次恒温水循环系统。

一次恒温水循环系统主要是指温控机组排出的恒温水通过连接管路直接进入到加速器内部各恒温部件系统中,直接对这些部件系统冷却,然后回到温控机组的储水箱中。恒温水的控温精度不会太高,一般在 ≥±1℃。同时其水质也会低于二次恒温水循环系统中内循环水的水质。目前国内生产的医用加速器通常采用一次恒温水循环系统。其结构见图 5-79。

二次恒温水循环系统主要是指温控机组排出的恒温水通过连接管路进入到加速器内部的一个专用的内换热器中。加速器内部也有一套完整的水循环系统,即内循环系统。其结构见图 5-80。

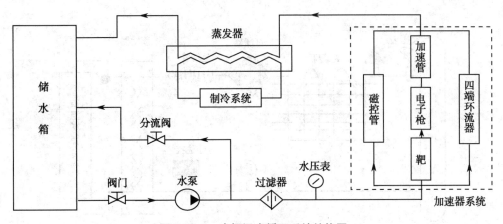

图 5-79　一次恒温水循环系统结构图

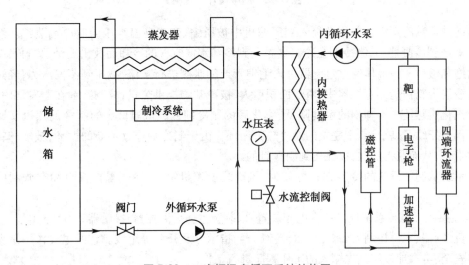

图 5-80　二次恒温水循环系统结构图

二次恒温水循环系统有如下特点：

（1）内循环系统的水温控制精度可以设定得比较高，一般可以达到±0.5℃。

（2）内循环系统的水质是可以得到保证的。这样就避免了加速器内部一些细小管径的管路受杂质堵塞，降低了加速器的故障率。

（3）它对外循环系统的要求相对来说也比较低，可以使用常规的制冷方式制冷，也可以使用水塔冷却或直接使用地表水来进行制冷。

（4）由于在二次恒温水循环系统中，加速器内部必须要有内循环系统，这给加速器设计方面增加了一些麻烦，同时也增加了加速器的制造成本。

2. 制冷循环系统　制冷循环系统是由制冷压缩机、冷凝器、过滤器、膨胀阀或毛细管、蒸发器组成的一个封闭循环系统。通过制冷剂在该系统中不断循环，不断对温度较高的循环水进行冷却，直到循环水的温度达到设定的要求为止。制冷循环系统的实物图和系统图分别见图 5-81 和图 5-82。

在温控机制冷系统中通常使用的制冷剂是 F-22 或 F-12，它们同属于中压制冷剂，是无色透明的液体，无毒无刺激味，不燃不爆，对金属无腐蚀作用。但是当它们与火焰接触时会产生氟化氢及光气等有毒气体，所以要特别避免氟制冷剂与明火接触。

图 5-81　制冷循环系统实物图

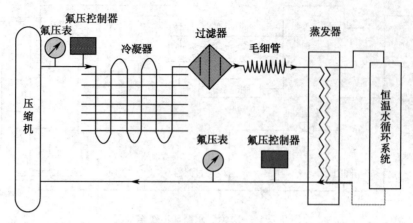

图 5-82　制冷循环系统图

氟制冷剂从制冷压缩机低压端吸入到压缩机中被压缩,变成高温高压的制冷剂蒸汽。然后从高压端排出被送到冷凝器中,制冷剂在冷凝器中受到冷却水或空气的冷却而放出凝结热,自身变成冷凝压力下的饱和液体。该液体经过过滤器进入毛细管或膨胀阀进行节流,减压到蒸发压力,经过节流的制冷剂气液混合物被送到蒸发器中,由于面积增大,被冷却物提供热量,故制冷剂在蒸发器中汽化,吸收大量的汽化潜热使被冷却物的温度降低,汽化后的制冷剂变成低温低压的制冷剂蒸汽又回到制冷压缩机中再被压缩,这就是一个完整的制冷热力循环。由于制冷剂连续不断的循环,被冷却物的热量就连续被带走,从而获得低温,以此达到制冷目的。

温控系统从制冷系统的冷凝方式可分为:风冷式温控机组、水冷式温控机组和空调制冷式温控机组。

3. 电控系统　温控系统还有一套电控装置,该装置主要由温控器、接触器、中间继电器、可编程控制器、氟压控制器、水位控制器、水压或水流控制器、指示灯及开关等组成。它的主要作用是保证温控机组能够安全、可靠地按照预先输入的工作程序进行工作。

其主要功能主要体现在以下两个方面:

(1) 把恒温水的温度控制在一定的范围内,精度在±1～±3℃。

(2) 有完整的故障报警及故障联锁功能,包括水温、水压或水流、水位、氟压等联锁。

另外,温控系统对温控机组机房的要求如下:

(1) 机房面积要适当,不能太小。

(2) 对于使用风冷式温控机组的机房,要有良好的通风、散热条件。

(3) 机房内要有良好的照明,要有供电电源,上下水及穿线地沟。

温控机组需要定期维护。对恒温水循环系统的维护如下:

(1) 定期更换温控机组的离子净化装置,一般6个月左右更换一次,循环水应使用蒸馏水或去离子水。

(2) 水过滤器的过滤网一般1个月左右要清洗一次。

(3) 要经常检查水循环系统的各个部位是否漏水、水泵工作是否正常。

对温控机组制冷系统的定期维护如下:

(1) 定期清洗压缩机、冷凝器上的灰尘。

(2) 要经常检查制冷系统氟压指示的高压低压是否正常。如果低压越来越低可能是制冷系统有漏的地方,应找漏加氟。

(3) 如果是高压指示偏高:对于风冷式温控机组来说,可能是环境温度太高、冷凝器太脏,或是风机故障所致;对于水冷式温控机组来说,可能是冷却水温度太高,或是缺水所致。此时应立即停机,查找故障原因,待故障排除后机组才可重新运行。

三、真空系统

(一) 真空概述

医用电子直线加速器的运行都离不开真空技术,都需要在高真空甚至超高真空的条件下运行。真空技术在医用电子直线加速器中的作用主要有:

1. 避免加速管内放电击穿 在加速管内要建立很强的微波电场,一般为每厘米几十 kV 到几百 kV,所以要求加速管要维持高真空甚至超高真空的状态。

2. 防止电子枪阴极中毒、钨丝材料的热子或灯丝氧化。尤其是全密封驻波加速管采用氧化物阴极,有害气体会使阴极中毒,对真空的要求更高。

3. 减少电子与残余气体的碰撞损失 医用电子直线加速器中常用的真空器件主要有加速管、磁控管或速调管、闸流管。

医用电子直线加速器核心器件加速管的真空系统主要有以下三种形式:

1. 全密封驻波加速管 这种加速管在出厂前经过整体钎焊、严格的真空检漏、高温真空去气处理,封离时保持超高真空。工作时,由一台小离子泵(3~5L/s)维持超高真空。国产和进口的低能医用加速器(6MeV)都采用全密封驻波加速管,其示意图见图5-83。

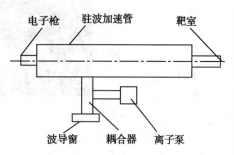

图 5-83　全密封驻波加速管示意图

2. 具有可拆卸密封的驻波加速管 高能的驻波加速管,考虑到某些寿命件的可更换性,如电子枪阴极的更换,将电子枪的阴极设计成可拆卸的密封结构。但考虑到更换器件后的再次真空启动,所以配置离子泵的抽速要大(20L/s),同时,在电子枪部位又增加了一台离子泵(8L/s)。美国生产的高能医用加速器采取了这种形式,见图5-84。

3. 具有可拆卸密封的行波加速管 将加速管的密封设计成可拆卸式金属密封,一旦如果电子枪、偏转靶室、离子泵等发生问题,可在医院现场进行更换,都为活动密封结构。考虑到加速管真空需二次启动,配置的离子泵抽速较大,一般配置两台离子泵(均为20~30L/s),分别安装在两个耦合器的波导三通上。

BJ-10、ZJ-10、SL75 系列、LMR-15 系列等医用加速器都采取这种真空系统,见图5-85。

对于非全密封、可拆卸密封的医用加速器在更换部件后的二次真空启动前(从大气抽到离子泵可以工作),一般要先用机械泵加吸附泵的真空泵小车,或分子泵机组进行抽真空。

以国内某医用电子直线加速器为例,其配备的是全封闭驻波加速管,配有5L/s的溅射离子泵,自己不能更换电子枪、离子泵和靶。损坏时要交回厂里返修(必须有专业人员,采用专门设备高温去气、检漏、清洁环境)。

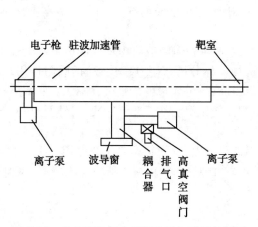

图 5-84　具有可拆卸密封的驻波加速管示意图

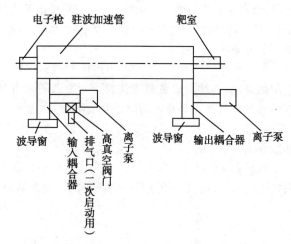

图 5-85　具有可拆卸密封的行波加速管示意图

（二）真空获得

用来获得真空的器械称为真空泵,真空泵按其工作原理可分为两大类:压缩型真空泵和吸附型真空泵。

1. 压缩型真空泵 其工作原理是将气体由泵的入口端压缩到出口端,排出到泵外。主要包括:利用膨胀-压缩作用的旋片式机械真空泵、利用气体黏滞牵引作用的蒸汽流喷射泵和利用高速表面牵引分子作用的涡轮分子泵等。

2. 吸附型真空泵 其工作原理是利用各种吸气作用将气体吸附排出。主要包括:利用电吸气作用的溅射离子泵(也称为潘宁泵或钛泵)和利用物理或化学吸附作用的分子筛吸附泵、低温泵等。

在这类泵中,气体分子并不排出泵外,而是被暂时或永久地贮存在泵内。图 5-86 和图 5-87 分别为钛泵的实物图和工作原理图。

图 5-86 钛泵实物图

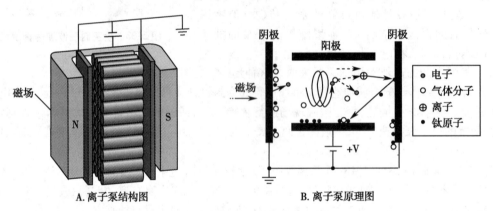

A. 离子泵结构图   B. 离子泵原理图

图 5-87 钛泵工作原理图

（三）溅射离子泵

1. 溅射离子泵原理 溅射离子泵的阳极为一薄壁不锈钢筒,阴极是两块钛板,分别置于阳极两边,所以有时简称“钛泵”。阳极、阴极一起装于不锈钢外壳中,整个壳体置于永磁磁场中,磁力线方向平行于阳极筒轴向,磁感应强度为 1000~1500Gs。工作时阳极、阴极之间加有 3~7kV 直流高压,产生正交电磁场下的潘宁放电。

气体被电离,产生的离子轰击阴极时溅射出钛原子,它们沉积于阳极筒内壁及阴极上离子轰击较少的部位,连续形成新鲜的钛膜。新鲜钛膜具有对极性气体分子（N_2、O_2、H_2 等）的吸附作用,而对惰性气体的排出是靠电清除作用,惰性气体被电离后,具有一定能量的惰性气体离子（如 Ar^+）打进钛膜,随后被新产生的钛膜掩埋。所以,溅射离子泵的抽气作用是基于新鲜钛膜的吸附作用和电清除作用。

溅射离子泵中的潘宁放电是冷阴极正交电磁场的磁约束放电,空间初始电子在电场的作用下由阴极飞向阳极,在飞行的过程中受磁场的作用在阳极筒内做近似轮滚线运动绕轴旋转,轮滚线的幅值 D 为:

$$D = \frac{2mE}{eB^2}$$

式中：E、B 为相互正交的电场强度和磁通密度，e、m 分别是电子的电荷与质量。电子在电场中向阳极加速，由于阳极为一空心圆筒，又有轴向磁场约束径向扩散，电子穿过阳极 A（Vz）未打到对面的 K 时，减速，而后反向加速，见图 5-88。

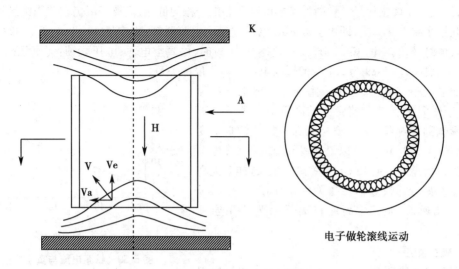

图 5-88　潘宁放电示意图

电子在两个阴极之间加速，减速，返回，加速，减速……往复运动，称为潘宁放电。没有磁场约束时，电子容易丢失形不成连续放电，除了轴向往复运动外电子在横截面上（Vx 与磁场垂直）做滚轮运动。由于有磁场，电子在打到阳极之前经过非常长的路程。所以，才能在很高真空度下碰撞残余气体分子，起到抽真空作用。

2. 溅射离子泵的主要特性

（1）抽气速率：在泵的入口处，在给定的压强下，单位时间流入泵的气体体积数。单位是 L/s。抽速在泵的工作压强范围内，一般都不是常数。通常说明书给出的泵抽速都是其最大抽速值。

（2）极限压强 P_0：泵体本身（被抽的体积很小），在不漏气、不放气的情况下，经过足够长时间抽气后，所能达到的最低平衡压强。注意：泵加上负载（被抽容器）所能达到的最低平衡压强 P_{01} 一定大于泵本身的极限压强 P_0。

（3）最大工作压强 P_{max}：泵能正常工作时，在泵的入口处的最高压强。如压强超过此值，泵就会失去抽气能力。

（4）工作范围：指真空泵具有相当抽气能力时的压强范围。一般泵的工作范围在最大工作压强 P_{max} 与极限压强 P_0 之间。

3. 溅射离子泵的使用

（1）溅射离子泵的启动：最大启动压强约为 5×10^{-1} Pa（$< 5 \times 10^{-3}$ Torr），启动方式取决于采用前级泵的种类，一般作为离子泵的前级泵有以下四种类型：双级机械泵、机械泵加分子筛吸附泵机组、机械泵加钛升华泵和机械泵加分子泵的机组。

（2）溅射离子泵的寿命：溅射离子泵的寿命很长，一般额定值是在 5mA 的工作电流下，可工作 5000h，若工作电流在 $50\mu A$，则寿命可达 5×10^5 h（即 50 多年），所以在加速管正常工作的条件下，离子泵的寿命大于加速管的寿命（加速管的使用寿命 20 年）。溅射离子泵的阴极板，对着阳极筒的中心区域被溅射击穿成孔状，丧失了吸气功能，说明离子泵寿命终了了。

另外影响离子泵寿命的是高压绝缘子，在离子泵工作过程中，尤其是放电电流很大时，溅射的金属原子沉积到绝缘子上，造成高压漏电，当漏电电流过大时，离子泵也不能工作，造成离子泵寿命终了了，必须更换新离子泵。

（3）溅射离子泵的电源：溅射离子泵的电源是高内阻的电源，其空载输出的电压在 3~7kV，它的高压输出端串联着限流电阻。当离子泵放电电流大时，其输出电压降低，电流过大时，输出电压可降至 300V 左右。

工作中系统突然暴露大气,放电会自动停止,故离子泵和电源都不会损坏。电源本身具有"过流保护"功能,当超过设定的电流值时,电源会自动切断,防止电源本身损坏。

(4)真空联锁:对于医用加速器的特殊需要,离子泵电源都有电流联锁功能,当离子泵电流超过某一值时,给出一个联锁信号。切断加速器的高压和电子枪的低压,但离子泵仍在工作继续抽真空。

真空联锁主要有两大类,即电流联锁和电压联锁。电流联锁:真空度 10^{-5}Torr($1.33322×10^{-3}$Pa)时,停高压,停灯丝;真空度 10^{-3}Torr($1.33322×10^{-1}$Pa)时,停真空电源;电压联锁:无高压时说明泵不工作,加不上高压。图 5-89 为 25L/s 的钛泵电流与真空度的关系。

(5)维护:溅射离子泵用来吸附加速管内工作过程中放出的气体,从而保持加速管内的高真空。离子泵工作的好坏影响到管内真空以及真空寿命。加速管真空度在 10^{-8}Torr($1.33322×10^{-6}$Pa)以上,管子工作时放气也很少。要求关机后最好延迟 15min 再关离子泵,这样对提高管内真空度有好处。最好不要在关机时,同时关掉离子泵。有一些加速器,尤其中高能机离子泵为 24h 连续工作。

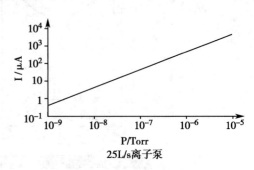

图 5-89 钛泵电流与真空度的关系

(四)真空测量

真空的含义是指在给定的空间内低于一个大气压力的气体状态,是一种物理现象。在"虚空"中,声音因为没有介质而无法传递,但电磁波的传递却不受真空的影响。事实上,在真空技术里,真空系针对大气而言,一特定空间内部之部分物质被排出,使其压力小于一个标准大气压,则通称此空间为真空或真空状态。真空常用帕斯卡(Pascal)或托尔(Torr)作为压力的单位。在自然环境里,只有外太空堪称最接近真空的空间。而表征内控状态与程度的物理量叫"真空度"。

真空测量的对象气体压强都很低,要直接测量气体的压强是很难的。因此,测量真空度的方法通常采用压强在气体中引起一定变化的物理量,然后测量这个物理量的变化,再换算出真实的压强。如利用电阻反映温度的变化,设计了电阻真空计;利用热电偶反映温度的变化,设计了热偶真空机;利用不同压强下热传导的不同,引起热丝温度的变化,设计了热传导真空计。特别是上节提到的溅射离子泵,本身的真空泵电路与压强有一定的关系,所以真空泵电流也反映了真空度。

压强与不同物理量的关系,都是在特定的压强范围内才会明显,超过这个阈值,这种关系就变得不显著了。所以任何一种真空测量设备都有相应的真空测量范围,这个范围就是真空计的量程。真空测量技术涉及从大气压到 10^{-10}Pa 的范围宽达 15 个数量级,不存在一种真空计能够覆盖这么宽的量程范围。表 5-4 是常见的几种真空计的测量范围。

表 5-4 几种真空计的测量范围

真空计名称	Torr	Pa(×1.33322)
静态变形真空计	760~1	$7.6×10^4~10^2$
热偶真空计	1~10^{-3}	$10^2~10^{-1}$
普通电离真空计	$10^{-3}~10^{-7}$	$10^{-1}~10^{-5}$
宽量程电离真空计	$10^{-2}~10^{-7}$	$1~10^{-5}$
冷阴极真空计	$10^{-3}~10^{-10}$	$10~10^{-8}$

医用电子直线加速器在工作时一般都采用溅射离子泵抽真空或保持真空,通过真空泵电流的模拟量来表征真空度的好坏,见图 5-90。

以国内某医用电子直线加速器为例,真空泵电流过大会产生相应的真空泵电流联锁(VACI),阻止加速器出束。

(五)真空检漏

一般情况下,当可拆式电子直线加速器在组装时,如安装电子枪、靶室后,进行抽真空,经过一段

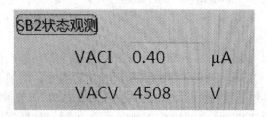

图 5-90 真空泵电流和电压观测

时间真空度总是上不去,达不到预定的要求;对全密封式加速管在排气时真空度达不到预定的要求,这就说明系统有漏孔存在。或加速器在使用过程中出现真空度变坏即真空泵电流变大,并超出范围,极有可能是加速管漏气。真空检漏一般可分为负压检漏和正压检漏两种真空检漏方法,见图 5-91。

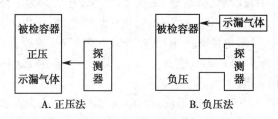

图 5-91 检漏示意图

正压检漏是在被检容器内充以高压示漏气体,使气体由漏孔漏出,观察漏孔处发生的现象查出漏孔。

负压检漏是被检容器抽真空,探测器也接在真空系统或被检容器上,当示漏气体巡回喷吹到漏孔时,示漏气体就代替了空气由漏孔进入真空系统,探测器就发生反应,等示漏气体离开漏孔时,真空系统将漏入系统的示漏气体抽走,漏孔又漏进空气,探测器恢复原状,这样便可确定漏孔的位置。表 5-5 为正压法和负压法两种检漏方法一览表。

表 5-5 正压法和负压法两种检漏方法

分类	漏检法	示漏物质	检漏原理 (可观察的现象)	检漏压强 (Pa)	可检漏率范围 (Pn·m³/s)
正压法	液中气泡法	空气、氮	由液体中气泡指示漏孔	$(1\sim2)\times10^5$	$1\times10^{-4}\sim1\times10^{-3}$
正压法	皂膜气泡法	空气、氮	在可疑处涂皂液,若有漏孔则产生皂泡	$(1\sim2)\times10^5$	$1\times10^{-4}\sim1\times10^{-3}$
正压法	氨气试纸法	氨气	将试纸贴在被检处,若有漏孔出现蓝紫色	$(1\sim2)\times10^5$	$1\times10^{-6}\sim1\times10^{-4}$
正压法	卤素检漏法	含卤素的气体(F_{12}、SF_6、CCL_4)	用卤素检漏仪,若有漏孔指示变大	$(1\sim2)\times10^5$	$1\times10^{-8}\sim1\times10^{-6}$
负压法	电离计法	乙醇、丙酮	示漏液体改变电离计读数	$1\times10^{-6}\sim1\times10^{-2}$	$1\times10^{-9}\sim1\times10^{-5}$
负压法	离子泵检漏	氩、氦、CO_2	示漏气体在可疑处喷,利用离子泵电流变化指示	$1\times10^{-8}\sim1\times10^{-3}$	$1\times10^{-10}\sim1\times10^{-7}$
负压法	氦质谱检漏	氦	被检容器接检漏仪,在被检处喷氦,有漏孔则有反应	$1\times10^{-6}\sim5\times10^{-3}$	5×10^{-12}

（六）真空故障举例

1. 返油 在机械泵停机时,一边是大气,一边是系统真空,由于压力差,油返入加速管或测量用管称为返油现象。某单位在进行加速管抽真空、下班停机时操作人员忘了关断机械泵与系统之间的阀门(或用夹子夹住橡皮管),结果造成机械泵返油,机械泵油进入2m多长的行波加速管,该所花费了很大的精力和财力才将进入加速管的油清洗干净,加速管得以恢复使用。类似的故障还发生在机械泵油返油到真空计的规管内。现在,真空机组(分子泵机组、扩散泵机组)使用的机械泵都安装了电磁放气阀,可避免这种误操作发生。

2. 微波频繁打火　微波系统打火导致陶瓷隔离窗打裂,氟利昂气体进入导致灯丝烧断,更换电子枪、波导窗与钛泵。重新启动后电子枪仍然中毒,最后加速管报废。某单位在调试 14MeV 的加速管时;因微波系统打火频繁,将加速管与波导之间的陶瓷隔离窗打裂,微波波导中充的氟利昂气体进入加速管,使真空破坏,电子枪灯丝烧断。原以为更换电子枪、波导窗与钛泵后能修复,但因卤素气体污染严重,加速管虽然经过烧氢处理,但仍无法彻底清除残留在加速管内壁上的卤素元素,新装的电子枪阴极立即中毒,最后只能是整根加速管报废。

3. 虚假的真空良好　加速管在首次微波老练时,真空度应下降,反映到钛泵电流上,应该是钛泵电流变大。如加速管老练时,钛泵电流无任何变化,操作人员就应怀疑是钛泵、钛泵电源或钛泵的高压引线有问题,及时发现问题,及时解决,不至于把故障进一步扩大。为了操作人员的安全,有的钛泵电源盒上装有微动开关,操作人员打开电源盒盖后,自动切断电源,确保人员不被高压所误伤。还经常发生盒盖未压上微动开关,钛泵电源未上电,无高压输出的情况,这样钛泵也就不工作。实际开机时真空不好,但因钛泵电流为零,误认为真空很好,此时又无真空联锁,这时加调制器高压,很容易造成加速管损伤或电子枪阴极中毒。

有经验的调机人员知道,低压启动、电子枪预热时,钛泵电流不应为零,特别是初次或较长时间停机后加微波时,由于加速管放气,会使钛泵电流上升。

4. 其他故障　某厂生产的行波加速器在运行中,发现加速器输出的剂量变小,钛泵电流变大(但不明显,一星期内电流增加了几个微安)。当时判断是电子枪发射能力降低和有微漏,经过仔细检查,发现是输出端的波导窗漏气。因波导窗的另一端充的是 SF_6 绝缘气体,漏进加速管后,造成电子枪微中毒、发射能力下降。将波导窗的微漏排除后(加速管未暴露大气),重新激活电子枪阴极,使加速器恢复正常运行。

某单位在实验台上测试加速管时,忘了安装钛泵磁铁,此时虽然钛泵加了 3kV 高压,但钛泵不能正常工作、无抽气能力。而反映真空度的钛泵电流为零,就以为加速管真空很好。由于加速管加微波功率后大量放气,致使真空度下降,加速管内打火造成永久性损伤。发现问题纠正后,钛离子泵真的将真空抽好,但高功率微波加不上,虽然经过耐心地老练,始终加不到满功率,只能由加速管制造厂返修。

第九节　剂量监测系统与控制系统

一、剂量监测系统

剂量监测系统(dose monitoring system)的功能是显示医用加速器的辐射输出,表示在规定条件下某点的吸收剂量,作为纽带建立剂量学基准及医疗照射时患者所受吸收剂量之间的量值溯源关系,同时为医用加速器提供控制信号。

剂量监测系统的定义:医用加速器上测量和显示直接与吸收剂量有关的辐射量的装置,该装置具有达到预选值时终止辐照的功能。

剂量监测系统是将医用电子加速器的 X 线辐射或电子线辐射应用于放射治疗的基础之一,是放射治疗标准化的重要环节。为了准确理解剂量监测系统,应当对电离辐射的量、单位、测量和传递有一定的了解。

放射治疗的效果与肿瘤所吸收的辐射能量即吸收剂量直接有关,因此放射治疗的中心工作是如何准确地照射,使肿瘤部位达到给定的吸收剂量。而人体肿瘤的吸收剂量是无法直接测量的,于是人们选择水作为替代物进行测量,因为水和软组织的辐射效应比较接近,水吸收剂量成为放疗中最重要的量。

这个量的单位就是剂量监测计数(dose monitor unit)或称机器单位(machine unit,MU),俗称"跳数"。剂量监测计数的定义:剂量监测系统显示的,可以计算吸收剂量的计数。

由上面两个定义可以得出,剂量监测的辐射量不是吸收剂量,MU 当然也不是吸收剂量单位。但是剂量监测的量与吸收剂量有直接联系,就是说,一旦条件确定,便可以将一定的剂量监测计数转换计算为确定条件下的一定吸收剂量。

剂量监测系统还具有一些扩展的功能,如当达到预选值时终止辐照、当加速器辐射输出的剂量率变化太大时终止辐照等,而且这些扩展功能往往是医用加速器的重要安全功能。

具有类似功能的另外一个装置是控制计时器。控制计时器是测量辐照进行的时间的装置,在医用加速器中常常用于安全控制,即当辐照时间超出正常辐照时间时终止辐照。该装置在医用加速器中自然不属于剂量监测系统,但是可以认为是剂量监测系统的延伸。

剂量监测系统由剂量监测电离室和剂量监测电路组成。剂量监测电离室安装在医用电子加速器的辐射头中。

(一)电离室

剂量监测系统一般由数个电离室(dose chamber)及相关电子学电路组成,用于剂量传递的剂量学仪器的主要部件也是电离室,下面介绍电离室的一般工作原理和特性。

1. 电离室工作原理 电离室是一种探测电离辐射的气体探测器。当探测器受到射线照射时,射线与气体中的分子作用,产生由一个电子和一个正离子组成的离子对,这些离子向周围区域自由扩散。扩散过程中,电子和正离子可以复合重新形成个性分子。但是,若在构成气体探测器的收集极和高压极上加直流的极化电压 V,形成电场,则电子和正离子就会分别被拉向正负两极,并被收集。随着极化电压 V 逐渐增加,气体探测器的工作状态就会从复合区、饱和区、正比区、有限正比区、盖革-米勒区(Geiger-Müller region,G-M region)一直变化到连续放电区。

电离室即工作在饱和区的气体探测器,因而饱和区又称电离室区。在该区内,如果选择了适当的极化电压,复合效应便可忽略,也没有碰撞放大产生,此时可认为射线产生的初始离子对恰好全部被收集,形成电离电流,该电离电流正比于射线强度。电流大小可以用一台灵敏度很高的静电计测量。

电离室主要由收集极和高压极组成,收集极和高压极之间是气体。与气体探测器不同的是,电离室一般以一个大气压左右的空气为灵敏体积,该部分可与外界完全连通,也可以处于封闭状态。其周围是由导电的空气等效材料或组织等效材料构成的电极,中心是收集电极,二极间加一定的极化电压形成电场。为了使收集到的电离离子全部形成电离电流,减少漏电损失,在收集极和高压极之间需要增加保护极。

当 X 线、γ 线照射电离室,光子与电离室材料发生相互作用,主要在电离室壁产生次级电子,次级电子使电离室内的空气电离,正负电荷在电场的作用下向二极运动,到达收集极的离子被收集,形成电离电流信号输出给测量单元。

为减少干扰,用于放射治疗辐射场测量的电离室体积不能太大,通常小于 $1cm^3$。电离室可以单独校准,但较多情况下电离室及其测量单元作为一个整体校准。

2. 剂量监测电离室的结构与特征 这种电离室主要有以下特征:

(1)电离室是透射式的,所谓透射式是指电离室的材料质量对射线的吸收可以忽略。

(2)监测电离室不考虑电子平衡问题,因为电子平衡需要一定质量厚度,满足电子平衡的电离室一定满足不了前一条要求。

(3)电离室的极间距很近,以便满足收集效率的要求。

(4)电离室多为平板型。

(5)为了测量和校正射束的吸收剂量分布,至少有一个电离室的收集极是分区的。

典型的电离室设计见图 5-92,它是两个电离室做在一起的平板型电离室。电离室有的是完全独立的,有的是半独立的,即电离室的密封不独立。中间的绝缘隔离层如果是气密

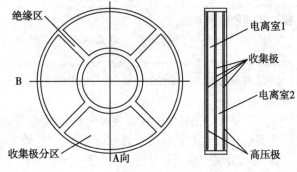

图 5-92 典型的电离室结构示意图

封的,则两个电离室完全独立,否则是半独立的。如果空气密封性出现了问题,半独立的电离室将同时发生变化。

为了检测辐射束的吸收剂量分布,有的剂量监测系统电离室的收集极分为若干区域分别引出。图 5-93 中左侧的图表示,分 5 个区。其中,以中心监测区的输出电流代表整个辐射束剂量率,给出剂量监测计数,实现剂量、剂量率控制功能。周围的 4 个区域测量吸收剂量分布,输出可以反馈给加速器的电子射束分布控制系统。当吸收剂量分布的畸变过大时,吸收剂量分布系统会终止辐照,并给出相应的出错显示。

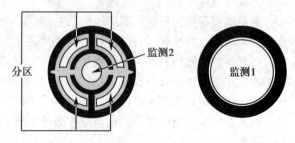

图 5-93 电离室内部结构

剂量监测系统的电离室安装在加速器所有固定和半固定的均整过滤器的下侧,其中至少有一个电离室的中心位与射束中心重合。但是剂量监测系统显示的剂量监测计数,则应当用模体表面到加速器靶的距离为正常治疗距离,模体表面照射野为 10cm×10cm,水模体中心轴上最大剂量校准。吸收剂量分布也不是以监测电离室处的分布为准,而是必须以均整度测量的规定条件下的吸收剂量均整度刻度。例如,电离室分区电流反映的,均整度测量规定条件下的吸收剂量均整度的畸变超过10%时,剂量监测系统必须在规定时间内终止辐照。

3. 电离室的使用 加速器中使用的电离室分 X 线电离室和电子线电离室。X 线电离室 a 和电子线电离室 b 及在加速器治疗头中的安装位置见图 5-94。其中 X 线电离室不需要温度及压强补偿,电子线电离室则要求温度及压强补偿。

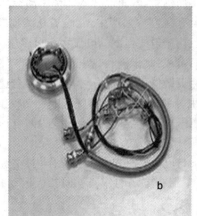

图 5-94 X 线和电子线电离室在加速器中的安装

(二)剂量监测电路

根据医用加速器的用途和性质,剂量监测系统所起的作用对治疗和安全都十分重要,因此国际电工委员会(International Electrotechnical Commission,IEC)建议一台医用电子加速器至少要有两套独立的剂量监测系统,这两套剂量监测系统的电离室也应当是独立的。近年来所有加速器都安装了两套独立的剂量监测系统。

1. 剂量监测电路的功能 测量电路的作用是将电离室收集的电离电流转换为剂量监测系统可记录和识别的信号,要求保证转换完成输出的信号尽可能不失真地反映电离室电离电流的大小,以满足国家标准对剂量的准确性、线性和重复性的要求。剂量监测系统测量电路主要完成如下功能:

(1)首先电离室的工作需要极化电压,根据不同电离室的设计要求,极化电压一般为 300~600V 的直流稳定电压,对极化电压的电流要求不高,微安级就可以。为了安全,每个电离室的高压电路也应当独立,分别连接到各自电离室的高压极。现代加速器一般会在内部提供极化电压的监测,并且当极化电压发生问题时发出警告或禁止出束。

（2）电离室输出电流的测量电路有很多通道，每一通道测量一个电离室或电离室分区的电流。测量的结果根据分区功能的不同输出到计算机系统，分别显示或者作为反馈控制的依据。

2. 剂量监测电路的组成　综合考虑被测信号的特点、监测系统的功能和性能要求，结合工程实现的方便性和性价比等因素，通常采用电流-电压转换（I-V）、电压-频率转换（V-F）、用计数器分频和计数的方式来完成对剂量的监测和记录功能。下面结合实例具体介绍系统构成和工作原理。

（1）系统构成：从图 5-95 可知，整个系统由控制计算机、隔离/缓冲处理电路、信号测量电路和备用剂量计数四个部分组成。

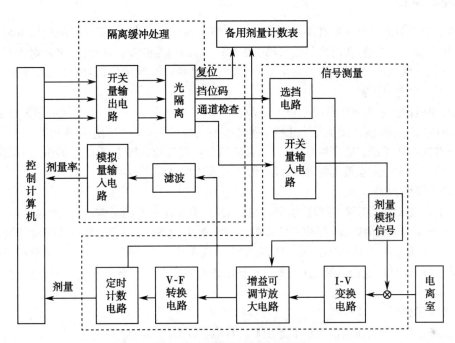

图 5-95　剂量监测系统方框图

（2）各部分整体功能

1）控制计算机：控制计算机是剂量监测系统的核心部件，起着指挥和控制的作用，它主要完成下列任务：①对积分剂量进行监测、计数和显示；②对剂量率进行读取、计算和显示；③对备用剂量计数电路进行读取和清零控制；④对剂量通道进行检查和测试。

2）隔离/缓冲处理电路：隔离/缓冲处理电路是控制计算机与外围电路之间的一道防护墙，起着隔离外部干扰或故障对系统控制计算机的干扰和破坏作用，防止系统失控，保护系统安全可靠地运行。

3）信号测量电路：信号测量电路是剂量监测系统的核心电路，包括 I-V 变换、增益调节、V-F 变换和通道自检模拟信号源等主要电路，在控制计算机的指挥下完成剂量监测信号变换。

4）备用剂量计数电路：备用剂量计数电路带有与系统配电无关的独立外部电源，通常采用电池。它的主要作用是记录和保留当前的积分剂量值，用以防止由于系统掉电或失控而造成患者已照射剂量值的丢失。

（3）具体电路要求

1）积分剂量 I 用作主回路，电离电流放大后，用 V-F 转换成每 cGy 给出一脉冲计数。计数值与预设剂量相符合时，停止辐照。

2）积分剂量 II 往往用作后备。设置的比主回路大 10% 或大 40cGy。在主回路故障未动作时停机用。

3）两个回路不一致程度超过一定值时，停止辐照。

4）剂量率用表指示，往往用 ARC 系统使之稳定。

5）高剂量联锁，剂量率超过最大值的二倍时，立即停止辐照。

6）均整联锁,当4个象限的电离室电极(前、后、左、右)给出电离电流的不对称性大于2%时停止辐照。

为了区别照到给定剂量后正常停机与加速器故障引起不正常停机,除主回路积分剂量到达后自动停机以外,其他停机(预设时间到、后备回路积分剂量到、剂量率过高、均整不好等)都同时给出音响讯号,警告操作人员。

为了防止突然停电时已照剂量数消失,IEC规定应装有备用电池使积分剂量、时间与弧度读数得以保存,或装有不会自动复原的机械计数器。

二、控制系统

医用电子加速器的安全和精确操作是由其控制和联锁系统实现的,控制系统的作用是确保加速器:①给出预选的辐射类型;②给出预选的辐射能量;③给出预选的吸收剂量;④按辐射束对患者的预选关系进行辐照(例如固定束治疗、移动束治疗、限束装置等);⑤产生的辐射对患者、操作者、其他人员或周围环境不会造成伤害。

近年来,加速器上采用的各种技术以控制系统发展最迅速,从20世纪60年代还用大量电子管,经过晶体管、集成电路到目前采用的数字化控制系统。它可简化放射治疗的组织和行政管理工作,使操作人员有更多的时间考虑患者和医疗,可以确保机器参数设置得和医生要求完全相同,并提供集中的显示和永久性的记录。控制系统主要以高压、前置放大和接口电路为主。

（一）联锁系统

医用电子直线加速器都设有严格的联锁保护系统。保证在所有的必需条件(预热、冷却、气压、电离室高压、照射选择、门、附件等)都符合后才提供能出射束的条件,启动后又自动地按计划延时接通高压,降低灯丝电压,并使AFC、剂量仪工作,照射完毕或事故时自动停机。维护时注意搞清楚哪些条件满足后某继电器动作(或指示灯亮)。该继电器动作后各常开常闭触点又使哪些电路动作,给出什么功能等。

（二）控制程序

1. 通电前检查　每次通电前应按下述步骤进行检查并做好相应记录:

（1）各路开关是否处在正常位置。

（2）电源电压是否正常(一般为380V±0.1V)。

（3）水系统是否正常。

（4）所有急停开关是否处在正常状态。

（5）机架转动锁定销是否拔出。

2. 待机状态　加速器通电后进入待机状态,进入待机状态后,计算机控制的机型首先要启动计算机并进行自检,自检完成后,恒温水系统、真空泵电源和灯丝电源工作非计算机控制的机型则直接启动恒温水系统、真空泵电源和灯丝电源。

3. 预置状态　预置状态是用于设置设备的主要运行条件的状态。加速器进行辐照之前,必须进入预置状态,加速器进入预置状态之后,灯丝预热开始。

4. 晨检模式　每天开始治疗患者之前或者在电源故障或在按了急停开关之后,用晨检模式去进行机器的完好性检验。全套晨检包括:检查治疗室、设置控制台、检验每一个治疗设置和记录系统参数。

晨检模式的步骤为:①确保恒温水系统正常;②确保手控器和床控器上每一控制功能都正常;③确保数字位置显示和机械位置显示相一致;④确保所有运动正常;⑤确保波导气压在正常范围内;⑥安装所需的附件,检查附件安装安全情况;⑦确保无人在治疗室内,离开治疗室并关好防护门;⑧灯丝预热完成后出束,进行所有模式的模拟治疗。

5. 治疗模式　使用治疗模式用以设定并执行各种方式的治疗。在此模式,系统连续检测联锁,在加速器准备出束之前,必须清除所有联锁。目前加速器常规治疗模式主要有:固定治疗模式、旋转治疗模式、拍片模式、全野模式。

6. 物理模式　物理模式通常是提供给医院维修人员和物理师用来设置加速器系统的设置最大剂

量、缺省剂量率等各类参数,其他人员不得使用此模式,系统应为此模式设置进入口令。

7. 维修模式 维修模式是给维修人员用来排除故障用的。在维修模式中,维修人员可旁路相关联锁以利于维修,也可查看各模拟量的数值与 I/O 口的状态。在维修模式中,除了具有治疗模式的功能之外,还增加了联锁控制和显示功能。联锁控制是维修人员用来旁路某些联锁,以便继续往下执行程序查找其他故障。显示切换用以切换控制台的显示内容。

由于维修模式可以旁路某些联锁,从而使联锁失去保护作用,因此不能用于患者的治疗。

(三)控制电路

1. ARC——剂量率自动控制系统 将电离室提供的剂量率信号放大后自动调节脉冲重复频率,使剂量稳定,加速器上设置 ARC 系统后可以降低其他部件的稳定要求。

但是这种采用改变脉冲重复频率的方法会使反轰击电流变化而改变磁控管阴极温度,这就需要重调加热电流。脉冲重复频率低于每分钟几十脉冲数(PPS)时 AFC 系统不稳定。因此有的加速器不改变脉冲重复率,而在电子枪与加速管之间的水平导向线圈上加绕一偏转线圈,使部分电子束偏离,减少进入加速管的电子脉冲来控制剂量率。剂量率信号放大后,与预选信号在由运算放大器构成的加法器中合成后用单结晶体管构成的压控振荡器 V/F 转换产生一控制脉冲。在由两个双稳态施密特整形电路和与非门组成的门脉冲电路中与主触发脉冲配合给出出束脉冲,经电路放大后使偏转线圈停电,电子束进入加速管。这样不是所有的主触发脉冲都出束,而只是通过脉冲分频的出束脉冲中才给出剂量,但磁控管按主脉冲工作,性能稳定。

2. ADC——自动均整系统 穿过准直锥的 X 线,仍然是强度按一定角度分布的,不能直接用于放疗。均整器以其特殊的形状和不同的厚度将 X 线过滤,使 X 线的均匀度符合临床要求。均整器一般是铅质圆锥体,中心部分可以滤掉较多的 X 线,使得射线中心部位强度与边部的强度接近相等,达到均整的目的。在实际运行时还有三个因素引起射线前后方向的变动。①束流能量波动;②偏转磁铁磁场强度的变动;③进入偏转磁铁前束流轨道位置或方向的变化,如微波频率、功率、束流强度、加速管温度等的波动都会引起能量的波动。机架旋转时电子枪灯丝位置变化可能会引起束流轨道的变化。这可以用 ADC 系统自动调节以保证射野的对称与均整。

3. 脉冲调制器控制与保护电路 脉冲调制器是构成加速器的一部分,在加速器的运行过程中,何时接通脉冲调制器的高压,何时切断,都需要有控制电路的控制。而为了在异常情况下,保护线路元件不被故障电流烧毁或不被故障电压击穿的电路叫调制器的保护电路。如果调制器的主闸流管连续导通,重复频率超过额定值,或其他使充电电流增大到超过正常工作值的情况发生时,由过流保护电路给出信号,切断调制器高压。加速器的调制器何时可以工作,何时不能工作,还要与微波传输系统中的真空、充气气压、冷却水有无等条件相关联,这些电路统称控制与保护电路。

保护电路并不能提高线型调制器的可靠性,其作用不过是在线路工作不可靠时,通过控制电路将高压断开,以避免产生更为严重的损坏事故。

4. AVC 系统——自动电压控制系统 又称 De-Q 电路,用以调节和稳定充电电压,使每个脉冲中微波频率稳定,不受电源电压变化或改变脉冲重复频率的影响,并能调节电子束的能量。多数线型调制器输出脉冲幅度均有 1% 以上的跳动,引起脉冲幅度跳动的原因有三种。

(1)线型调制器所采用的直流电源,通常是经过整流器从工频电源获得的。电源电压的变动、三相电压的不平衡、纹波频率和脉冲重复频率不能严格同步时,都会使仿真线上的充电电压发生变化。将直流高压进行稳定,因为成本高、体积大、效率低,在大功率线型调制器中很少采用。

(2)仿真线上的充电电压还会随着充电电路品质因数的变化而变化。

(3)滤波电容越大,纹波越小。电容过大,在工程上有困难,因为纹波可以折合为直流高压不稳的因素去考虑,因此对它不做严格要求。

目前,广泛应用的脉冲幅度稳定电路,不去稳直流高压,只去稳定仿真线上的充电电压。De-Q 电路分电阻型、阻容型和反馈型三种,以电阻型 De-Q 电路使用最普遍,见图 5-96。

在调制器的直流高压电源 E 通过充电电感 L 对仿真线 PFN 进行谐振充电时,用补偿型阻容分压器对每个脉冲取出充电电压值的信号,并将它和电压比较器的基准电位相比较。在充电电压达到某预设值时,电压比较器输出一个脉冲信号。通过小脉冲变压器触发 De-Q 闸流管使之导通,使充电电

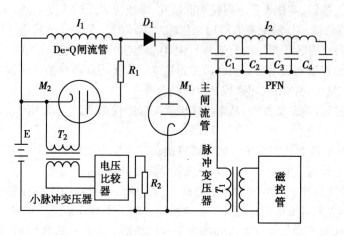

图 5-96　De-Q 电路

感短路。将电感中多余的功率消耗在大功率电阻上,充电二极管截止,不再对仿真线充电,以达到稳定充电电压的目的。而调节基准电位(或由能量选择电路对不同能量给出不同的预设值)就可以达到调节充电电压的目的。由于采用电阻只并联在电感 L 上降低了 Q 值,故称为 De-Q 电路。

这种损耗型 De-Q 电路线路比较简单,稳压效果好,缺点是效率比较低,电阻发热很厉害。另一种能量守恒型 De-Q 电路使充电二极管截止中断充电时残存在充电电感中的电能再反馈到高压电源中去,能量较高的用速调管作微波源的电子直线加速器有用这种线路的。

5. 磁控管灯丝供电　磁控管通常采用阴极调制,即调制脉冲负高压加在磁控管的阴极上,因此灯丝处于高压,为了降低灯丝变压器的耐压和减小分布电容影响脉冲的失真,一般采用双卷式脉冲变压器,并在灯丝两端并联无感电容以抑制瞬态高压。

当磁控管工作时,有部分电子回轰阴极,使阴极温度升高,所以当管子进入正常后必须按规定降低灯丝电压。又由于磁控管灯丝冷态电阻很小,不能一下子加上满电压,需经过降压预热的过程;变化灯丝供电,高压亦在启动后 2~3s 再加,加高压 3~5s 后,灯丝降压工作,而借助于偏转线圈,只在稳定后电子束才进入加速管,正式开始照射。

（四）安全联锁

1. 典型联锁及原因　见表 5-6。

表 5-6　典型安全联锁及原因

联锁名称	故 障 原 因
电离室电源电压	电离室电源电压超出预定值的误差范围
偏转磁铁	偏转磁铁励磁线圈电流超出预定值误差范围
剂量率	剂量率监测系统的读数为正常治疗距离处每相继时间间隔为小于 5s 内取平均之后的读数,必须设置一欠剂量率联锁,若读数比预期的剂量率相差的量值为厂家在随机文件中规定的值时,该联锁使辐照终止;在辐照的最初 10s 内剂量率读数可以与其后的值有所不同
累积剂量同步	表示第一道累积剂量和第二道累积剂量之间的误差超出规定范围
单脉冲剂量	一个单个的剂量脉冲超出默认值
对称性	均整性或对称性超出规定范围
旋转治疗	旋转治疗时,机架起始角度与实际角度不一致 在旋转治疗中,剂量、角度和每度剂量不匹配 处于移动束治疗中的设备运动没有按需要启动或停止 在任何 15° 的弧内给出的剂量数偏离规定值 20% 以上 累积剂量和旋转角度超出计算剂量率的误差范围
旋转角度	在移动束治疗中,机架角度超出所选范围 5° 时

续表

联锁名称	故障原因
机架速度	在移动束治疗中,机架旋转速度超出正常范围
非正常终止	辐照的终止不是因剂量监测系统的动作所致,在控制台处会同时给出一专门的显示,指出终止辐照的原因;该联锁的清除必须在控制台处用一指定的钥匙操作
门	治疗室门尚未关闭,或其他与治疗室门开关串联的开关(如机柜门开关)未闭合
钥匙	出束使能钥匙开关在"禁止"位置
到位	治疗头散射箔、均整器、反光镜等部件不到位
附件	附件定位错误 治疗室内所做的选择操作与控制台处所做的选择操作不相符
移位	处于固定束治疗中的设备发生运动
手控器	手控器运动使能按钮未释放
驱动器	机架旋转电机驱动器工作不正常
高压开关	主配电箱上的高压开关未合上
水流量联锁	水流量故障
水系统联锁	水质、水位、水压、水温等不正常
灯丝电压	磁控管、加速管、速调管、闸流管等灯丝电压超出允许范围
灯丝电流	磁控管、加速管、速调管、闸流管等灯丝电流超出允许范围
灯丝延时	灯丝处于预热延时状态
真空电源电压	加速管真空电源电压超出允许范围
真空电源电流	真空泵电流大于设定值,此时加速管真空度偏低
高压过流	调制器高压过流
反峰	调制器反峰联锁
气压	波导系统内绝缘气压不正常
电源	电源输入不正常
低压电源	电源电压输出不正常 位置电位器基准电压波动超过规定范围

2. 部分联锁电路分析

(1) 真空联锁电路:真空联锁电路用于真空破坏情况下的机器保护,当管内真空度变坏(真空离子流超过一定值)或真空泵电源电压过低时就向控制台发出真空故障信号,同时切断加速管电子枪电源,以防止损坏电子枪。

(2) 水流量联锁电路:当管路中冷却水停止流动或水流量不足额定值时,水流量联锁电路发出相应故障信号。

(3) 电离室电源联锁:电离室电源为电离室提供所需的-500V 直流电压(有的为-600V),并对其进行监测。这两个电离室分别由独立的-500～-180V DC 整流倍压电路供电。其输出经滤波滤去40kHz 波纹(图 5-97)。

电离室电源联锁电路对电离室电压进行监测,见图 5-97 电离室电源联锁。当任一电压下降至-450V DC 时,故障电路就被启动。电离室的-500V DC 由真空度/电离室联锁板的两个独立的比较器进行比较。在 C_{15} 两端上建立一个-3.9V 的参考电压,在 R_{10}、R_{11} 处由底板-500V 电阻分压器给出-5V DC 的信号。在正常条件下,每一比较器均输出负电压,其相应的光耦也给出-12V ON 信号,输出到计算机。若低于-450V,比较器输出高电平,关断光耦,启动电离室电源联锁,中止出束。

在测试过程中,比较器在 C_{15} 两端的参考电压被光耦强迫为高负压状态,使故障输出为高电平,用于检查故障电路的正常工作。

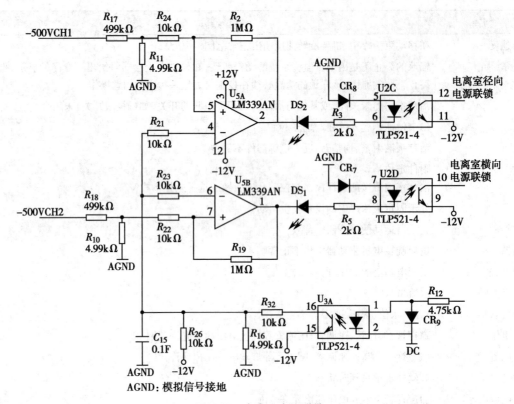

图 5-97　电离室电源联锁

本章主要讲述了医用电子直线加速器的发展、结构与临床应用,包括加速管系统、电子发射系统、微波系统、高压脉冲调制系统、辐射系统、充气、温控与真空系统、剂量检测和控制系统的具体结构和工作原理。需要熟悉医用电子直线加速器临床应用,并了解医用电子直线加速器的使用和维护。

某医院放疗科给肿瘤患者做医用电子直线加速器照射治疗,在治疗过程中出现机器故障,故障是医用电子直线加速器正常出束过程中,出现剂量率为 0 或偏低,剂量率上升较慢,几秒之后报"UDRS"低剂量率联锁,或者在出束过程中剂量率不稳定,一直往下降,直到报低剂量率联锁。

问题:

1. 分析其发生故障的原因。

2. 根据故障原因给出解决故障的方案。

（何乐民　秦嘉川）

扫一扫,测一测

思考题

1. 简述行波和驻波加速管的理论模型。
2. 试分析驻波锁相自动稳频系统原理。
3. 简述医用电子直线加速器的工作原理。
4. 简述加速器 X 线辐射野系统的组成及其作用。

1. 掌握：粒子加速器种类、组成；加速器系统的组成；束流输运系统的组成。
2. 熟悉：质子重离子加速器旋转机架系统，固定束流治疗头系统。
3. 了解：质子重离子加速器的物理原理，质子重离子放射治疗的常见肿瘤类型。

第一节　概　　述

医用质子重离子放射治疗设备是使用质子或各种离子（如氦、锂、硼、碳、氮、氧、氖）和各种粒子（如氩等）来治疗恶性和非恶性肿瘤的设备。粒子的能量必须能够穿透 30cm 或更多的等效水深度。本章将这种治疗设备的重点放在质子和碳离子放射治疗设备上。截至 2019 年 1 月，全球有 83 个已经开展临床治疗的粒子治疗设施（包括质子和碳离子治疗）。另有 48 个粒子加速器设施处于规划、设计、施工或临床试验阶段。其中，我国已开展临床应用的质子和碳离子治疗中心 4 个（包括中国台湾地区），在建质子中心 9 个，碳离子中心 2 个。

一、质子放射治疗

20 世纪 30 年代由 E. O. Lawrence 教授主导，在美国加州大学伯克利分校劳伦斯伯克利国家实验室（Lawrence Berkeley National Laboratory, LBL），进行了回旋加速器的研发。E. O. Lawrence 教授因此项工作获得了 1939 年诺贝尔物理学奖。1946 年 Robert Wilson 首先指出了质子的有利剂量分布及其在癌症治疗中的潜力。质子深度剂量分布的特点是在较浅的深度处剂量相对较低，而质子射程的末端附近出现一个峰值，然后迅速下降（见文末彩图 6-1A）。对于质子、射线和其他离子射线，峰值出现在粒子静止之前，被称为布拉格峰，该名称是为了纪念布拉格峰的发现者威廉·亨利·布拉格（William Henry Bragg）。粒子治疗的核心是在不超过正常组织耐受剂量的前提下，向深部肿瘤提供高剂量的电离辐射，而对肿瘤以外的正常组织的照射剂量尽可能降至最低。

20 世纪 50 年代后期 C. A. Tobias、J. H. Lawrence 等在 LBL 的回旋加速器上对患者进行了第一例子治疗。该病例肿瘤位于脑部，治疗区域为垂体。利用布拉格峰技术，将质子束穿过整个大脑，径直将能量沉积在垂体的靶区位置。1958 年 B. Larsson 和 L. Leksel 报道了第一次使用射程调制形成扩展布拉格峰（spread out Bragg peak, SOBP），并且通过光束扫描，在横向尺寸上产生大范围照射。利用 Uppsala 回旋加速器，开发了治疗脑肿瘤的质子放射外科技术。

在加州伯克利分校开展临床研究之后，其他地方也开始兴建质子中心，最初的质子中心是核物理研究所建造，包括 Uppsala（1957）、Cambridge（1961）、Dubna（1967）、Moscow（1969）、StPetersburg（1975）、Chiba（1979）、Tsukuba（1983）和 Villigen（1984）。随着 1973 年计算机断层扫描（CT）设备的出

现,粒子的放射治疗才适用于癌症治疗,通过 CT 可以准确确定患者的束流路径。

1990 年之前所有粒子治疗装置都在配备了粒子加速器的核物理实验室中进行。通常的加速器种类有回旋加速器和同步加速器。随着质子治疗设备的发展、影像学和剂量学方面的技术提升,在质子治疗的效果和成功变得更加成熟时,专门用于医疗的质子和重离子加速器设施在 1990 年之后开始出现。第一台这种医用质子加速器设立在加利福尼亚的 Loma Linda 大学医学中心(LLUMC),该加速器设备通过同步环加速技术将质子加速至最高 250MeV,与费米国家实验室(Fermi National Laboratory)合作开发,拥有三间旋转机架治疗室。接着,东北质子治疗中心(Northeast Proton Therapy Center,NPTC),设计了回旋加速器,拥有两间旋转机架治疗室,一间水平的固定治疗室。水平治疗室用于对眼部黑色素瘤的放射治疗。NPTC 的束流系统可以使用被动散射束和束流摆动两种技术在侧向展宽束流,射程调节器整合在治疗头内。

二、碳离子放射治疗

高能重离子束加速器于 1954 年由 Berkeley Bevatron 公司开发,加速器引出装置的设计可以用于获得碳、氧和氖粒子。在试运行近 40 年的时间里,久负盛名的 Bevatron 在四个截然不同的研究领域作出了重大贡献:高能粒子物理学、核重离子物理学、医学研究与治疗及与空间相关的空间辐射损伤和重粒子研究。Berkeley 的研究组在 1957 年开始进行氦离子的治疗,在 1975 年开展氖离子的治疗。在 20 世纪 70 年代和 80 年代,使用 Bevalac 光束线进行医学和生物学研究,至 1977 年在 LBNL 开展了 I 期临床试验,对第一个碳离子患者进行了治疗。然而,当时只有少数患者接受了碳离子治疗,其中大部分患者接受了氖离子和氦离子的联合治疗。但是,经过 17 年和 2000 多名患者的治疗,Berkeley 于 1992 年终止了所有的放疗项目。

依据 LBNL 的经验,其他装置中心开始发展重离子治疗。日本国立粒子射线研究所(National Institute of Radiological Sciences,NIRS)建立了世界上第一台医用重离子加速器,称为 HIMAC。1994 年开始开展碳离子的临床应用,许多 Berkeley 的经验被用在 NIRS 的加速器建设、临床研究中。在 NIRS 之后,德国 GSI(GSI Helmholtzzentrum für Schwerionenforschung)也于 1997 年开始了碳离子放疗的临床研究,但随后即终止了临床使用。2009 年德国海德堡粒子治疗中心(HIT)开始并成功使用质子和碳离子加速器治疗患者。HIT 采用同步环加速技术,采用点扫描的治疗方式,是世界上第一台同时使用质子和碳离子治疗的粒子治疗设备。2015 年意大利 CNAO(Centro Nazionaledi Adromrapia Oncologica)的质子重离子加速器也开展了患者粒子放射治疗临床试验。

国内质子重离子发展状况

我国质子重离子治疗技术起步较晚,山东淄博万杰质子治疗中心于 2005 年建成,是国内最早用于临床的质子中心,但建成后面临资金和技术问题,影响了设备的正常运行,将近 2 年后才重新开机。2009 年中科院近代物理研究所兰州重离子研究装置,开展了相关临床试验。2015 年上海市质子重离子医院建成国内首台质子重离子加速器,并开展患者质子及碳离子治疗临床试验。同年中国台湾林口长庚纪念医院质子治疗中心开始治疗患者。2018 年甘肃武威重离子治癌系统开展临床试验。同年中国台湾高雄长庚纪念医院质子治疗中心即永庆尖端癌症医疗中心正式开业。

第二节　医用质子重离子加速器系统

一、介绍

1990 年起粒子加速器逐渐用于由医院运营、开展的粒子放射治疗。商业公司也开始开发加速器设备并提供完整的治疗设施,包括旋转机架。目前质子加速器系统可以使用回旋加速器和同步加速器,而目前用于治疗的碳离子加速器装置仅有同步环加速器。粒子加速器装置可以将粒子加速到一定能量。对于用于粒子治疗的加速器来说,能量的增加意味着穿透患者体内深度的增加。通过加速磁场、弯转磁铁,将粒子加速到适用于患者治疗的能量,利用四级和六级磁铁聚焦,利用扫描磁铁将粒子打入患者体内指定位置。本节的重点将放在质子和碳离子治疗加速器系统的相关介绍上,以便了解加速器的典型设计,并在过程中讨论加速器物理问题。此外,本节还有助于更详细地理解加速器的显著特征。首先讨论加速器各模块之间的相互联系,粒子的物理特性与剂量传递方法,然后详细描述目前使用的加速器:回旋加速器和同步加速器。再简要概述未来一二十年可能应用于质子、碳离子治疗的加速器物理学的新进展。

二、质子重离子加速器的需求

用于临床的质子重离子治疗装置一般由以下组件构成:粒子加速器,束流输运线,束流传输系统,影像定位系统,患者摆位系统等。所有这些系统都在一定程度上是集成一套模块,而模块之间的联系是很紧密的。另外,尤其重要的是,这些特定组件的整体的系统设计必须以安全为第一要务,并且必须满足临床使用设备的需求。图 6-2 显示了加速器技术的一些需求的关系。需要注意的是,临床需求会受到束流参数的影响,因为束流参数的粒子类型将影响可以预期实现的临床目标。因此束流的需求一

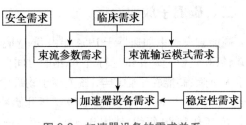

图 6-2　加速器设备的需求关系

定程度上决定了加速器的设备需求。另外,在分析每个模块时,均必须评估安全需求,必须确保在组件设计之前所有安全需求都达到既定目标。

(一)临床需求

临床放射肿瘤治疗的首要目的是精确给予指定区域临床要求的处方剂量。而这个目标的实现,需要通过调节束流的类型、束流的射程、侧向展宽、束流流强、束流位置等参数。

1. 粒子类型　在讨论加速器加速的粒子类型时,质子和碳离子作为加速器的粒子是最为常用的方案。全世界范围内有超过 60 年的质子治疗经验和超过 20 年的碳离子治疗临床经验,这些经验的积累也说明质子和碳离子在临床上进行肿瘤治疗是有效的。质子和碳离子在它们诱导的组织生物反应中有显著的差异,在临床使用时采用基于生物效应的剂量分布 [Gy(RBE)] 模式,一般认为碳离子具有相对较高的生物效应,然而同时相对生物效应受到于多种因素的影响,计算相对生物效应所需要的模型就显得尤其重要。但用不同类型的粒子对患者进行有针对性的治疗,以使临床最大化获益的理念是值得提倡的。加速器设计中需要考虑单个设施中多个加速离子的可行性。为了达到最佳的使用效果,需要快速的离子种类切换的能力(如几秒内切换离子源,以达到加速不同离子的目的)。

2. 粒子束流的能量　粒子加速器的目的是加速治疗离子,使其能达到临床需要的能量。因此,粒子加速器的能量设计目标是为穿透预期患者最大深度所需的最高能量。根据临床治疗经验,230MeV 质子和 430MeV/u 碳离子分别可以穿透 30cm 的水后,释放粒子能量。因此上述能量是推荐的用于治疗的质子和碳离子所需的最大能量。对于体型较大的患者,该最高能量也可能受限。然而可以选择通过不同的治疗入射角度,而不需要穿透最深的区域。另外该最大能量的选择还受到新技术的挑战,如质子 CT 影像技术,230MeV 质子可以满足头部和胸部区域的成像扫描,但对于腹部或盆腔区域,则需要可能更高的粒子能量。

设计粒子加速器能量的下限则需要考虑浅表肿瘤的治疗及科研用途。一般可以采用 2~4cm 等效水深作为束流粒子能量的下限。

3. 束流流强　首先应满足流强可调节,以允许更快速的粒子治疗应用,以及粒子成像的功能。对质子而言,一般要求应在 20cm×20cm×20cm 射野范围内,剂量率达到 2Gy/min,对应引出流强 10^{11}pps。对碳离子由于生物效应的加成,对应剂量率要求可以略低于质子,但流强也应达到 $>10^9$pps。

4. 侧向展宽方式　以往的粒子治疗以散射束为主,而扫描束对许多肿瘤的治疗具有优势,特别是可以通过调强技术改变扫描流强,达到逆向调强的目的。因此,加速器侧向展宽方式以扫描束为目前的发展趋势。

5. 射野大小　射野大小以能够涵盖大部分肿瘤为目的,最优的设计可以达到 $40\times40cm^2$ 的照射区域。最低的设计尺寸应达到 $20\times20cm^2$,从目前临床经验来看,设计最低的射野尺寸时,需要经常使用接野技术,来达到治疗一些较大肿瘤的目的,这对治疗计划系统的要求也会相应提高。束流射野大小的选择,会影响束流传输系统的设计。

6. 束斑大小和位置精度　对于扫描束,束斑大小决定了粒子的半影,也间接决定了肿瘤周边正常组织受照剂量。不同能量粒子束斑大小不同,一般要求粒子治疗束斑尽可能小。等中心处束斑大小随能量升高而降低。对于质子等中心处不同能量的束斑大小应小于 $8\sim20mm$,对于碳离子等中心处束斑可以合理地达到小于 $4\sim13mm$ 水平。对于一些可能用于小动物试验的质子和重离子装置,设计束斑大小可能需要低于 $1mm$,这就需要通过准直器进行束斑约束。

7. 不同分割方案的治疗时间　对于大多数治疗情况下,加速器设计的束流剂量率目标应达到 $2Gy/(min\cdot L)$。但为了在大分割方案中提供高剂量率,以及在治疗呼吸运动器官时提供重复、快速扫描的功能,需要缩短一个数量级的照射时间,从而提高一个数量级的剂量率。

8. 射程/能量步长　为了得到更加均匀平坦的剂量分布,能量层数量的选择十分重要。射程调节方式及调节速度也可能对治疗时间产生影响。理想状态下,射程的细分与横向扩展分辨率相当,应至少达到毫米级别,且能量层切换应该在数秒内完成。

9. 剂量精度　剂量传输精度是粒子放射治疗首要考虑因素。在每次治疗过程中对剂量进行监测并逐个记录脉冲位置及剂量是非常重要的。关键考虑是通过剂量验证,要求输运剂量与处方剂量差异不超过 2.5%。

（二）稳定性需求

通过加速器引出的粒子束流需要满足临床需求,在能量方面,应在确保最高射程达到 $30cm$。在开机率方面,要求整个治疗系统的开机率高于 95%。然而加速器作为治疗装置模块之一,其开机率应达到 99% 以上,以确保临床使用时系统开机率不受影响。

从设备稳定性的角度考虑,一个质子重离子治疗装置应该配备超过一台加速器,或者每个治疗室应该配备一台加速器。然而,需要考虑建设成本、周期以及维护成本。治疗室应配备 $3\sim4$ 个,以更有效率地利用束流时间。

三、质子重离子加速器物理和技术

案例导学

加速器设计目标是加速粒子束到指定能量并按照指定偏转方向引出。这一加速和偏转、聚焦过程需要用到电场和磁场。

问题:

1. 粒子束加速过程是受到电场还是磁场的作用?

2. 粒子束偏转、聚焦的过程是受到电场还是磁场的作用?

加速器物理主要与带电粒子与电磁场的相互作用有关。对这种相互作用的基础知识的理解,有助于预测带电粒子束在粒子加速器中的输运过程,在加速器设计和使用中,达到满足临床预期的特定目标。粒子和场之间的相互作用称为光束动力学。这里简要回顾粒子加速器物理的一些特征,以及与粒子束动力学相关的经典和相对论力学的基本过程,对粒子加速器技术进行简要介绍。

（一）加速器物理

几乎所有涉及加速器和光束传输设计的物理学都体现在洛伦兹力定律中,它描述了加速器物理以及束流加速的过程。洛伦兹力定律公式如公式 6-1、公式 6-2:

$$\vec{F}=q\vec{E} \qquad\qquad\text{（公式 6-1）}$$

$$\vec{F}=q\vec{v}\times\vec{B} \qquad\qquad\text{（公式 6-2）}$$

公式 6-1 描述了电场 E 对带电粒子的电荷 q 产生了力 F,其方向与电场 E 方向相同。因此在此情

况下,带电粒子在其运动方向上被加速,粒子能量不断增加。公式 6-2 解释了一个初速度 v 的带电粒子在磁场 B 中,受到垂直于初始运动方向和磁场方向的力 F,该力不会改变粒子在该运动方向上的动力,而是增加一个横向于初始运动方向的分量,或者在不改变粒子能量的前提下,弯曲粒子的运动轨迹。简言之,电场增加粒子的能量,磁场描述粒子运动方向。

对患者进行粒子治疗的过程,是对指定位置输送适当能量、数量带电粒子的过程。首先加速器加速该粒子,然后将粒子轨迹弯曲引出,并聚焦在患者肿瘤位置。实际上,粒子束是一个概率分布,粒子集中一个位置、角度和速度的小范围内,粒子束的大部分粒子到达指定目标。

粒子束的形状会影响束流的输运技术。图 6-3 显示了粒子束的相空间分布信息。包括粒子束的位置和横断面动量的分布。相空间分布随着对束流的需求有所变化,点扫描束流一般可以采用高斯分布的形式进行描述,而被动散射束或其他受到准直器影响的均匀射野,可以采用长方形分布形式进行描述。需要注意的是,高斯分布的粒子束流可以更容易在边缘间进行匹配,但束斑边缘越尖锐(束斑越小),这些束斑之间的间距(扫描间距)就越重要。一方面,扫描间距越小,得到的剂量分布平坦性越好。另一方面,如果两束粒子束发生相互偏移,两束粒子中间会因此导致分布不均匀的情况,而扫描间距越小的高斯光束之间的剂量分布受到位置的影响越低。对于矩形粒子束,两束粒子发生偏移,可能导致中间超低或超高剂量区域。

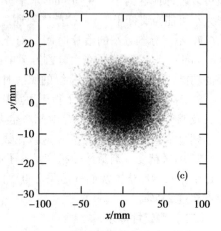

图 6-3 粒子束相空间分布示例

质子重离子加速器以及束流输运系统的尺寸,往往受到洛伦兹力定律的影响。如果需要改变粒子束的方向或聚焦程度,必须使用磁铁进行。磁铁的曲率半径遵循洛伦兹力定律,并且可以简化为公式 6-3。

$$B(\text{kilogauss})\rho(\text{m}) = 33.356P(\text{GeV/c}) \qquad (公式\ 6\text{-}3)$$

其中,一个带 1 个电荷的粒子,动量为 $P(\text{GeV/c})$,在磁场 $B(\text{kilogauss})$ 中受到磁场力发生偏转,磁铁曲率半径为 $\rho(\text{m})$。由于用于临床治疗的粒子束,能量要求在水中射程达到 30cm 范围。对于质子,动能要求 230MeV;而对于碳离子,每个核子的动能需要达到 440MeV,碳离子的核子数为 12。对于上述最高的质子和碳离子能量下,粒子速度达到相对论速度,分别为约 0.6 倍和 0.5 倍光速。而动量与粒子质量成反比,上述能量的粒子动量分别为约 0.70GeV/c 和 6.14GeV/c。按照公式,弯曲半径与动量成比例,就可以了解重离子(比质子重)治疗设备的规模是如何增长的。举例来说,普通的电磁铁在饱和前可以达到 16kilogauss 的磁通密度。根据公式 6-3,在 16kilogauss 磁场中,230MeV 质子具有 1.45m 的弯曲半径,而 440MeV/u 的碳离子具有 12.8m 的弯曲半径。当然,超导技术的发展为加速器磁铁小型化提供了方案,可以达到几个特斯拉(1Tesla=10kilogauss)的磁场强度,相应地可以减少弯曲半径。

(二)加速器技术

加速器是通过产生和形成电场,来加速带电粒子的装置。基于洛伦兹定律,电场是粒子加速的关键。然而,电场可以以不同的方式形成。从 Maxwell 方程组可以知道,变化的磁场可以产生电场,此原理被用在电磁感应加速器中,然而对于粒子加速器,仅限于加速一些低能粒子以及质量较轻的粒子。也可以直接施加高电压,所施加的高电压可以是直流或者交流。需要达到加速粒子到相对论速度的目的,电压需要达到百万伏特级别。

粒子加速的方案,也可以有两种选择:一种方案是通过离子源,向加速器发送一次或多次粒子。直线加速器(linear accelerator,LINAC)通过电场在直线路径上加速粒子束,且仅可以对粒子束加速一次(单程加速)。因此,被加速的粒子增益的能量与直线加速器的长度和电场的强度成正比。换言之,在指定预期加速能量的情况下,所需电功率与直线加速器的长度有关。传统的直线加速器(某些射频类型),在产生临床需要的粒子能量前提下,很难达到需要的电场强度来构建紧凑的重粒子治疗系统。非常规的直线加速技术正在研究中。当然,加速器不一定要求严格线性的,但加速系统的总长度仍然是由加速梯度(以 MV/m 为单位)决定的。另一种方案,通过电场的有效再利用来减小机器尺寸并且达到加速带电粒子所需能量的目的(多级加速)。回旋加速器、同步加速器以及一些新型加速装置属于此类装置。但从目前的技术角度,不管使用何种加速技术,为了达到临床治疗粒子能量加速的目的,粒子加速器装置比电子直线加速器尺寸要大。

通过结合不同的加速技术,在粒子束能量、设备成本和设备尺寸之间取得平衡,获得最优化的设备解决方案。例如使用直线加速器或回旋加速器,将粒子加速到更高的初始能量,再通过回旋加速器或同步加速器来进行最终加速,到临床需要的能量。这种典型的组合已经应用在目前临床使用的粒子加速器中。图 6-4 显示的是上海市质子重离子医院加速器装置示意图。经直线加速器加速后,能量7MeV 的粒子注入同步环进行再程加速。

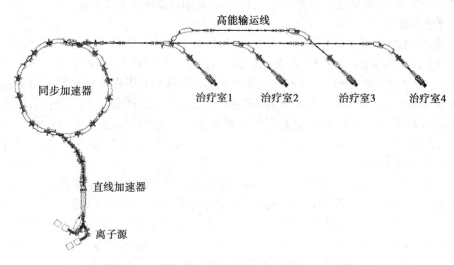

图 6-4　上海市质子重离子医院加速器装置示意图

四、回旋加速器

用于质子治疗的回旋加速器可将质子加速至最高 230MeV 或 250MeV。与实验室中的经典的回旋加速器相比,用于治疗的回旋加速器相当紧凑。磁体高度约为 1.5m,典型直径 3.5~5m,分别配备超导线圈或常温线圈。通常在回旋加速器的上方或下方会预留一些额外的空间,用于离子源和设备的支撑装置以对机器进行维修和保养。图 6-5 是一种回旋加速器,它采用磁场强度 3Tesla 的常温线圈,重 220T,直径 4m。

图 6-5　质子回旋加速器

随着粒子动量的增加,包括束流能量和粒子质量,回旋加速器的弯曲半径必须增大。使用超导磁铁的回旋加速器的总重量和尺寸可以有所减小;然而,截至目前,研究者认为使用回旋加速器加速较重的粒子进行治疗过于昂贵。因此暂未开发出用于治疗的碳离子回旋加速器装置。

回旋加速器最突出的优点是粒子束的连续特性,而且,它的强度可以很快调整到几乎任何期望值。虽然回旋加速器本身不能调节能量,治疗所使用的能量可以精确、快速地通过降能器,通过合适的束流输运线来打到患者体内。紧凑型回旋加速器的主要组成部件,主要有以下几部分:

射频(radiofrequency,RF)系统:来提供加速质子的强电场。

强磁体:使粒子轨迹变成螺旋形轨道,这样它们就可以被 RF 的电场反复加速。

回旋加速器中心的质子源:氢气被电离并从中提取质子。

束流引出系统:将已达到最大能量的粒子引导出回旋加速器进入束流传输系统。

（一）射频系统

射频系统是回旋加速器最具挑战的子系统之一,因为需要处理许多有冲突的需求。它通常由两个或四个连接到射频发生器的电极组成,驱动的振荡电压为 30~100kV,频率范围为 50~100MHz。每个电极由一对铜板组成,两个铜板之间有几厘米的距离。顶板和底板在回旋加速器的中心附近彼此连接并靠近回旋加速器的外半径。电极放置在磁极之间,电极外面的磁铁处于零电位,当质子穿过电极和地电位之间的间隙时,当电极电压为正值时,质子会向接地区域加速。当电极电压为负值时,质子朝两个板之间的间隙方向加速。磁场迫使粒子沿着一个圆形轨道运动,粒子运动方向偏转 180°,使它在圆周内多次穿过电极和地电位。直到加速至治疗所需能量。

射频系统有两个重要的工作参数,分别是射频电压和频率。射频电压的最小值要求粒子从中心的离子源开始加速,直至发生第一次 180° 偏转。推荐采用较高的射频电压,这样可以增加偏转的冗余,降低粒子束受磁场变化的敏感性,同时,也可以提高束流引出效率。另外每个电极的射频电压的周期(1/frequency,T)必须与所有偏转处质子的方位角同步。对电荷 q,质量 m 的粒子,需要完成一次半径为 r 的 180° 偏转,取决于粒子的速度 v 和磁场强度 B,由此得到公式 6-4:

$$\frac{mv^2}{r} = Bqv \qquad (公式 6-4)$$

速度 v 可以通过 $v = 2\pi r/T$ 描述,从而公式 6-4 可以转化为公式 6-5:

$$T = \frac{2\pi m}{qB} \qquad (公式 6-5)$$

这里的 T,是射频电压的周期,它不依赖于质子偏转半径和质子能量,所以回旋加速器里所有的质子方位角均完全相同。

（二）回旋加速器磁体

磁场的特性由束流动力学决定。首先,磁场必须是等时(isochronous)的:在每个半径 r 处,必须调节场强以匹配质子旋转一圈所需的时间 T。通过公式 6-5 也不难发现,如果 q 和 m 是常数,那么 T 和 B 也就是常数,并且与粒子能量无关。其次,电场线形状必须提供一个向心力,以限制粒子束运动的空间。降低上下电极之间的间隙有助于限制主磁铁线圈中的电流,同时也有利于电场的成形和减少电极外的射频场效应。

磁场必须在 10^{-5}s 内完成校正,在某些位置较小的局部偏差是可以接受的,但如果重复遇到这种偏差,就往往会导致粒子束系统的轨迹失真、产生不稳定性并造成束流损失。因此,选择和塑造磁铁的形状是回旋加速器设备建造的关键。

一旦回旋加速器的磁场完成调试和优化,通常不再需要关心磁场问题。有时需要对通过磁铁线圈的电流进行微小的调整,以补偿一次使用后铁的温度变化或元件位置的变化。值得注意的是,磁体的设计和制造可能对回旋加速器的运行质量和未来的升级产生极大的影响。

五、同步加速器

1990 年开始美国加利福尼亚州 Loma Linda 医学中心采用质子加速器治疗患者,这是第一个医学为主体的加速器装置,它使用的加速器是同步加速技术。

对于质子治疗,同步加速器和回旋加速器的竞争力可谓旗鼓相当。然而,对于重离子治疗,同步加速器是目前唯一可用的重离子加速方式。同步加速器公认的优点是质子被加速到所需的能量,束流损失极小,而几乎不产生感生放射性,并且低能质子具有与高能质子相同的流强。

同步加速器所需的安装空间大于回旋加速器,同步加速器由注入器系统、加速器和射频以及引出系统组成。其中,注入器系统一般由离子源、串联的一个或两个直线加速器、注入器和束流输运系统组成。在 Loma Linda 质子治疗中心,通过将注入器安装在同步加速器的顶部,实现了相对较小的占地面积。

同步加速器中的带电粒子束路径示意图见图 6-6。粒子束从同步加速器外部离子源注入,经过直线段加速后,注入同步环,通过同步环加速结构在环周围反复循环。为了使粒子束保持在同步环内,磁体的磁场必须随着粒子束能量的增加而增加强度。当光束达到所需能量时,并需要引出时,通过弯转磁铁将束流引出,再通过弯转磁铁进行偏转,把粒子输送到临床指定的位置。粒子循环一圈所需要的时间与粒子能量相关,一般小于 $1\mu s$。

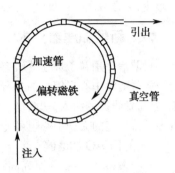

图 6-6　同步加速器带电粒子束路径示意图

同步加速器本身主要由具有弯转磁铁和聚焦磁铁的模块组成。四极磁铁用于聚焦和散焦粒子束,六极磁铁用于降低粒子束能量的色散程度。在一些同步加速器中,使用特殊的弯转磁铁的形状,使得弯曲磁场中加入了聚焦的特性。通过应用这种强聚焦方案,可以实现更小的粒子束斑。

图片:上海市质子重离子医院的同步环加速器系统

用于加速重离子的同步加速器比质子同步加速器体积大,日本国立粒子射线研究所(NIRS)的 HI-MAC 设备于 1994 年开始运行,该加速器可以将硅离子加速至最大束流能量 800MeV/u,达到等效水深 30cm。HIMAC 加速器系统由两个同步加速器组成,同步加速器的直径约为 41m。德国海德堡粒子治疗中心的同步加速器 2010 年开始应用于临床患者治疗,这也是全球第一个采用旋转机架进行碳离子治疗的中心。上海市质子重离子医院的加速器系统,采用了 12 块 30° 的弯转磁铁,同步环直径 21m,可以将碳离子能量加速到 440MeV/u。

(一)离子源和注入器

对于质子离子源,通常基于微波电离和线圈或特殊配置的永磁体来剥离电子。离子源通常设置为正电位,将质子预加速到一定能量后引入射频四极杆(radio frequency quadrupole,RFQ)或直线加速器(drift tube linac,DTL)中。RFQ 电场沿粒子束流方向的分量提供加速度,径向分量提供聚焦,将质子加速到 2MeV,随后粒子可以在 DTL 中被加速到 7MeV(质子)或 6MeV/u(碳离子)。DTL 的加速过程也是基于调谐结构中的电磁振荡,粒子在其间被加速,电极长度随着加速粒子的速度而增加。

被直线段加速后的粒子,通过注入器注入同步环内。注入必须在相对于同步环射频的正确相位进行。可以一次注入所有粒子(单圈注入)或逐渐将粒子注入同步环中。为了减少治疗时间,需要将尽可能多的粒子注入同步环,从而可以提高束流引出效率以及降低脉冲引出时出现的时间间隔。然而,机器的最大流强受空间电荷或库仑斥力的影响。注入能量越高,这些散焦的空间电荷力越低,储存在环中的粒子数量就越高。而对于单圈注入方式,注入的粒子数量也可能受到从注入器一次注入的最大束流流量的限制。

(二)加速器和射频系统

加速阶段通常持续约 0.5s,需要加速许多圈(约 10^6)。循环粒子束的能量在位于环中的射频腔中增加。随着粒子动量的升高,环中的磁场强度也需要同步增加,因为粒子必须保持具有恒定平均半径的轨道上。射频腔由环绕在真空管的铁氧体磁芯组成,每个磁芯周围缠绕线圈,从而在环内产生磁场。通过线圈的电流以射频的频率驱动,并在铁氧体磁芯中产生出感应射频磁场。反过来,这种变化的电场在作为内部导体的真空管产生感应电流。围绕核心的外部导体成为驱动电流的闭合环路。设备中心的内部导体是有间隔的。在间隙中,射频电流形成几百伏特的射频电压,穿过间隙的质子如果在合适的射频相位上就会加速。质子在加速阶段会多次通过间隙。所施加的频率和电压需要根据环内的磁场来控制。该系统比用于回旋加速器的高功率、窄带宽系统简单得多。射频功率可以用可靠的射频固态功率放大器产生。

（三）引出系统

从临床应用的精确性来说,相比较一次快速提取而言,慢速提取方案能够精准地通过扫描技术或附加的射程调制器将粒子束能量沉积在肿瘤上。提取粒子的时间在 0.5~6s 变化,主要取决于需要提取的粒子数。提取的粒子束强度可以调节。引出系统的流强监测器,可以实时对引出流强进行反馈。

同步加速器的粒子束水平发射度和动量扩展通常比回旋加速器粒子束的发射度低一个量级。然而,发射度在随着束流方向不同,可能表现出较大的不对称性,在使用旋转机架系统时,必须充分考虑其影响,考虑粒子束角度独立性的特性。

六、新型加速器技术

目前治疗用粒子加速器研究的热点在于缩小加速器规模,如单一治疗室质子设施。从而减少与光子放射治疗中心规模上的差异。虽然建造这种单一治疗室的费用预计不会低于多间治疗室的设施,但随着研发的深入,初始投资费用降低后,依旧具有吸引力。当然,对于人口分布均匀的区域,拥有多个治疗室的大型中心也可能更有市场。

（一）FFAG 加速器

多年来,人们一直在研究固定磁场交变梯度(fixed-field alternating gradient,FFAG)聚焦的同步回旋加速器。它可以集中同步和回旋的优势。FFAG 系统由类似同步加速器的弯转磁铁组成;然而,磁铁强度不是随着粒子能量/速度的增加而增加,而是被设计成能够容纳大范围的束流能量,并且像回旋加速器那样固定磁场。FFAG 最大的优点在于束流能量和发射度方面有很大的可接受度,这对一些理论物理研究工作的作用很大。图 6-7 显示的是 FFAG 质子加速器。目前仍在原理证明阶段,需要研究是否适用于粒子治疗。

图 6-7　日本 Kyoto 大学的 FFAG 150MeV 质子加速器

（二）回旋直线加速器

直线加速器是放射治疗中应用最广泛的加速器。电子通常被加速到 6~25MeV,并在靶中产生轫致辐射光子或直接用于放射治疗。然而,与电子相比,用直线加速器加速质子或重离子要困难得多。这是因为电子很快就达到了相对论的速度,可以假定它具有恒定的速度并接近光速,那直线段可以使用等尺寸的重复结构。而 250MeV 的质子只有光速的 61%,所以这里必须考虑到整个加速器结构中速度的递增。因此,质子直线加速器的低能部分需要由不同长度加速器腔组成。对于质子治疗直线加速器,直线加速器的一个重要问题是束流的时间结构。研发的重点是提升时间结构朝向高频(3GHz)和尽可能高的重复频率(100~200Hz)以支持点扫描技术。

为了克服能量低的问题,Crandall 等提出了回旋直线加速器(cyclinac)的概念。使用 60MeV 的回旋加速器作为具有侧面耦合腔的直线加速器的注入器。小型的 3GHz 结构允许使用非常强的电场,从而减少了加速腔数量和加速器长度。

（三）激光驱动加速器

使用激光产生高能质子束可能可以进行质子治疗,并且激光和光透射元件可以安装在普通房间中,而不需要常规粒子加速器的混凝土屏蔽结构。此外,将可以移动的粒子束流耦合在旋转机架上时,因为不再需要磁铁,重量会减轻。扫描粒子束原则上可以提供铅笔束扫描技术。图6-8是一个激光驱动加速器的概念图。

强激光脉冲对粒子的加速作用近年来发展得很快,目前大多数经验都是通过目标法线片加速度方法获得。高强度激光照射固体靶的正面,固体靶在质子被加速前,产生氢饱和。在前表面,由于靶吸收能量而产生等离子体,等离子体中的电子被加热,能量升高并穿透目标,然后从靶后表面出射。这个过程诱导了强烈的静电场,同时将离子和质子拉出靶的后表面。利用该方法观察到的最高质子能量约为20MeV,激光功率为$6×10^{19}\text{W/cm}^2$,脉冲宽度320fs。从实验模型和数值模拟得到的一致性,可以为大范围的激光和目标参数提供质子束加速度的精确描述。外推这个模型来计算获得200MeV质子束所需要的最佳目标厚度和激光强度,计算数据得到激光功率高达10^{22}W/cm^2。

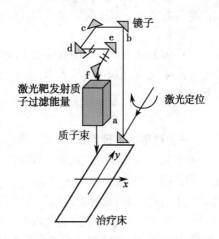

图6-8　利用激光产生的质子的治疗设施的概念

除了寻求获得更高的质子能量外,获得的质子能谱也是需要关注的。研究者观察到能谱显示为质子能量的宽连续谱,这并不适用于质子治疗。虽然有人提出了一些过滤和能量压缩技术,但还需要考虑这些因素产生的活化中子。所以,尽管激光加速器发展迅速,近年来的技术发展仍不足以使激光加速在质子或离子治疗中应用。

第三节　医用质子重离子束流输运系统

一、概述

加速器和患者之间的束流传输系统取决于所用加速器的类型。在现有的大多数治疗设施中,使用一个加速器(回旋加速器、同步回旋加速器或同步加速器),束流传输系统一次将加速束流引导到一个治疗装置(或治疗房间),再使用同步加速器直接产生所需的粒子能量,这样提取的粒子束就可以直接输送到所选择的治疗室。在使用同步回旋加速器的情况下,粒子以固定能量引出。进入患者体内的粒子治疗最大深度由此固定能量决定,而为了使粒子能量与较浅的深度相匹配,在束流传输系统中需要使用降能器。在粒子进入束流输运系统之前,需要进行束流监测验证,这种验证也可以在接近治疗头的入口处进行。一般监测内容包括束流强度、束流位置和束斑大小。类似监测不仅可以确保与束流传输设备的适当匹配,而且还可以进行与安全相关的验证。在治疗头入口处,粒子束的发射度必须与机架(旋转机架束流传输系统,允许从患者不同角度共面照射)或固定束流线相匹配。最后,需要仔细调整机架中的束流传输,以确保患者的光束特性与角度无关。治疗头是旋转机架末端弯曲磁铁后面的部分或固定角度光束线末端,它通常用于形成束斑、能量调制、距离偏移和剂量监测的组件构成,有些治疗头也包括位置验证用的X射线设备、光野、摆位激光等。

粒子束从加速器到治疗区域的传输过程应尽可能短,以减少输运过程中束流的损失。束流通过侧向展宽和深度展宽来对靶区进行覆盖。展宽方式主要有两种,一种是散射束或称为被动式束流展宽技术,主要使用散射箔和降能器。另外一种是扫描束,通过磁铁扫描将束流输运到指定靶区坐标。总体而言,扫描束可以使得靶区剂量适形性更好,却需要更高的技术要求。虽然被动束质子治疗中心为数最多,但扫描束是质子和重离子治疗发展的趋势。

本节主要介绍从束流引出到患者靶区之间的束流传输系统的主要技术及设备。

二、被动散射束流输运系统

某医院对加速器在进行质子束流参数调整时,如果希望散射质子束流展宽其侧向散射情况,而尽可能不影响束流的射程。

问题:

1. 应该选用铅散射靶还是有机玻璃靶?

2. 如果希望调节质子射程,而尽可能不影响质子束流的侧向展宽,应该选用铅材料还是有机玻璃材料?

(一)散射的物理原理

粒子束流在人体组织或水等效组织中输运过程中,与物质材料发生作用而速度降低直至能量完全沉积,Bethe-Bloch方程描述了这一过程与粒子类型、能量及碰撞材料之间的关系。对于一个给定能量的质子,在某均匀材料中射程是个平均值,误差在 1%~2%。例如,一束 160MeV 的质子,在水中平均射程约为 17cm,这个数值是由数千万次质子碰撞的射程统计平均,而并不是所有粒子都在 17cm 处停止。这个接近 1% 的被称为射程歧离(range straggling)。

如果粒子束进入材料中的入射方向完全一致,通过测量可以发现,在经过一定深度的材料后,一些粒子传输的方向发生了变化。这种角散射一般称作多库伦散射(multiple Coulomb scattering),主要是由原子核产生的数万个微小的静电偏转引起。经过多库伦散射后的粒子束接近高斯分布,散射效应随着粒子束的能量降低而增加。粒子束的净扩展程度与经过材料的厚度的平方根成正比,而能量损失与材料厚度成正比。

束流能量损失与物质中电子相关,而散射与物质材料的原子序数有关。因此不同的束流展宽目的,可以选用不同的材质。低原子序数的材料有助于降低质子的速度,而高原子序数的材料可以更有效地将粒子束流散射。

在能量损失和散射以外,粒子还可以与物质产生原子核反应,包括放射性核素的产生,次级质子和中子,以及一些次级粒子碎片(重离子与物质作用产生)。质子与物质产生核反应的概率是很低的,却会产生不良影响,如活化的核素可能对人体其他组织或设备操作人员产生辐射损伤。较好的一点是,进入人体的粒子产生的核素半衰期一般很短。

(二)束流散射系统

束流散射方法多种多样,本节讨论一些具有有代表性的散射系统。首先双散射系统可以看作与传统 X 射线直线加速器形式类似。它们被设计用于处理各种各样的目标尺寸和深度,并且可以安装在旋转机架或者固定束流治疗头上。而对单散射系统也会进行简要介绍,它主要用来治疗特定目标,如眼部。单散射系统往往安装在固定束流治疗头结构末端。

图 6-9 详细显示了一种双束流散射治疗头内的布局。

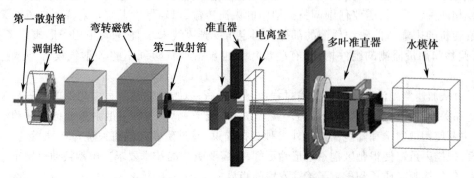

图 6-9 一种束流双散射治疗头内部布局

1. 双散射系统 双散射系统设计初衷是降低能量损失,提高束流使用效率,并且使得大范围照射成为可能。第一个散射是平坦的,经过散射后得到的是高斯分布的束流。第二个散射靶必须是非均匀的,从而可以改变束流的高斯形状,来产生均匀的或者近似均匀的剂量分布。第一散射靶使用一种扁平的两段散射体,经过该散射体的部分束流被圆柱阶梯所散射。第二个散射体将着重散射中心的粒子束流,从而最终获得一个相对均匀的剂量分布。图 6-10 是一种典型的双散射系统。其中 S_1 可以视为第一散射靶以及射程调节器,其中射程调节器往往采用两种材质,来给予不同的旋转角度接近的散射结果。S_2 也一般由两种材质构成,来获得不同的散射效果,从而最终达到靶区的束流散射接近为均匀的。

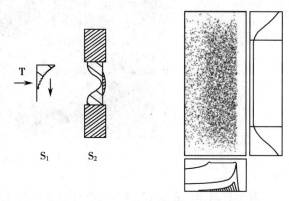

2. 单散射系统 单散射系统是最简单有效的被动束流散射方式。一个散射箔(一般为铅,因为需要获得最大的散射效果以及最小的能量损失)置于距离靶区 100cm 的地方,如果需要在 1cm 半径内获得 ±2.5% 的剂量分布均

图 6-10 一种双散射系统原理示意

匀性,就需要将单散射箔产生的高斯分布半径尽可能变大,这样才可能在 1cm 半径以内,束流剂量不低于 95%。对于 160MeV 的质子,使用 0.25cm 铅,可以达到需要的效果。配合使用射程调节器,单散射系统往往用于眼部恶性肿瘤的粒子治疗。

(三)射程调节技术与设备

当观察单能质子束的深度剂量曲线时,很明显布拉格峰区域过于尖锐,无法覆盖任何体积的目标。通过不同能量的质子束,调制质子束的射程,将原始布拉格峰转换为具有均匀深度剂量的区域,也称为展宽布拉格峰(spread out Bragg peak,SOBP)。根据需要覆盖的靶区大小,可以通过改变添加峰的数量来调整剂量均匀区域的范围。在粒子治疗中应用了几种射程调节技术或设备:能量堆积(energy staking)、射程调制器(range modulate,RM)和脊形过滤器(ridge filter,RF)。

1. 能量堆积 改变粒子进入治疗头的能量是理论上是最简单的距离调制方法,因为它不需要专用的设备。通过改变提取的同步加速器能量或在回旋加速器出口处设置能量选择系统,能量在加速器内发生改变。通过精确控制给定能量下传输的粒子数,实现适当的粒子加权,从而产生 SOBP。这种距离调制形式的一个主要优点是粒子不需要与治疗头内设备产生作用,从而不会因材料散射而影响粒子横向半影。也可以减少核反应而产生的次级中子。然而,在当前临床应用的散射系统中并没有应用能量堆积的方式。加速器快速切换能量的技术挑战。不仅加速器能量需要改变,而且光束传输磁体也需要调整。也可以采用在治疗头内设置射程调节装置,改变粒子束能量,尽管粒子与这种材料的相互作用效应的问题仍然存在。加速器的能量设置为展宽布拉格峰的远端,在光束路径中插入水等效厚度的吸收体,当穿过能量层时,吸收体厚度依次增加,实现不同能量叠加。低原子序数的材料如有机玻璃、水等是首选的距离偏移材料,它们可以提供最小的粒子散射。

2. 射程调制器 射程调制器(range modulate,RM)由 Wilson 等提出,作为调节粒子射程的方法,通过在粒子源和靶区之间加入与肿瘤厚度相对应的可变厚度旋转轮来实现,见图 6-11。目前大多数散射束采用这种能量调制方式。

RM 轮具有不同厚度的阶梯,每个阶梯对应 SOBP 中的单峰值。当 RM 在粒子束中快速旋转时,每个阶梯均匀地受到照射。阶梯的厚度决定了调制能量的范围;阶梯的宽度决定了产生射程的概率,从而决定了单峰的比重。通过改变阶梯的厚度和宽度,可以实现不同 SOBP 的调制。与能量堆积技术中使用的射程调节装置一样,RM 轮优先使用低原子序数材料来限制散射,最常使用的材质是有机玻璃。但是对于需要提供较大射程,并且治疗头内安装空间有限时,也可能采用碳或者铝材质的 RM 轮。

RM 轮的优势在于,如果转速够快,它所形成的 SOBP 几乎是瞬时的,这样可以减少器官运动所产生的射程不确定性。然而 RM 轮与同步加速器协调使用时,由于同步加速器的脉冲束流特性,还需要考虑同步加速器的束流引出频率,否则可能对 SOBP 产生影响。

图 6-11 射程调制器

3. 脊形过滤器 在粒子治疗中,脊形过滤器与 RM 轮一样在临床的散射系统中使用较为广泛。脊形过滤器的原理与 RM 轮相同,脊形过滤器阶梯的厚度决定了 SOBP 的宽度,阶梯的宽度设置为各单峰的权重。图 6-12 显示了一个脊形过滤器的外形和尺寸。入射粒子能量损失取决于粒子的入射位置,经过脊形过滤器底端时将形成 SOBP 近端峰;穿过脊顶端的质子将形成 SOBP 远端峰。为了避免 SOBP 形状对侧向位置的依赖性,过滤器脊形应足够小,使得入射质子在脊线中的角扩散和散射能够没有位置依赖性。脊形过滤器的宽度通常为 5mm。通过平行布置许多脊形过滤器,可以形成更宽的 SOBP。

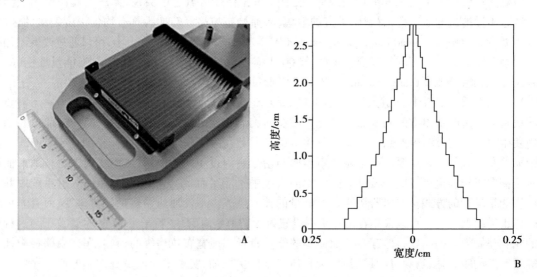

图 6-12 脊形过滤器
A. 实物图;B. 几何参数

（四）适形调节技术与设备

在双散射系统中,第二散射体将粒子束展开成均匀的横向分布;RM 轮将剂量展开成均匀的深度剂量。显然需要设备来使剂量与靶区形状一致。与传统的光子放射治疗一样,散射束粒子治疗中使用限束装置和补偿器来实现这一功能。

1. 准直器 准直器的形状由沿粒子输运方向投射的目标形状决定,还需要考虑扩展边缘,以考虑了束流半影宽度和靶区位置的不确定性。由于质子散射系统的源尺寸较大,因此需要将准直器尽可能靠近患者,从而降低粒子束流半影准直器和射程补偿器安装在粒子束轴线行进的方向,并使准直器接近患者皮肤。准直器示例见图 6-13。需要注意的是,准直器需要随着靶区形状发生变化,每个患者采用的准直器可能是不同的。

图 6-13　用于眼部治疗的准直器

选择准直器材料需主要考虑的物理因素是其阻止性能。高原子序数材料具有优势,因为它们能在最短的距离内阻挡粒子。从实际应用的角度来看,理想的是一种既容易加工又价格实惠的材料。常用的两种材料是黄铜和金属陶瓷。黄铜的准直器经过铣床切削,金属陶瓷准直器用模具浇注。应该指出的是,准直器光圈外将完全阻止粒子束。

散射系统的准直器在粒子照射后,吸收高能,粒子由于具有较大的反应截面,会产生次级中子,这也是患者受到额外中子照射的主要来源。改变材料并不能极大地改善该状况。

2. 射程补偿器　范围补偿器使剂量符合靶区远端的形状。图 6-14 显示了射程补偿应用的示意图。目标远端的水当量深度随侧向位置而变化。量程补偿器的设计是为了进一步消除深度的变化,在需要射程深度较小的地方增加吸收材料。显然,每个治疗角度都有一个特有的补偿器,补偿器的制作对剂量分布的影响至关重要。大多数算法使用光线追踪算法来确定目标远端上选定点的水等效深度,最深点将

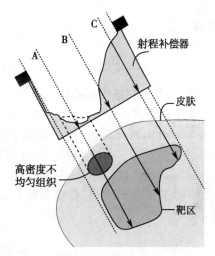

图 6-14　射程补偿器使用示意

决定所需质子最大能量。对于补偿器上的其他点,与最深点的深度差值决定了所需补偿的距离。只有将范围补偿器与所需射程一一对应起来,才能起到最精确的调制效果。然而,实际应用中会出现一定误差,治疗计划系统应充分考虑该误差。

三、主动扫描束流输运系统

(一)介绍

为了将束流能量沉积到临床目标中,束流尺寸必须三维展开,来匹配目标体积。本节将描述粒子扫描束的扩展方法。束流主动扫描技术是一项广泛应用于临床的技术,是粒子治疗的发展趋势。粒子束点扫描(pencil beam scanning,PBS)可以通过移动特定性质的带电粒子束到指定的位置,并且可能改变该粒子束的一个或多个性质,以便将由粒子束沉积的剂量分散到整个目标体积中。包括对位置、大小、范围和强度的调制,以便在正确的位置和时间存放适当的剂量。束流系统中的物理设备用于控制束流的这些性质。例如,利用弯转磁铁调制粒子束的位置,利用射程调节器调制粒子束的能量。

粒子扫描束流通过对粒子位置和能量的调制,可以达到更加适形的靶区覆盖,接近物理上可以达成的极限。扫描束流一般不需要特殊的设备或者患者特有设施如准直器、补偿器等。所有束流扫描由电脑控制,自动完成,避免了操作员在治疗过程中进入治疗室更换患者准直器等,减少了治疗时间,

也降低了出现治疗问题的可能性。

主动扫描技术可以提供真正的3D靶区剂量适形性。相比被动散射束,束流扫描技术的最大优势在于几乎所有粒子束流都沉积在指定的靶区区域,从而可以一定程度上降低正常组织受照剂量和束流的适形性。一般来说,在考虑了束流射程误差和摆位误差以后,100%的剂量线可以完全围绕靶区的形状。同时,由于散射产生的中子可以忽略。对于未成年患者,次级中子的降低,可以降低他们罹患二次癌症的风险。主动扫描束示意图见于图6-15。

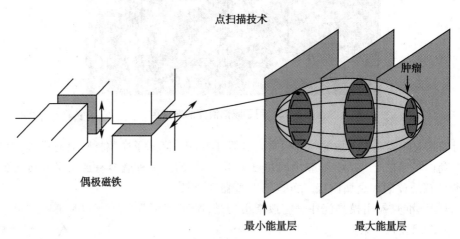

图6-15 主动点扫描技术示意

(二)主动扫描束的设备

粒子束流需要分布在指定靶区,并且必须在指定位置提供适当的剂量。主动扫描束所需的硬件设备可分为两大类。①调整束流特性的设备;②测量束流特性的仪器。束流调节设备包括四极磁铁来控制粒子束斑大小,一对扫描磁铁将束流偏移到所需的位置。束流测量设备包括电离室(ion chamber,IC)来测量剂量,多丝正比室(multiple wire proportional ion chamber,MWPC)来测量粒子位置和束斑大小,以及流强检测设备(intensity monitor,IM)。图6-16是一种点扫描商用设备示意。

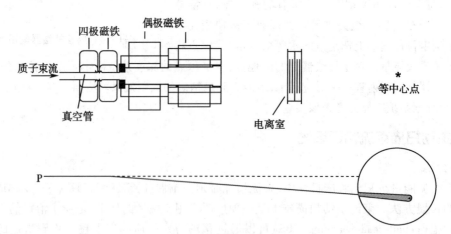

图6-16 上图是用于MGH的质子系统的束流调节和测量的设备,束流调节结果为下图

四、旋转机架和固定束流治疗头

(一)介绍

治疗头有固定束流治疗头和旋转机架两种。固定束流角度主要有90°(水平)、0°(垂直)和45°及以上角度的组合。旋转机架在传统X射线放疗中应用较为广泛,而在质子治疗中,一般的质子中心会

配置一到两台旋转机架房间,用于增加可用的束流治疗的角度。在碳离子治疗中心,旋转机架因体积庞大,技术难点较多,目前只有德国 HIT 和日本 NIRS 两个粒子治疗中心拥有临床应用的碳离子旋转机架。

（二）旋转机架

旋转机架由机械支撑的束流传输系统组成,在患者平躺状态下,能够围绕患者旋转,从而可以从多个方向照射肿瘤。在设计用于粒子治疗的旋转机架时,需要解决力学问题(机架重量 100~200T,临床要求旋转精度应达到 0.1°)和粒子束的偏转问题。

第一种旋转机架采用开瓶器结构,世界上第一个基于医院运营的质子中心 Loma Linda,安装有三台这种直径 12m 的旋转机架。这个旋转机架首先利用弯转磁铁偏转束流 90°,接着偏转 270°。磁铁的偏转平面与束流入射方向垂直,从而有效降低设备的尺寸。两个弯转磁铁都具有消除色散的功能,第一个偏转分成两次 45°,第二个弯曲是分成两次 135°。机架上分散的四极磁铁,聚焦束流。虽然这种旋转机架的半径很大,但束流经聚焦和同步加速器的低发散度允许相对较窄的磁体间隙和较小的磁体宽度。

在机架内设计聚焦的传输系统是非常重要的。需要通过聚焦过程来防止等中心处的束流尺寸增加(笔形光束扫描束斑变大,会产生较大半影,影响剂量分布),并可以降低旋转机架的等中心处的角度依赖性。在 IBA 和 Varian gantries 中,只使用两个弯转磁铁。①一个 45° 磁铁弯转出平面;②一个 135° 磁铁弯转向患者。弯转磁铁之间的五个四极磁铁具有两个功能,一是将粒子束聚焦在两个平面上,二是调整最后一个弯转磁铁入口处的色散。

当使用主动扫描束流时,扫描磁铁通常位于最后一个弯转磁铁的下游,因此需要较大的旋转机架半径才能与等中心点有足够的距离。扫描磁铁的中心是光束的虚拟源的位置。当扫描磁体没有组合成单个磁体时,治疗计划必须考虑点扫描束流的 X 和 Y 方向的不同虚拟源位置。在 PSI 旋转机架和德国海德堡碳离子旋转机架的束流线水平运行的距离更长。安装了几个四极磁铁以便得到合适的束斑,并将粒子束聚焦在等中心处,使其半高宽达到几毫米。扫描磁铁位于 90° 偏转磁体之前。大多数旋转机架中的束流调制器件的设计使得旋转机架入口处的耦合点聚焦到治疗头中的散射箔上,在点扫描光束情况下聚焦到等中心。

目前正在研究的新型旋转机架旨在减少重量和尺寸,对重离子治疗来说就尤为重要。德国海德堡的重离子旋转机架重量达到 600T,直径 20m,于 2012 年开始临床使用。日本 NIRS 开发的超导重离子机架,采用超导磁铁,总重量仅 300T,直径 11m,基本与质子旋转机架重量接近,为节省几何空间,将一些四级磁铁与二级铁设计成一个整体,从而有利于束流的点扫描。NIRS 的旋转机架系统已经于 2015 年 9 月底建成并安装在 HIMAC 的 G 治疗室。

（三）固定束治疗头

束流传输系统的治疗头将束流按照所需的形状输出,并进行监测。它通常由用于形成粒子束的准直器、散射箔和/或扫描磁体、射程调制、射程补偿、剂量监测、光束性能验证、X 射线设备、光学设备和用于摆位的激光器等设备组成。在同时使用主动扫描束流和被动散射束流的设施中,需要灵活地在扫描和散射之间切换。

由于灵活性,空间限制,设备的多样性,以及对束斑的要求,导致一些需求上矛盾的产生,需要采用复杂的机械解决方案。准直器、补偿器和降能器需要尽可能靠近患者,以保持侧向剂量降低。另外,这些设备也需要根据射野进行调整,因此远程调节的方式可以提高效率。

对于使用被动散射束流的系统,进入治疗头的相当一部分质子能量会沉积在准直器上,同时会产生中子剂量,在某些治疗中应该考虑到中子的剂量贡献。主动扫描束流在这方面具有明显的优势,因为这种技术在光束路径上只有很少的设备。对于散射质子束,研究表明,通过上游预准直,减小患者准直器的束流尺寸可以有效降低患者受到的中子照射剂量。

第四节 医用质子重离子加速器的临床应用

放射治疗是肿瘤治疗的主要方式之一,常用的射线有光子射线、质子射线和碳离子射线,对光子放射不敏感的头颈部肿瘤,应该选择别的敏感射线进行放射照射。

问题:应该选择质子放射还是碳离子放射?

一、概述

放射治疗在肿瘤的治疗中至关重要,参与约 70% 肿瘤患者的治疗。目前所使用的线束主要有光子线(X 线、电子线和 γ 射线)和带电粒子(主要为质子线和重离子线)。光子线是用于肿瘤治疗的传统放射线,质子线和碳离子线(重离子线的一种)是目前临床上研究和应用最多的粒子射线,自 20 世纪 90 年代开始逐步应用于临床治疗患者,近十年来发展较快,是当前最先进的放疗技术,已经在一些肿瘤的临床治疗中显示出良好的疗效和对正常组织的保护。根据国际粒子治疗协作委员会(Particle Therapy Co-Operative Group,PTCOG)最新数据统计,目前接受质子治疗的患者约 13 万例,接受重离子治疗的患者约 2 万例。

二、质子重离子放射的物理学和生物学优势

(一) 质子重离子放射的物理学优势

常规光子线进入人体后,深度剂量呈指数型衰减分布,而质子、重离子与之有很大的不同,在入射路径中能量释放相对较弱,在末端可释放大量能量形成 Bragg 峰,Bragg 峰后出射路径则几乎无有效剂量。通过调节质子、重离子能量,可以精确控制 Bragg 峰的深度并按肿瘤大小扩展峰宽度,从而使高剂量区集中在不同深度的肿瘤部位。光子与质子和重离子的深度剂量分布见图 6-1。

调强粒子放射治疗(intensity modulated particle therapy,IMPT)就是使用不同方向的射野并进行能量调节,剂量分布更加理想,高剂量能更好地集中于肿瘤区域,而周围正常组织剂量进一步下降。在头颈部、肺部、肝脏等肿瘤中剂量学比较研究显示,与光子调强放疗(intensity modulated X-ray therapy,IMXT)相比,IMPT 在肿瘤靶区和正常组织的剂量分布上更具优势。

(二) 质子重离子放射的生物学优势

在放射生物学方面,质子和常规光子都是低线性能量传递(linear energy transfer,LET)射线,质子的放射生物效应与光子类似,其相对生物效应(relative biological effectiveness,RBE)值一般在 1.05 ~ 1.20,而碳离子射线属于高 LET 射线,LET 值随着射程深入而升高,在 Bragg 峰达到最高值。碳离子与光子射线的生物学效应有以下不同:主要通过直接作用的方式作用于生物大分子,不依赖组织中的氧浓度,氧增强比(oxygen enhancement ratio,OER)值小;产生更多更复杂的 DNA 双链断裂集簇性损伤,损伤修复更为困难,更易造成细胞死亡、突变和恶性转化;在 Bragg 峰区射线的细胞致死效应几乎不受细胞时相的影响。碳离子的高生物效应主要局限在 Bragg 峰区(即肿瘤区),RBE 值一般在 2~3;而平台区一般为肿瘤外的正常组织,RBE 值为 1~1.5,有利于减少正常组织放射性损伤的发生。碳离子在峰值区和平台区的生物学效应差异详见表 6-1。

三、质子重离子放射的临床应用

质子重离子射线的物理学优势,以及碳离子的放射生物学优势,有可能转化为临床疗效的提高和毒副反应的降低。质子重离子放射治疗在某些肿瘤中已显示出优于光子治疗,碳离子放射尤其适用于对光子放疗不敏感的脊索瘤、软组织肉瘤、恶性黑色素瘤、腺样囊性癌及体积较大且含有大量乏氧肿瘤细胞肿瘤。

表 6-1　碳离子在峰值区和平台区的生物学效应差异

效应	布拉格曲线区域		
	平台区	峰值区	潜在优势
照射组织	正常组织	肿瘤	NA
能量	高	低	NA
线性能量传递	低	高	NA
剂量	低	高	高度适形性治疗
相对生物效应	~1	>1	对放射治疗抵抗的肿瘤有效
氧增强比	~3	<3	对乏氧肿瘤细胞有效
细胞周期依赖性	高	低	由于对光子放射治疗抵抗期（S 期）敏感从而提高肿瘤靶区致死性损伤
分割依赖性	高	低	正常组织获益甚于肿瘤组织
细胞迁徙效应	增加	减少	潜在降低肿瘤转移潜能
血管生成	增加	减少	潜在减少肿瘤血管生成

（一）骨、软组织肉瘤

骨软组织肉瘤是来源于间叶组织（骨、软骨、脂肪、肌肉、血管、造血组织）的一类恶性肿瘤。大多数骨软组织肉瘤以手术治疗为主,化疗和放疗为辅助治疗手段,但绝大多数病理类型对光子放疗敏感性较差。质子重离子放射更为有效,其中颅底脊索瘤和软骨肉瘤采用质子重离子放射最早获得肯定。常规光子放射治疗（总剂量 50~58Gy）颅底脊索瘤的 5 年局控率仅为 17%~39%。采用质子或光子加质子放射技术后,可以使总剂量提高至 66Gy 以上,5 年局控率提高到 54%~73%,碳离子放射 60GyE以上的剂量（每次 3.0GyE 以上）,5 年局控率 72%~88%。软骨肉瘤采用质子或碳离子放射的 5 年局控率高达 90% 以上。

（二）恶性黑色素瘤

恶性黑色素瘤是发生于皮肤、黏膜及其他器官黑素细胞的肿瘤,发病率低,但恶性度高,死亡率高。手术切除是首选的治疗,常规光子放射治疗的敏感性差。

眼葡萄膜恶性黑色素瘤通常需行眼球摘除手术,放射治疗是替代的治疗方法,但由于肿瘤邻近角膜、晶状体、视网膜和视神经,光子放射不能有效保证治疗后视力。利用质子在剂量分布上的优势,质子放射治疗的 5 年局控率和总生存率已达到 96% 和 80%,眼球保留达到 90%,部分患者视力下降。头颈部黏膜的恶性黑色素瘤光子放射治疗后的 3 年局控率为 36%~61%,5 年总生存率约为 30%。重离子放射联合化疗后疗效明显提高,日本 NIRS 在碳离子放射治疗同期使用 DAV 方案化疗,患者的 5 年局控率和总生存率明显提高至 81% 和 54.0%。

（三）腺样囊性癌

腺样囊性癌是一种进展缓慢的恶性肿瘤,但易侵犯神经和肺转移。治疗以手术为主,对常规光子放射敏感性较差,化疗无效。晚期患者手术联合光子放射治疗,局控率约为 50%,单纯放疗者疗效更差。碳离子放射具有明显优势并获得了理想的治疗效果,单纯采用碳离子放射可以获得手术联合术后放疗的效果。日本 NIRS 早期完成的一项 I／II 期临床研究,以碳离子治疗了 69 例头颈部 ACC,照射总剂量为 57.6~64.0GyE/（16 次·4 周）,5 年总生存率和肿瘤局控率分别为 68% 和 73%,急性重度毒副反应的发生率不超过 10%。

（四）放疗后复发需再程放射治疗的恶性肿瘤

头颈部肿瘤放疗后局部复发性肿瘤是治疗的难点之一,如无法采用挽救性手术治疗而行光子再程放疗,通常疗效不佳且毒副反应大。碳离子再程放疗的物理剂量精确与生物高效两大特性,使其更适用于局部复发性肿瘤。上海市质子重离子医院采用碳离子放射治疗复发性鼻咽癌,1 年肿瘤局控率达 86.6%,1 年总生存率高达 98.1%,毒性反应明显低于再程光子放射治疗。

（五）神经系统肿瘤

神经系统肿瘤因邻近重要的神经组织等正常组织，手术和放射治疗都是难点。脑膜瘤质子放射治疗的 5 年局部率高达 96%，且毒副反应小。WHO Ⅱ 级胶质瘤采用质子放射 54GyE/30 次，3 年和 5 年 PFS 达到 85% 和 40%，毒副反应不大。对恶性程度最高的胶质母细胞瘤，采用光子放射 50Gy 再采用碳离子加量治疗 24.8GyE/8 次，患者的中位生存期高达 26 个月，明显高于光子放射的 15 个月。

相对于光子放射治疗，质子放射在全中枢放疗中的优势尤其明显，剂量学分析显示，与光子放射相比，质子放疗可以明显降低耳蜗、垂体和心脏等正常组织的剂量，且低剂量放射体积明显降低，因而可以明显降低将来发生第二原发肿瘤的危险性，并总体提高患者的生存质量。MD Anderson 癌症中心采用常规光子放射（21 例）或质子放射（19 例）的髓母细胞瘤患者，全中枢和肿瘤局部的中位剂量分别为 30.6Gy 和 54Gy。采用质子放射技术的患者在体重下降、恶心呕吐、食管炎、骨髓抑制方面的不良反应均明显减少。

（六）肺癌

肺癌是全球最常见的癌症之一，大多数患者因肿瘤较晚或合并疾病而无法手术，光子放射治疗的疗效并不理想。MD Anderson 肿瘤中心应用质子大分割放射治疗早期周围型肺癌，3 年总生存率为 95%，超过手术组的 79%，且毒性反应低。日本采用碳离子放射早期肺癌也取得了很好的疗效，5 年局控率高达 94.7%，5 年总生存率为 50.0%。对于局部晚期（ⅡA～ⅢA）肺癌 2 年局控率和总生存率为 93.1% 和 51.9%，其中 $T_{3-4}N_0M_0$ 患者的 2 年局控率及生存率高达 100% 及 69.3%。

（七）肝癌

原发性肝癌是我国高发的消化系统恶性肿瘤，5 年总生存率为 17%。其治疗手段主要是手术，放射治疗可用于局限于肝脏的、技术上手术不能切除或因为肝脏功能受损不能耐受大体积正常肝脏切除的肝癌患者，但疗效通常不佳。在一项 Ⅱ 期临床研究中，采用高剂量、大分割质子放射治疗无法手术切除的肝细胞癌和肝内胆管细胞癌。肝细胞癌和肝内胆管细胞癌的 2 年局控率分别为 94.8% 和 94.1%，总生存率分别为 63.2% 和 46.5%。日本 NIRS 采用碳离子放疗肝细胞癌，即使对肿瘤直径 ≥5cm 的患者，3 年和 5 年总生存率达到 61% 和 43%，疗效与外科手术相似。

（八）胰腺癌

胰腺癌虽然发病率不是很高，但手术难度大、切除率低，预后极差，对化疗和常规光子放射不敏感，平均中位生存时间仅 4~6 个月。在 MGH 开展的针对可手术的胰腺胆管腺癌术前短疗程质子放射治疗 Ⅰ/Ⅱ 期临床研究，显示了较好的耐受性和疗效，中位无进展生存率和总生存率分别为 10 个月和 17 个月。NIRS 针对不能手术的局部晚期胰腺癌采用碳离子放射联合吉西他滨治疗，2 年局部无进展率和总生存率为 83% 和 35%，显示出较好的安全性和有效性。

（九）前列腺癌

质子重离子放射治疗前列腺癌已经有 20 多年的历史，剂量学研究显示，质子碳离子放射可以降低直肠和膀胱的放射剂量和体积，不影响睾酮水平。质子放射治疗前列腺癌的生化控制率和无生化复发率超过 90%，但在与光子对比的随机 Ⅲ 期临床研究，质子放射并没有显示出疗效上的优势。NIRS 采用碳离子治疗前列腺癌显示了较好的疗效，5 年总生存率和疾病特异性生存率达到 95.3% 和 98.8%，无复发生存率和局控率分别为 90.6% 为 98.3%。低危、中危和高危患者的 5 年无生化复发率分别为 89.6%、96.8% 和 88.4%。与光子和质子放射相比，碳离子对高危患者的优势更明显。

本章小结

本章结合临床对束流的需求，阐述了加速器设备的选择方式。详细介绍了质子重离子加速器的主要设备。包括加速器系统种类、组成和束流输运系统的组成，质子重离子加速器旋转机架系统。介绍了质子重离子射线的物理特性和放射生物学优势，以及质子重离子放射不同肿瘤的临床疗效。

案例讨论

　　患者,男性,33 岁。因"鼻咽癌放疗后 4 年复发,左颈部淋巴结清扫术后 1 个月"入院。患者 4 年前诊断为鼻咽癌,行放化疗综合治疗,治疗后定期复查。1 年前出现复视,进行性加重。现复查 MRI 发现鼻咽左侧壁增厚,考虑肿瘤复发并侵犯左侧海绵窦。PET/CT 检查显示左侧鼻咽及左侧颈部淋巴结 FDG 高摄取,考虑鼻咽癌复发伴左颈部淋巴结复发。

　　体格检查:双颈未扪及肿大淋巴结,左颈部术后改变,鼻咽未见明显外生肿物,左侧 V、Ⅵ脑神经征阳性。

　　诊断:复发鼻咽癌,$rT_4N_1M_0$(Ⅳ期)

　　治疗:鼻咽癌放疗后复发侵犯颅内海绵窦,难以手术切除,故考虑给予再程放射治疗。

　　问题:复发鼻咽癌选择碳离子作为再程放射技术的原因是什么?

（孔琳　盛尹祥子）

案例讨论

扫一扫,测一测

思考题

1. 目前常使用哪些粒子进行粒子的放射治疗?
2. 质子和碳离子能量分别达到多少时,粒子在水中射程可以达到 30cm?
3. 简述回旋加速器的优点。
4. 简述同步加速器的优点。
5. 哪些肿瘤适合粒子放射治疗? 请举例说明。

学习目标

1. 掌握:立体定向放疗主要治疗设备构成。
2. 熟悉:立体定向放射治疗整个流程,包括 X 射线和 γ 射线治疗的优缺点。
3. 了解:相关治疗方式的发展趋势。

第一节　概　　述

立体定向放射治疗是一种少分次大剂量的精准照射技术。首次是被瑞典神经外科专家 Lars Leksell 在 1951 年提出,即利用类似神经外科立体定位设备和三维定位图像,对欲治疗的病变进行精确定位,然后使用射线(X 射线或 γ 射线)给予三维集束治疗,将射线准确聚焦于肿瘤靶区,以达到外科手术切除或治愈病变的目的。除了上述的优势,其另一个显著的特点是射束的高精度。

为了实现上述目的,专门的高精度立体定向装置、精准三维成像设备、高精度目标定位和头部固定等各个步骤缺一不可。γ 刀设计之初主要针对颅脑肿瘤,现已可用于全身小体积肿瘤的治疗。γ 刀一般用于大分割、高剂量治疗,因此要求设备具有较高的定位精度(0.2mm±0.1mm)和更为严格的质量保证体系。图 7-1 与图 7-2 分别是 γ 刀和 X 刀的实物图。

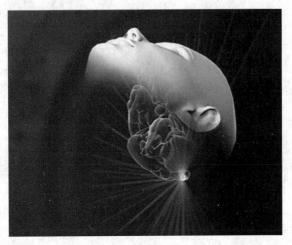
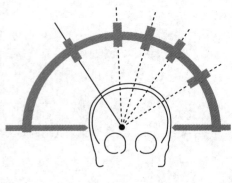

图 7-1　γ 刀治疗示意图

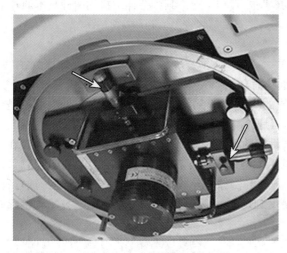

图7-2 X射线刀示意图

第一代γ刀是在1967年问世,Lars Leksell等将179个⁶⁰Co源按照不同角度排列在半球面上,通过准直器将179束γ射线聚焦于靶点上,经照射后的靶点坏死组织边界清晰,仿若刀切,俗称γ刀。第一台商用的"γ刀"设备由瑞典的Elekta公司于1968年推出,第三代γ刀具有201个沿半球源体环形排列的^{60}Co放射源,采用静态聚焦方法,利用准直器使γ射束聚集于半球源体的球心上,治疗时可一次性杀死病变组织,而对正常组织的照射很小,达到手术治疗的效果。我国第一台γ刀于1994年由深圳OUR公司生产,它由30个源组成,见图7-3。在第三代"γ刀"应用临床之后,"X刀"概念被学者提出,其主要原理是通过在医用加速器上安装不同直径的限束筒,经过在不同平面内的连续拉弧照射,将直线加速器产生的高能X线从空间三维方向上聚焦在肿瘤组织上,起到精准杀灭肿瘤细胞的作用。X刀治疗是在CT图像引导下,经过治疗计划系统的精确设计,定位系统准确定位后进行计划实施。通过上述步骤,肿瘤组织与正常组织之间形成了一个明显的剂量跌落区,从而可在肿瘤组织和正常组织边缘形成刀切样,所以人们形象地将这种X射线三维立体定向放射治疗称之为"X刀"。上述两种技术被统称为X(γ)射线立体定向放射手术(stereotactic radiosurgery,SRS),该技术的主要特征是小野三维集束单次大剂量照射。随着SRS技术在肿瘤治疗中的推广应用及放射治疗对定、摆位精度的要求,出现了它们的结合,称为立体定向放射治疗(stereotactic radiotherapy,SRT)。

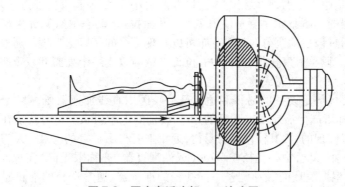

图7-3 国产奥沃头部γ刀治疗图

在SRT剂量学中,需要注意的量通常有三个:百分深度剂量、束流分布(离轴比)和输出因子。但探测器的大小和带电粒子平衡的缺乏使得上述三个量的测量变得更为复杂。基于上述因素,探测器必须尽可能与射野面积一样小。对于百分深度剂量的测量,一个必要的原则是探测器的敏感区必须受到剂量均匀的电子线的照射。因为在一个小圆形射野内,强度一致的中心轴面积的直径不超过几毫米,这对探测器的直径提出了严格的要求。对于离轴比的测量,由于射野边缘剂量分布很陡,探测器的大小同样重要。在这种情况下,剂量测定必须有较高的空间分辨率,从而可以精确测量射野半影,这对SRS是至关重要的。

以下几种不同类型探测系统已用于SRT的剂量测定中:电离室、胶片、热释光剂量仪和半导体剂量仪。这些系统每一个都各有优势和缺点。例如,电离室是最精确和最不依赖能量的系统,但通常有大小的限制;胶片有最好的空间分辨率,但具有能量依赖性和更大的统计涨落;热释光剂量仪具有较小的能量依赖性,而且体积较小,但与胶片有同样程度的数据涨落;半导体剂量仪体积较小,但具有能量依赖和方向依赖的可能性。因此,任何SRS的剂量探测系统的选择取决于需测量的数量和测量条件。

在本章节主要描述立体放射治疗的两种主流技术:X刀和γ刀。其中会详细描述两种技术的基本系统结构和对应临床应用。

放射治疗简介

放射治疗是利用放射线的能量沉积治疗肿瘤的一种局部治疗方法。放射线包括两种:其一是天然射线,如放射性核素产生的α、β、γ射线;其二是各类X射线治疗机或加速器产生的X射线、电子线、质子束及其他粒子束等人工射线。放射治疗的作用已经日渐突出,约70%的癌症患者在治疗癌症的过程中需要用放射治疗,约有40%的癌症可以用放疗根治。放射治疗虽然历史短暂,但是发展迅速,从最早的二维放疗到现在的三维放疗和图像引导的四维放疗,从普通的适形放疗,到现在的调强放疗和容积调强放疗,从毫米级精度到现在的亚毫米级的精度,无论从技术到治疗精度都经历了突破性的发展。

第二节 X刀系统

一、X刀系统的基本结构

γ刀的问世要早于X刀,为肿瘤的精准治疗带来了革命性的变化,但是其也存在显著的缺点:主要表现在适应证窄和价格昂贵,这严重限制了其普及应用。为了克服上述缺陷,20世纪80年代欧美开始探索立体定向放射治疗的其他方式。Colombo和Betti等人将用于常规放射治疗的医用电子直线加速器加以改进,通过电子计算机和专用的准直器与立体定向系统,使照射源围绕患者头部等中心点移动旋转,这样射线会集中于一点,而取得与γ刀同样的治疗效果,但其价格仅为γ刀的1/6~1/5。

基于直线加速器的SRS技术主要是使用多个非共面拉弧(动态射野),光束聚焦到机器等中心即成像目标的中心。通过该技术获得的剂量分布可以实现更好的靶区适形度。通过精确选择弧形照射的遮挡、多叶光栅动态调整射束孔径、多等中心位置来精确改变各个射野和权重来实现。实现方式中的参数优化是由计划系统自动完成的。

直线加速器主要优势是设备的易得和适应证广。医用直线加速器既可以产生治疗深部肿瘤的MV级X射线,也同样可产生治疗浅表肿瘤的MeV级别的电子射束。X刀就是在直线加速器的基础上通过加装部分装置实现的,因其简便经济易得,近年来获得了显著的发展。X刀主要是通过在直线加速器上配备外形大小不同,中心孔径在5~50mm的准直器(亦称限光筒)实现的。限光筒的主要作用是二级准直X线,根据病灶的大小配备不同孔径的准直器,通常选择的准直器应该与病灶大小一致,同时X刀准直器是加装在加速器机头上面,因此相较于γ刀准直器孔径(4~18mm)有更大的选择范围(即可以选择治疗更大的肿瘤)。为了获得更为准确的靶区照射精度,这就需要精确的靶区图像的引导和勾画,X刀主要是利用CT、MRI或血管造影的图像数据,在计划系统上对病灶解剖结构进行勾画和三维重建,从而设计出精确的放射治疗方案,然后通过电子系统精确控制直线加速器,使用大剂量窄射束准确的瞄准靶区,从而实现更好的剂量跌落效果,减少对周围正常组织的损伤,实现在不做手术的情况下对肿瘤和病灶经过一次性照射达到治疗的目的。

X刀硬件组成部分主要包括:
(1) CT/MRI/血管造影等图像的靶区定位系统。
(2) 靶区、正常组织、危及器官的识别、标记系统。
(3) 照射弧(动态野)的选择系统。
(4) 三维剂量计算系统。
(5) 治疗计划的制订和优化系统。
(6) 定位架及定位头环系统。
(7) 等中心定位及靶中心定位校验装置。
图7-4展示的是X刀的基本架构。

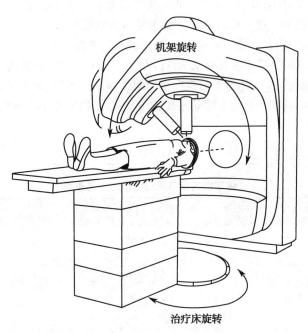

图 7-4　X 刀的基本架构

二、X 刀系统的工作原理

X 刀主要利用直线加速器单平面旋转形成空间剂量交叉分布,由于加速器单平面旋转形成的空间剂量分布较差,目前 SRT 通常采用 4~12 个非共面小野绕等中心旋转达到 γ 刀集束照射的同样剂量分布。每个旋转代表治疗床的一个位置,即治疗床固定于不同位置,加速器绕其旋转一定角度,病变(靶区)中心一般位于旋转中心位置。但是上述也存在一定的缺点,每次旋转治疗结束后,必须进入治疗室,变换治疗床的位置,摆位时间和治疗时间也会相应加长。

X 刀进行 SRS 过程中一个不可缺少的步骤是使立体框架中心和直线加速器的等中心重合,直线加速器等中心精确度在 1.0mm 范围之内时可用于 SRS。同时要求立体定向框架确定的靶区中心与直线加速器等中心的误差在±1mm 之内。在美国医学物理学家协会(American Association of Physicists in Medicine,AAPM)第 40 号和第 45 号报告中,详细介绍了检测加速器的各项指标等中心精度的方法,它们是直线加速器进行 SRS 时的质控基础。

X 射线 SRT 的等中心精度取决于医用直线加速器的等中心精度。目前常规放疗用的医用直线加速器的等中心精度只能达到±1mm。亦有公司设计了一种适应 X 射线 SRT 治疗的 6MV X 射线单光子直线加速器,等中心精度可达到±0.5mm。X 射线立体定向治疗的精度,不仅取决于机械等中心精度,还取决于靶区定位精度(包括影像系统的重建)、基础环固定系统的可靠性及治疗摆位时的准确性三个重要因素。因此从治疗精度看,X 射线 SRT 和 γ 射线 SRT 的相同。X 刀加速器能量选择 6~15MV X线较为合适。加速器的机械等中心,总体误差≤1mm,机械等中心与激光等中心吻合度误差应<0.5mm,限光筒半影区应≤10mm,否则等中心剂量线将以 10%/mm 的概率发生偏差。采用三级准直器的目的是进一步减少 X 刀射野的半影区宽度,以增加 X 刀剂量分布的锐利度。延长源到准直器底端的距离可有效减少射野的半影区宽度,三级准直器下端距离等中心一般取 30~35cm,准直器直径2~40mm,以 50%剂量线作为准直器边界线。X 刀治疗计划精度是治疗成败的关键,制订计划者必须具有相当的放射生物、放射物理知识及放疗临床经验。一个好的计划系统,必须具备三维图像重建、三维剂量计算、剂量归一方式及参考剂量线选取等功能,必须遵循 ICRU50 有关规定。而一个好的治疗计划,应该使靶区内参考剂量线水平的剂量体积不小于靶区总体积的 90%,治疗计划包括选择靶点的数量、等中心数、剂量、限光筒大小、旋转弧的度数、床偏转角、靶区周边危险器官、危及器官体积积分剂量、估计并发症的危险度、计算靶区受量。

X 刀的另一个重要的装置是准直器,SRS 或 SRT 通常用于治疗较小的病变,这就要求 SRT 的射野比常规放射治疗的射野要更小,此外几何半影也必须尽可能小。通过设计 SRS 的三级准直系统,使准直器的大小与靶区更为接近。这一点可以通过使用铅挡块制成的 15cm 长的圆形筒来实现。下面是安装的圆锥体的 X 射线挡板,从而提供一个大于锥内径的正方形开口,但开口足够小,以防止锥侧壁辐射出射线。SRS 治疗的病变需要锥直径变化范围在 5~30mm。直径较大的锥形束同样可通过 SRT 治疗更大的病灶。如前所述,X 线挡板下的锥形束的附件增加了 SSD,从而减少了几何半影。锥形束的中心轴与射线束的中心轴是一致的。因此,射线束的等中心仍然位于锥形束开口的中心,机架的旋转误差同样保持在±1mm。

知识拓展

立体定向放疗与常规放疗的主要差别		
	SRS	常规放疗
分割次数	1~2	10~35
准确性	<1mm	<5mm
剂量下降梯度	10%/mm	5%/mm
包括脑体积	10~50cm³	1000~1500cm³

肿瘤敏感性不受限制考虑。

以下是主要的治疗参数的选择:

(1)旋转弧的选择:4~12 道弧/野为最佳,太多太少均无益,每道弧均应在 40°以上,全野总弧度不应<600°,尽量非共面对称拉弧。

(2)限光筒选择:Lux 报道选择小口径的限光筒比选择大口径的靶区周边剂量衰减更为陡峭。Ogunrinde 在应用 X 刀治疗听神经时,也指出小限光筒可有效损毁肿瘤的同时,较好地保护了面神经和三叉神经。

(3)等中心数选择:Lux 报道周边正常组织高受量是导致脑水肿等并发症的高危因素。Flickinger 的研究也证实,多等中心照射及小口径限光筒可有效地损毁肿瘤,而无严重的并发症。而 Levin 等报道在 X 刀治疗胶质瘤时,单个等中心与多个等中心没有区别,而多个等中心后期水肿更为多见。因此等中心数量选择应因人而异,需要结合临床灵活掌握。在减少并发症的同时,尽可能地适形肿瘤的形状。

(4)床转角:以 30°为基本地转角,最小转角不应<15°,否则等剂量曲线将失去锐利度。

(5)剂量:剂量选择是放疗计划的核心。根据放疗生物效应经验的积累,近十年来 X 刀的剂量一般在 10~35Gy 范围内。

三、X 刀系统的临床应用

王某,男性,55 岁。肺癌脑转移患者,颅脑病变位于颅脑顶叶。经多学科会诊行颅脑立体定向放射治疗。采用全脑放疗 30~40Gy/3.5~4.5 周,SRT 处方剂量为 15~32Gy,SRT 前行全脑放疗。

问题:如何实现头部 X(γ)立体定向放射治疗?

近 40 年在世界范围内 X 刀 SBT 获得了迅速的发展,也治疗了大量的患者,其中疗效最好的是脑血管畸形。在体内肿瘤的治疗上,多项研究也显示 SBT 具有显著的优势,特别是体积较小的病变。X

刀在临床治疗上的优势主要体现在三个方面:首先,X刀治疗不需麻醉,不用开刀、无痛苦,一次治疗15~30min,治疗结束后即可下床活动;其次,疗效可靠,并发症少;最后,相较于传统常规治疗,因为其技术本身的特点,其治疗精确度非常高。

与γ刀相比,X刀适应证广泛。它不但用于颅内良性肿瘤如动静脉畸形、垂体瘤、听神经瘤的治疗,也可用于脑内恶性肿瘤的治疗。X刀治疗系统结合医用加速器用于常规放疗,实现一机多用,便于患者综合治疗。X刀在出现之初,主要应用于颅内肿瘤的治疗,随着治疗设备的改进和临床治疗技术的日益成熟,X刀治疗适应证也越来越多。

目前,X刀主要适合以下肿瘤的治疗:一是原发头颈部肿瘤,适合于肿瘤生长的位置较深,靠近功能区,手术困难大或手术治疗后易复发的肿瘤,因年龄及其他原因无法手术的患者;二是头颈部转移瘤治疗,如脑转移瘤的姑息放疗等;三是体部原发肿瘤,主要包括由于年龄及其他重要器官功能障碍而不能手术的早期肿瘤患者,失去手术机会的中、晚期恶性肿瘤患者及手术或放疗、化疗后易复发的肿瘤;四是体部转移瘤的治疗,包括肺转移瘤、肝转移瘤、骨转移瘤及腹膜后淋巴结转移瘤等。

第三节 γ刀系统

一、γ刀系统的基本结构

Lars Leksell教授从事立体定向功能外科,在1949年就已经设计出脑立体定向仪。在没有CT、MRI等成像技术的时代,仅能依赖脑室造影或颅内病理或生理钙化移位来判断定位,定位的精确度与准确性都无法令人满意,但脑立体定向仪的理论和实践为后来的立体定向放射外科创立奠定了基础,γ刀就是在上述临床背景下改进发明的。Leksell等首先利用Uppsala大学的回旋加速器探索质子束治疗,发现回旋加速器的费用太昂贵,技术也非常复杂。因此,选择了技术简单、价格低廉的钴源。1967年将放射源分布在一个半球圆顶上,通过准直器形成γ线束,聚焦刀球形几何中心,形成了第一代γ刀的雏形。γ刀通过大量等中心射线的同步照射对病灶靶区进行治疗。在现代设备中,201个^{60}Co源被安置在一个半球形容器中,射线束被准直并会聚在一个距源40.3cm的点。γ刀并不是真正意义上的手术刀,刀的意思是指在短时间内对肿瘤组织进行大剂量的照射,产生类似于手术切除的效果。但医生并没有给患者开刀,取而代之的是γ刀将放射线精确地聚焦在肿瘤、损伤或其他病灶区。图7-5显示出整个体部γ刀的组成情况。

γ刀使用的射线为γ射线。放射性元素^{60}Co通过贝塔衰变产生两种单能的γ射线,分别为1.17MeV和1.33MeV。^{60}Co γ射线的深度剂量分布与4MV光子线类似。从图7-6可以看出γ刀对比其他光子放疗设备,能量是相对较弱的。

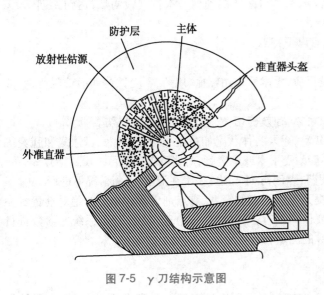

图7-5 γ刀结构示意图

图7-6 射线能量分布

γ 刀的装置主要包含放射源、准直器、治疗床、立体定位框架、计算机治疗计划设计系统和计算机操作控制系统。

对于 ^{60}Co 放射源来讲，其为一种穿透力非常强的放射性核素，利用这一特性来杀灭身体内部的肿瘤。在 γ 刀的设计上，主要是应用数十个乃至上百个 ^{60}Co 源，排列为半球状的几何分布，每个源指向同一圆点，从而形成对内部肿瘤的杀伤。准直器的作用是将每束 ^{60}Co 放射线导向聚焦点的钢性装置。形状除玛西普 γ 刀准直器呈筒状外，其余均呈半球状。不同的 γ 刀准直器数量不同，Leksell（莱克塞尔）γ 刀有 4 种不同孔径的准直器，使用起来比较麻烦，治疗中要根据需要更换。而奥沃头部 γ 刀、尊瑞头部 γ 刀、玛西普头部 γ 刀只要一个孔径大小不一的准直器，自动化水平更高，治疗中不用人力更换，计算机根据计划自动更换。治疗床的目的是将患者依照治疗计划要求固定并将患者送入 γ 刀照射野内进行治疗的装置。需要强调一下的是，尊瑞 γ 刀治疗床和主机是一体化钢性连接，保证了治疗床和主机永不变形和可能存在的位移，从而保证了治疗精度的准确性。立体定位框架的主要作用是一种确定颅脑病灶的装置，均为经典的 Leksell 型，一般分 CT 型和 MRI 型，只有尊瑞 γ 刀立体定位框架更为先进，二者合一，只要一种立体定位框架就可以满足 CT 和 MRI 定位的需要，而不需要更换。计算机治疗计划设计系统和计算机操作控制系统，这也是两个极其重要的组成部分，假若上面谈到的几部分是硬件的话，这两部分就是软件系统，而软件的发展和更新是最快的。随着计算机技术的发展，γ 刀治疗计划设计系统更加自动化、程序化，也大大提高了工作效率和放射剂量分布精度。

二、γ 刀系统的工作原理

如前所述，γ 刀和 X 刀治疗并无显著的临床差异。然而，γ 刀由于其射野大小的限制，即使可以把几个等中心放在同一靶区内来扩大射野或形成剂量分布，它也只能用于治疗小的病灶（最大直径 18mm）。对于多个等中心点或靶区的治疗，γ 刀由于其设备的简易性，比 X 刀更加实用。出于同样的原因，γ 刀比 X 刀能产生更加合适的剂量分布，除非后者装备了专门的射野形成准直器，如动态多叶准直器。另一方面，X 刀则相对更为经济，因为它以电子直线加速器为基础。

γ 刀的治疗原理类似于放大镜的聚焦过程。把放大镜置于阳光下，放大镜下面会形成一个耀眼夺目的光斑，即焦点。焦点以外的地方，人的感觉如常，但在焦点处却有很高的热度，足以使一些物体点燃。当然，要想在人体内聚焦，必须采用具有穿透力的高能射线，如 γ 射线。同时，要让 γ 射线聚焦也不像放大镜聚焦那样简单，而要综合利用核物理、计算机、生物放射、机电等一系列现代技术才能实现。因此，γ 刀是 20 世纪末现代高科技的产物，作为一种崭新的无创伤治疗手段，它是医学治疗史上的一个革命性突破。由于射线束从各个方向穿越正常组织，正常组织所受的照射剂量非常分散，每单位体积的正常组织仅受到瞬时照射，因而正常组织得以保护，靶点以外的正常组织仅受到均匀、微弱剂量照射。只要将焦点对准病变部位，就可以像手术刀一样准确地一次性摧毁病灶，达到无创伤、无出血、无感染、无痛苦、迅速、安全、可靠的疗效。

γ 刀治疗肿瘤优势非常明显，具体来说，有以下特点：

（1）治疗简便：需要几分钟到几十分钟。

（2）方便安全：患者不脱发，无严重不良反应，手术后不用输血、用药，不受饮食和活动限制，一般不用住院。

（3）精确：治疗全过程均由计算机控制，可靠，疗效确切、安全，正常组织无损伤。

（4）无明显手术禁忌证：治疗过程不受年龄，以及身体状况如高血压病、心脏病、糖尿病和肺炎等并发症的影响，无手术禁忌证，尤其适合于不能耐受手术或麻醉者，对多发转移灶可一次性治疗。

（5）不需麻醉：不需要特殊术前准备、用药，无创伤、不出血，手术在清醒、无痛情况下进行。

保证 γ 刀能够准确、有效治疗肿瘤的前提是 γ 刀焦点的精度、焦点剂量率和焦点的绝对剂量及参考点的相对剂量，这些参数是治疗患者的重要保障。对各种机械、核物理、剂量、计划系统等参数进行反复测量验证，并结合实际患者进行治疗参数的测定和验证后才能应用于临床。

三、γ 刀系统的临床应用

γ 刀的临床应用主要为小体积（直径<3cm）的病变，可用于治疗颅内血管畸形、良性肿瘤、恶性肿

瘤和功能障碍等。

1. 动静脉畸形 γ刀治疗动静脉血管畸形的治疗效果已被广泛认同,细小到中等体积的血管畸形都适合用γ刀治疗,体积上限为20cm³,剂量为25Gy,其成功率在80%~90%。Karolinska学院认为位于脑干的小血管畸形最好用γ刀,位于脑部其他主要部位的血管畸形γ刀的效果优于其他方式,如显微外科手术和栓塞形成术。

2. 良性肿瘤 自1969年以来前庭神经鞘瘤或听神经鞘瘤已治疗超过1000例,大部分学者认为脑内直径小于3cm的肿瘤,将是γ刀治疗的适应证,但也有人认为除了有高度外科手术危险的患者外,现代显微外科手术均可达到最好的治疗效果,普遍认为γ刀只是辅助疗法。

3. 恶性肿瘤 颅内原发性恶性肿瘤因其浸润性生长的特性,并不适合于放射外科,相反,继发性恶性肿瘤通常有明显的边界,故较适合于放射外科治疗,根据对200例接受γ刀治疗的患者跟踪观察,发现半数肿瘤消失,1/3有明显的体积缩小,5%无变化,10%增大,肿瘤体积增大的病例中有1/2是由于放射性坏死,而1/4是由于局部复发,如以肿瘤停止生长或体积缩小为标准,其成功率达90%以上。最好的疗效指标是治疗区的复发率,在Karolinska学院所做的375例γ刀手术中,有27例(7%)复发;在另外的116例单发性转移病灶γ刀治疗后17名(15%)局部复发;而接受普通手术并配合全脑放疗的复发率为20%,单纯全脑照射的复发率为50%。

4. 功能性障碍 现已尝试将放射外科应用于运动系统障碍、疼痛和精神疾病如强迫观念与行为的神经功能病(OCD),但目前积累的例数较少,尚处于尝试阶段。

图片:X刀结构图

第四节 X刀和γ刀的优缺点

一、X刀的优点和缺点

从价格、性价比及综合因素考虑,X刀的兼容性好,既能保证常规的放疗,又可行放射外科的大剂量的照射;除颅内疾患外,还可逐步扩展至头颅及其他部位的立体定向放射治疗,并且在功能、效率、性价比方面比γ刀更为合理。更重要的是,在放射治疗的过程中,影像、外科、内科等各类人员的直接参与下,将会促进X刀在临床的应用与发展。它具备如下的优点及特点:设备简单,只需将一般的放射治疗用电子加速器加上等中心照射的配件,便可使用。因而使一般医院中的电子加速器很容易达到一机多用,机器设备费用相对便宜。治疗中,随病变需要,靶点体积与形状的变化较γ刀灵活。X刀不像γ刀仅限于头部使用,X刀优点是靶区剂量集中,可以做到肿瘤区高剂量,正常组织低剂量,疗程短,短期疗效好。缺点是边缘区剂量急剧衰减造成边缘区剂量不足,导致边缘及临床靶区易复发。

近年来,有些学者认为采用单次放射外科治疗的放射生物学效应,易受肿瘤细胞含氧情况及不同细胞生长周期的影响,故其治疗效果不如分次照射。后者称之为分段立体定向放射治疗,可避免单次SRS的缺点,扩大了适应证的范围。其装置与SRS基本相同,只是在一般X刀上不采用颅骨固定的有创头环,而改用可重复利用的无创头环或面膜。二者的使用方法基本相同,精确度也相差无几。保证精确定位、精确摆位及精确设定剂量和进行治疗。通常要求以CT或DSA等定位;在治疗计划系统上设计三维治疗计划优化非共面,多弧等中心治疗方案;用检证系统确定病灶的立体空间位置,精确固定然后实施照射。每个环节严格操作,整个治疗范围<0.3mm。病灶靶区周边外剂量每1mm按照7%~15%衰减,受照病变越小,使用的限光筒口径愈小,剂量下降梯度愈大。形成的高剂量区和低剂量正常组织界限分明犹如刀切,保护了正常组织结构。为非创性治疗,无手术感染或手术合并症,无与手术直接相关的病死率。立体定向放射外科易为不能承受手术的患者所接受。而且,只要正确掌握适应证,X刀治疗的并发症可以很低。当日完成治疗,不需要住院或只住院2~3d后即可出院。多年临床结果证实,体积小的及一些良性肿瘤的疗效令人满意。

二、γ刀的优点和缺点

γ刀的优点:操作简单,治疗效果良好;γ刀的机械精度高,易于操作,且不容易损坏;高精度定位,能量高度集中。治疗时 201 束 γ 射线分别通过 201 个孔聚焦到病灶的中心位置,在病灶中心形成比周围组织区高出上百倍的大剂量照射焦点,从而杀死病灶细胞,达到治疗目的,而健康组织损伤极少。照射后,病灶处产生盘形伤灶,其边界清晰如同刀割一般。由于采用了现代的影像定位技术,治疗位置精确,其误差一般在 0.1~0.3mm。自动化程序高,剂量由计算机完成。整个治疗过程全部自动化、程序化,无论是病灶定位还是治疗方案的确定(如照射剂量和时间的确定)都非常快而且准。进入 20 世纪 90 年代,由于计算机技术的不断发展也促进了 γ 剂量系统的不断改进和完善,使得治疗更加精确、科学、自动化、安全、可靠。与传统的神经外科相比,γ 刀治疗无手术创伤、无痛苦、无出血、无感染及麻醉风险。治疗精确,有效率高且并发症少,治疗后患者即可重返工作岗位,无须长时间住院,并为过去许多难以手术或手术风险很大的患者提供了一种安全的治疗方法。随着神经影像学技术和计算机技术、治疗设备的不断更新和日趋完善,其应用也日益扩大到脑血管畸形和脑肿瘤。目前,γ 刀的治疗范围几乎涉及神经外科的各个领域,γ 刀的装机量及治疗病种、病例数不断增加。γ 刀已被公认为是治疗脑动静脉畸形的标准治疗方法之一。对于体积小或重要的功能区域动静脉畸形,γ 刀已作为首选的治疗手段,其疗效已经超过显微外科手术和介入放射治疗。大量文献报道,其治疗的总有效率可达 80%~90%。γ 刀的出现使神经外科疾病的治疗进入了一个新的阶段,尽管传统的手术在神经外科病的治疗方面仍然发挥着重要的作用,但 γ 刀在许多疾病的治疗方面已经显示了其无可比拟的优势。

γ 刀的缺点:γ 刀使用 ^{60}Co 源,由于安装后能量逐日衰减,使单次照射时间逐渐加长;且(5~10 年)需要更换钴源一次,易造成环境污染;γ 刀由于价格昂贵,限制了它的推广应用。

知识拓展

立体定向放射治疗的适应证

(1)功能性紊乱:三叉神经痛、帕金森病。
(2)血管病变。
(3)原发良性和恶性肿瘤。
(4)转移瘤。

本章小结

X(γ)刀是过去 40 年里面发展起来的一种放射手术治疗设备。首先 γ 刀虽然经历了无数次的重大技术改进,但是仍然沿用了 20 世纪 60 年代末 Leksell γ 治疗机原型的基本结构和原理。20 世纪 80 年代 Colombo 和 Betti 等学者对医用直线加速器加以改进后形成的 X 刀也得到了迅速的发展。

根据单次剂量的大小和射野集束的程度,SRT 目前分为两类。第一类 SRT 的特征是使用三维、小野、集束、分次、大剂量(比常规分次剂量大的多)照射。此类均使用多弧非共面旋转聚焦技术,附加的三极准直器一般都为圆形。一般 X 刀、全身 γ 刀及体部 γ 刀等属于此类,但 X 刀在采用颅骨固定定位和单次大剂量治疗时可称为 SRS。第二类 SRT 是利用立体定向技术进行常规分次的放射治疗。3D CRT 特别是 IMRT 属于此类。

在治疗的过程中也应该密切注意患者的动态,包括观察和随访。立体定向放射治疗采用低分次、大剂量治疗方法,治疗时间相对较短,有些病灶在放射治疗后可观察到缩小,有些病灶需要观察 1~3 个月甚至更长的时间才可见到肿瘤对放射治疗的效应。另外,呼吸运动使靶区的移动在立体定向放射治疗中应给予高度重视。最后,应该严格了解肿瘤和重要器官受照体积和最大受照剂量,控制脊髓和心脏剂量在可接受的水平。

案例讨论

何某,女性,45 岁,确诊为肝癌,无手术条件,采用肝部肿瘤立体定向放射治疗。放疗剂量 3Gy/15 次,行调强计划,立体定向放射治疗。

问题:在临床应用立体定向放射治疗之前,需要考虑哪些问题?

(李振江)

扫一扫,测一测

思考题

1. 加速器型的放射手术治疗与 γ 刀相比有哪些优劣?
2. X(γ)射线 SRT(SRS)的基本结构包括哪些部分?
3. 立体定向放射治疗所需的设备有哪些?
4. 简述立体定向放射治疗的特点。

笔记

第八章 放射治疗设备新技术及发展趋势

学习目标

1. 掌握：放射治疗中的各种技术及其应用概况。
2. 熟悉：放射治疗过程中适形放疗、调强放疗、图像引导放射治疗的技术实施细节及对应的实现方式。
3. 了解：IGRT 放疗面临的问题及发展趋势。

第一节 概　述

随着 1895 年伦琴发现 X 射线后，放射治疗随即诞生，X 射线产生之初是为了提供更高能量的光子与电子射线，随着计算机技术的进展，可以通过精准控制动态多叶光栅来"雕刻"出包绕肿瘤的较佳等剂量线分布，同时隔离开需要保护的正常组织。放射治疗的本质就是利用高能射线来破坏肿瘤细胞的 DNA 双链结构，从而使其失去分裂与复制能力，达到缩小、消除肿瘤组织的目的。放射治疗的应用范围非常广泛，据 WHO 报道，70%的恶性肿瘤患者在治疗的某一阶段需要做放射治疗。

1950 年加拿大人 H. E. Johns 发明了^{60}Co 远距离治疗机，极大地推动了放射治疗对高能光子射线的需求，并且在相当长的时期里^{60}Co 治疗机占据了放射治疗的重要地位，^{60}Co 放射治疗机机架结构见图 8-1。然而，几乎同时诞生的医用电子直线加速器，先后经过五次复杂的换代改进，迅速超越^{60}Co 治疗机成为现代放射治疗中应用最广泛的放射治疗设备，医用直线加速器图像引导放疗系统结构见图 8-2。由于直线加速器本身具有的结构紧凑、治疗效率高、可提供包括 X 线和电子线多种能量射线等特性，因此其应用范围越来越广。

除直线电子加速器外，如电子感应加速器和电子回旋加速器等其他类型的加速器也被用于放射治疗。通过专门的加速所产生的其他的粒子，如质子、中子、重离子和负 π 介子等也在当今被广泛应用于放射治疗。随着磁共振引导放疗的发展，磁共振加速器一体机的诞生，也终将精准放射治疗推向一个新时代。但是，因为价格和便捷性等原因，目前的放射治疗大部分工作还是由医用电子直线加速器和远距离^{60}Co 治疗机来担当。

随着逆向调强放射治疗（intensity modulated radiotherapy，IMRT）、重离子放射治疗等剂量传输技术的应用，放射治疗实现了高适形度的剂量投送。随着高精度剂量投送技术的发展，使得对运动靶区成像和治疗得到了迅速的发展。现在主流的肿瘤运动监控技术，还是在线的图像引导系统，见图 8-2。通过获取患者治疗期间每日的影像信息，可减小由摆位和器官运动造成的误差，并可通过后台图像处理定量监测病灶变化，更客观、真实地评估靶区及危及器官的真实受量，最终实现自适应放射治疗，也就是当前的多模态影像引导下的精准放射治疗。

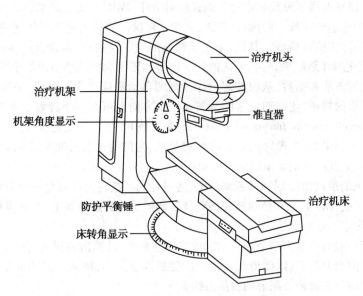

图 8-1 ^{60}Co 远距离治疗机机架结构

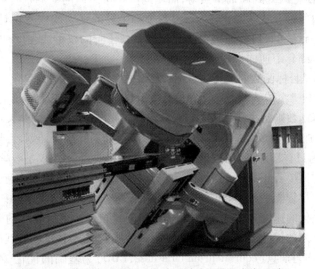

图 8-2 加速器图像引导放疗系统(CBCT 成像系统)

第二节 调强适形放射治疗系统

案例导学

张某,男性,55 岁。ⅡA 期肺癌患者,肺部病灶位于左肺上叶。经多学科会诊行肺部立体定向放射治疗。定位采用大孔径 4D CT 定位,通过平均密度投影图像勾画靶区,采用放疗处方剂量为 11Gy/次。

问题:在实际的临床应用过程中,如何减少诸如呼吸运动和较大低剂量区等方面问题的影响?

一、调强适形放射治疗原理

从理论上说,调强适形放射治疗是三维适形放疗的一种,主要指的是通过对加速器束流精确调整和动态多叶光栅技术实现在每个射野角度下非均匀强度的射野分布,从而达到最优化剂量的一种放射治疗技术。一般简称调强适形放射治疗为调强放射治疗(IMRT),见文末彩图 8-3。

IMRT 与常规的适形放疗最大的优势:首先,采用了精确的体位固定和立体定位技术;提高了放疗的定位精度、摆位精度和照射精度。其次,采用了精确的治疗计划:逆向计算(inverse planning),即医生首先确定最大优化的计划结果,包括靶区的照射剂量和靶区周围敏感组织的耐受剂量,然后由计算机给出实现该结果的方法和参数,从而实现治疗计划的自动最佳优化。最后,采用精确照射:能够优化配置射野内各线束的权重,使高剂量区的分布在三维方向上可在一个计划上实现大野照射及小野的追加剂量照射(simultaneously integrated boosted,SIB)。IMRT 可以满足靶区的照射剂量最大、靶区外周围正常组织受照射剂量最小、靶区的定位和照射最准、靶区的剂量分布最均匀。其临床结果是:明显提高肿瘤的局控率,并减少正常组织的放射损伤。

IMRT 计划优化的准则由计划制订者来确定,通过计划系统逆向计算每一个射野方向上的最佳通量,生成的射野通量文件以电子文档的形式传到具备调强功能的加速器上,在计算机系统控制多叶光栅运动,按照计划实施调强放射治疗。

调强放射治疗一般需要至少两个系统。①放疗计划系统,计算出各照射野的非均匀剂量分布,各个射野从不同的方向照射靶区,以使得正常组织的受照剂量最小,靶区受到的剂量最大;②一套可以按计划要求进行非均匀剂量分布照射的投照系统。

调强放疗的原理是用不均匀强度分布的射野从大量不同的方向(或连续旋转)来治疗患者,这些被优化过的射野,可以使靶区受到高剂量照射,而使周围正常组织的受照剂量在耐受范围之内。治疗计划系统可将每个方向射野分成大量的小子野,各个小子野的强度或权重由计划系统来确定。射野的优化过程即逆向计划计算的过程,通过最优化地调整各子野的权重或强度,以最大程度满足预期剂量分布的要求。下面详细介绍逆向调强治疗计划的原理。

逆向优化的问题都是目标函数的选择。目标函数将候选优化条件进行量化,而函数的优化则会在目标条件下生成最佳的参数。在传统的治疗计划设计中,目标函数依赖于射线权重、楔形板角度和射野方向。而在 IMRT 中,目标函数则是一个线束子野权重函数。放疗计划优化的结果在很大程度上取决于目标函数,所以各种优化方法的主观性是不可避免的。因此在确定好最优计划后,临床医生应该根据实际临床情况进行决策,因为只有真正适应临床的计划才是最优计划,而不仅仅是数学中的最优模型。

如果放疗的优化方案要真正影响临床实践,必须充分考虑剂量和临床实际患者的情况,还要考虑模型采用的优化算法。尽管随着计算机技术的发展和算法的持续进步已经在很大程度上提高了 IMRT 计划的优化设计、优化的速度和优化的精度,但是真正生成一个适合临床的 IMRT 计划还是需要较多的工作。一般会将计划的优化方法按照上述的要求分成四类。①剂量为基础的优化;②临床知识为基础的优化;③等效均匀剂量(equivalent uniform dose,EUD)为基础的优化;④肿瘤控制概率(tumor control probability,TCP)或正常组织并发症概率模型(normal tissue complication probability,NTCP)为基础的优化。

这些模型之间的根本区别在于,用于评价治疗计划的终点(指标)不同,或用于确定最佳治疗计划的评价指标不同。在现实中,每一种逆向治疗计划在临床决策的制定过程和实施过程中均有利弊,因此应该谨慎选择。

调强放射治疗面临的难题

(1) IMRT 剂量投射设备的复杂性。

(2) 逆向计划设计过程的复杂性。

(3) 与剂量计算和剂量投射相关的质量保证。

二、调强适形放射治疗新技术及应用

(一)静态野调强技术

患者接受多射野照射时,每个射野又被细分为一系列强度水平均匀分布的子野。子野由多叶准直器形成,并在一批计划中以无须操作员干预的序列方式一次性生成。当叶片移动到下个子野过程中加速器关闭。每个子野生成的剂量逐渐累加,复合后得到由 TPS 计划的调强射线束。完成一个射野的照射后,机架转动到下一个射野的入射角,开始该射野若干子野的照射,这就是所谓的"静态调强"。Bortfeld 等已对创建子野和设置叶片序列来生成所需的强度调节的理论进行了论述:一维调强以离散的剂量间隔形式产生,故 MLC 形成了大量子野,每个静态子野照射设定剂量。若 10 个单独的子野通过叶片指定方法生成,即"叶片收缩"方法。另外的方法即所谓的"叶片扫描"。这两种方法是等价的,累积的 MU 数目相同。事实上,如果 N 为子野的数目,它已被证明有 N! 种可能等效的序列。二维调强通过整个多叶准直器创建的许多大小不同和形状各异的子野组合来实现,静态射野的剂量分布见图 8-4。

图 8-4　静态调强射束的强度分布

静态方法的优势在于减少了实施过程中工程学和安全方面的问题,如实施简单、易于质量控制等。其存在的一个可能缺陷是当射线束在不到 1s 的时间内进行开关转换时一些加速器会存在稳定性的偏差。还有一种动静态结合的调强模式,在这种模式中,叶片从一个固定的子野位置移动到下一个位置,射线始终都在连续照射。这种技术的优势在于可以"模糊"单纯静态子野照射时的剂量阶梯效应。Bortfeld 等展示了一套使用相对较少的步骤(10~30 个,覆盖 20cm 宽的射野)实现误差在 2%~5% 范围调强剂量分布方法。在不到 20min 内可以进行九野调强照射,包括机架旋转时间。

（二）动态叶片调强技术

这种技术相对应的叶片同时单向移动,每个叶片以各自不同的速度运动,从射野的一端移向另一端,并分别为时间的函数。在叶片之间存在空隙即开放的时间内,使射野内不同的点获得不同强度的剂量。这种调强方式有以下几个名字:"滑窗技术""叶片跟随技术""相机快门技术""多间隙扫描"。

动态多叶准直器的叶片由马达驱动,能达到超过每秒 2cm 的速度移动。叶片运动由一台计算机控制,它可以精确定位叶片的位置及运动速度。确定叶片速度文件的问题已得到解决。该解决方案并非唯一的,而是一套优化算法,包括叶片以尽可能大的速度移动和最短的治疗时间精确地提供调强计划。

动态调强的基本原理可以理解为,一对叶片形成一个空隙,引导叶片以一定速度移动,跟随铅门以另外速度移动。假设射线输出时未穿过叶片,无半影,无散射,加速器中时间用剂量仪的跳数表示,叶片位置是时间的函数。为尽量减少总的治疗时间,优化技术是以允许的最大速度移动其中一个较快的叶片,调节较慢的叶片的速度。

总之,动态多叶准直器的算法是基于以下原则:①如果强度曲线的变化率是正值(能力增加),引导叶以最大速度移动,跟随叶提供必要的调强;②强度曲线的变化率是为负值(能力降低),跟随叶以最大速度移动,引导叶提供所需要的调强。

（三）旋转调强技术

由于开发出的旋转调强技术(intensity-modulated arc therapy,IMAT),通过使用动态多叶准直器形成射野,同时以旋转机架的方式进行治疗,不同方向上的射束形状和强度不断动态变化实现射束强度调整。该方法类似于静态调强,将一个射野分为强度一致的多个子野,通过子野剂量叠加来产生所要的剂量分布。但是,多叶准直器动态形成的每个子野,在机架连续旋转时射线束一直照射。叶片以相同的时间间隔移动到一个新的位置,这可以提供多次重叠的旋转扫描。每次旋转扫描在每个机架角度提供一个子野,继而在一个新的旋转扫描开始以提供下一个子野,直到所有的旋转扫描完毕和子野结束。每个旋转角度的强度等级和所需的角度数目取决于治疗的复杂程度。一个典型的治疗需要3~5次旋转,操作的复杂性与传统的旋转扫描相似。

IMAT 算法将二维强度分布(通过逆向治疗计划获得)分为数个多对叶片生成的一维强度曲线。强度曲线被分解为使用多次旋转的子野所生成的不相关的强度水平。每个子野的叶片位置取决于所选择的分解模式。如前所述,对于只有一个峰的 N 种水平的强度分布需要有 N! 种可能的分解模式。这种分解模式由计算机算法所决定,其在每个叶片的左右边缘会产生子野的间隙。为了提高效率,对于叶片定位每一边使用一次。对于大量可用的分解模式来说,这种算法适用于需要多叶准直器叶片移动最短距离的子野。

如前所述,子野的叠加实现了每个照射方向射野强度调节。一组叶片对可定义为射野叠加实现了一维的强度调节,多叶准直器所有叶片则实现二维的强度调节。

知识拓展

放射治疗的原理

肿瘤放射治疗是利用放射线治疗肿瘤的一种局部治疗方法。它利用放射线如放射性核素产生的 α、β、γ 射线和各类 X 射线治疗机或加速器产生的 X 射线、电子线、质子束及其他粒子束等来治疗恶性肿瘤。

放射线是有一束粒子或者携带能量的波。它可以毁坏基因(DNA)和细胞中的一些分子。基因控制着细胞的生长和分化。辐射损伤了癌细胞的基因,所以它无法再生长和分化。也就是说,辐射可以用来杀死癌细胞,缩小肿瘤组织。

放疗不是总能立即杀死癌细胞或正常细胞,可能在治疗后的几天甚至几周后,细胞才开始凋亡,可能在治疗结束后的几个月,细胞才会相继死去。那些生长迅速的组织,通常起效很快,如皮肤、骨髓、肠道内膜。相反,神经、乳腺、骨组织的效果就会慢一些。因此,放疗的副作用可能会在治疗结束很久以后才显现出来。

(四) 断层治疗技术

断层治疗是一种调强放射治疗技术,患者由调强射束逐层进行治疗,其方式类似于 CT 成像,由一个特殊的沿着机架围绕患者的纵轴旋转的准直器来产生调强射束。对于有些设备,治疗床一次步进1~2 个断层,而对于其他设备的治疗床能够像螺旋 CT 一样一直移动。

1. Peacock 系统　调强多叶准直器 MIMIC 与治疗计划系统结合使用,即 Peacockplan,调强多叶准直器和该计划系统在一起被称为 Peacock 系统。其他重要的配件包括:一个特殊的步进床 CRANE,患者的固定装置 TALON,超声波定位系统 BAT。

2. 调强多叶准直器　调强多叶准直器包括一个长的横向的孔径,由两组叶片每组 20 个组成。每个叶片可独立运动,并能形成一个开口(在等中心处),大小为 1cm×1cm 或 1cm×2cm。因此每组可以治疗 1cm 或 2cm 厚的组织层(组织直径为 20cm),因为有两层,2cm 或 4cm 层厚的组织可在同一时间进行治疗。为了扩大治疗长度超过 4cm 的体积,移动治疗床以进行相邻层的治疗。如此可引起射野交叉,这是基于调强多叶准直器的调强放疗时必须注意的问题。

调强多叶准直器的叶片由钨组成,沿线束方向上约 8cm 厚,对于 10MV 的 X 线通过一个叶片透射的强度约为 1%。叶片的分级面是多级的,将相邻叶片间的漏射在 1% 以内,每个叶片的移动可以在100~150ms 切换,从而允许线束孔径随着机架的旋转发生迅速的变化。考虑到每个机架角度可能的射野孔径的数目和每个机架位置提供的强度级别的数目,每次旋转可以产生超过 1013 个线束形状。因此,线束的调强可以用多叶调强准直器技术很好地控制。

当需要治疗一个较长的靶区时,相邻体层不能配准的可能性是基于调强多叶准直器的断层调强放疗的一个潜在问题,Carol 等研究了该问题,并指出体层未配准时,在交界面会引起 2%~3% 的剂量不均匀性。然而,当治疗床步进存在 2mm 的误差时,会导致高达 40% 的剂量不均匀性。NOMOS 通过采用精确的步进治疗床 CRANE 和患者治疗装置 TALON 有效解决了这个问题。

3. 放疗方式　Mackie 等提出了调强的一种新方法,即直线加速器机头和机架旋转,患者通过类似于螺旋 CT 扫描的圆形孔。在这种断层放疗中,因射线束不断围绕患者的纵轴螺旋扫描,中间层面的配准问题被最小化。同时,检查床缓慢地通过孔径,进而就形成了射线束相对患者的螺旋扫描。该机器还配备了用于靶区定位和治疗计划诊断用 CT 扫描机。该设备能够进行 CT 诊断和兆伏级射线的输出。

扇形束的调强由一个特殊设计的准直器产生:一个瞬时调强准直器,它包括一个狭长的带有一套有适当角度的多个叶片的开口。叶片在计算机控制下可以动态移动,通过进出该开口来形成具有调强多叶准直器的调强束的一维分布,基于调强多叶准直器的断层放疗和螺旋放疗之间的主要区别为:对于前者,患者的治疗床是固定的机架旋转来治疗每个体层;而对于后者,患者持续地进入机架的圆孔。因此在螺旋放疗中射野配准的问题被最小化。

第三节　影像引导放射治疗系统

一、影像引导放射治疗概况

图像引导放射治疗(IGRT)主要指的是患者在治疗的整个治疗过程中或患者治疗前利用各种的影像设备(超声、CT、体表成像监控、CBCT、MBCT)对肿瘤及周围正常组织进行的监控,这种监控可以是实时监控也可以是短时离线监控,并根据当前监控到的危及器官和肿瘤的位置情况调整计划投放的位置,使得射野紧紧"跟随"靶区,可做到精确射线导航。

从另一个方面可以说,IGRT 是一种四维放射治疗技术,因为其在原来的基础上引入了时间的概念,充分考虑了肿瘤组织和周围危及器官的位置的信息,将诸如呼吸运动、器官蠕动、摆位误差、靶区收缩等会影响剂量投送准确性和可靠性的因素都进行了引入,在患者治疗前和治疗中利用各种先进的影像设备对肿瘤及正常器官进行监控,并根据监控到的位置信息进行配准,或者修改计划以更好地使其适应靶区的形状,使得整个系统的完整性得到了显著提高。

为了验证治疗过程中患者摆位位置是否正确,以往生产的加速器曾经直接利用加速管产生的低能 X 线进行对应解剖位置的成像,但是由于胶片的冲洗需要时间,所以该功能仅能改验证摆位的位置和记录作用,不能起到即时修正摆位的作用。

现在迅速发展的实时影像跟踪系统可以克服上述的缺点,可以在治疗前和治疗过程中更精确地观察器官的运动,通过上述系统的介入,可以更大程度上减少由于摆位或器官运动造成的肿瘤位置变化带来放射治疗的误差,显著提高了放射治疗的精度。

放疗中如何消除器官的运动或肿瘤收缩或增长带来的靶区变化,始终是困扰精准放射治疗进步的一个重大难题。之所以需要重视上述的问题,是现有的研究已经发现因为上述方面带来的误差已经远远大于摆位带来的误差。当然,现在已经有很多好的技术去进一步解决这些问题。解决呼吸运动带来的运动变化,目前常用的就是门控系统和红外跟踪系统等。而 IGRT 是在 3D CRT 基础上加入时间因素,充分考虑了解剖位置或器官在放疗中的运动和放疗分次间的摆位误差而做的运动位置调整。IGRT 引导的 4D CRT 涉及放射治疗过程中的所有步骤,包括患者 4D CT 图像获取、治疗计划、摆位验证和修正、计划修改、计划给予、治疗保证等各方面。其目的是减少了靶区不确定性因素,将放疗过程中器官或靶区随时间而运动的全部信息整合到放疗计划中,提高放疗过程的精确性。

二、影像引导放射治疗新技术及应用

如前阐述,IGRT 技术作为精准放疗的有力工具得到了越来越快的发展,下面主要介绍当下流行的影像引导放射治疗技术及其在临床中的应用。

知识拓展

目前两维半治疗系统的主要缺点

（1）由于CT/MRI信息为二维的，不能给出准确的三维图像，造成病变定位的失真与畸变。

（2）从定位到摆位的过程中，没有一直不变的患者坐标系，治疗位置很难重复。

（3）对体内不均匀组织密度对剂量分布的影响的处理较为简单，剂量计算的精度不高。

（4）由于没有采用逆向算法，优化设计很困难，甚至变得不可能。

1. 电子射野影像系统（electronic portal imaging device，EPID） 这是应用较为早期的影像引导技术，主要是利用加速器自带的MV级的X射线加上平板采集器对在床患者进行实时在线采集影像，可用较少的剂量获得较高的成像质量。主要成像优点就是临床操作简单、成本低、体积小、分辨率高、灵敏度高、能量范围宽等，也相对更为容易实现。既可以离线校正验证射野的大小、形状、位置和患者摆位，也可以直接测量射野内剂量，是一种简单实用的二维影像验证设备。（图8-5）

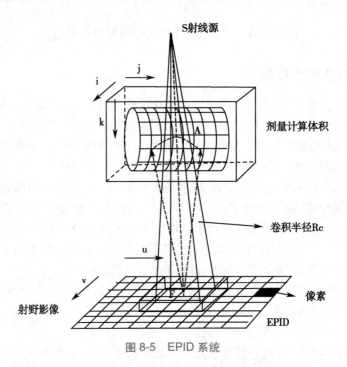

图8-5 EPID系统

EPID用于放疗摆位误差和靶区外放的校正主要分为在线和离线两种方式：在线即在每次放疗前低剂量成像后立刻分析和校正摆位误差后实施治疗；离线是对配对图像进行再次分析，包括分析在线校正的准确性，统计分析摆位误差、靶区外放等。由于EPID具有可实时获取治疗时的射野图像及对患者无额外照射的特点，近年来开始用于实时追踪靶区运动变化的研究。EPID主要有植入基准标记和无基准标记软组织两种图像追踪方式，基准标记追踪对正常组织有一定损伤，是MV图像追踪的"金标准"；无基准标记追踪主要依据肿瘤和周边组织对比度差异，对正常组织无损伤。有文献报道，EPID用于靶区追踪在模体内的误差在1mm以内，在人体内的误差在2mm以内，但只能提供射野内的图像信息且分辨率受呼吸及其他组织叠加影响。因此，研究主要集中在肺癌靶区的追踪。相关研究结果表明，通过肿瘤的追踪和预测可以使靶区外放降低21%，进而使周围正常组织的平均剂量降低10.7%。此外，EPID也为实时图像引导IMRT提供了可行性，Rottmann等把动态多叶准直器和靶区作为一个功能单位，通过预测系统延迟时间的方法实施无基准标记肺癌立体定向放疗计划，其系统延迟时间为（230±11）ms。

虽然EPID具有各种优点，但是其缺点也较为突出。因为其采用MV级射线进行图像采集，因此必将显著降低图像的软组织分辨率，影响图像的质量，图像对应的靶区识别也太依赖操作人员的主观判断。EPID探测器虽有较高抗辐射的特性，但剂量学特性会受辐射影响，探测分辨率会随照射时间降低,使用时需做好探测器的质量控制。同时,由于人体生理运动、解剖结构和放疗实施过程复杂,图像获取和准确的剂量影响因素众多,因此,准确性和可行性需要进行进一步的临床研究证实。其中,验证图像获取、存储读取、分析以及进一步的匹配反馈调整,整个过程时间仍较长,需要计算机技术和相关算法的进一步发展,这也是目前研究的热点。另外,治疗中实时验证时为保证安全性,只能获取射野内的图像,图像质量和探测范围也存在局限性。随着技术的发展,基于非晶硅平板探测器的 EPID,可以直接测量射野内剂量,是一种快速的二维剂量测量系统。用 EPID 系统进行剂量学验证的研究不断增多,逐渐兴起并推向临床,未来 EPID 技术可能迎来快速的发展。

2. kV 级锥形束 CT(cone beam CT,CBCT)　谈到 IGRT,可能提及最多的应该是 CBCT 引导技术,该技术也是应用最广的图像引导技术,它使用大面积非晶硅数字化 X 射线探测板,机架旋转一周就能获取和重建一定体积范围内的 CT 图像。这个体积内的 CT 影像重建后的三维影像模型,可以与治疗计划的患者模型匹配比较,并自动计算出治疗床需要调节的参数。CBCT 本身具有体积小、重量轻、开放式架构的特点,可以被直接整合到直线加速器上,见图 8-6。CBCT 的图像分辨率很高,操作简单快捷,可以在几分钟内快速重建患者的三维结构。可以快速完成在线校正治疗位置。

图片:影像引导与摆位系统

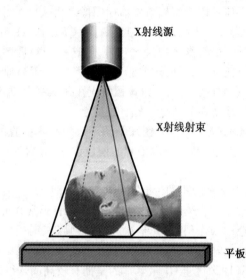

X射线源

X射线射束

平板探测器

图 8-6　CBCT 成像示意图

当前 CBCT 扫描视野孔径只有 25cm,随着探测器的升级其孔径已可达到 35cm。因 CBCT 图像体素是各向同性的,故其纵轴方向的空间分辨率与横轴方向的基本一致。Jaffray 等就 CBCT 图像信息的获取与重建进行了详细的描述。CBCT 可通过直线加速器提供的治疗用 MV 级容积图像获得。这种图像投影是通过射线束与 EPID 相结合获得,与 kV 级的 CBCT 图像相比,其有以下特点:①无须对衰减系数进行从 kV 级到 MV 级的校正;②可减少高密度组织(金属髋关节或义齿等)造成的伪影;③图像数据无须进行电子密度转换,可直接用于治疗剂量的计算。

它的缺点是密度分辨率较低,尤其是低对比度密度分辨率与先进的临床诊断 CT 相比,还有一定差距。和其他的断层成像系统一样,CBCT 图像的获取受运动影响较大。3D-CBCT 数据可以显示运动器官的模糊边缘。相对于传统 CT 图像那样一层一层扫描造成较大伪影的方法相比,运动可造成 CBCT 图像较模糊。在图像重建前可根据时间分辨数据将获得的投影图像分割为多个时相 CBCT,形成所谓的 4D-CBCT。

3. CT 和直线加速器一体机　这种技术从实现层面上就是一台直线加速器加一台诊断用多排 CT 共同完成患者的治疗,在治疗的间歇可以实时采集患者的诊断 CT 图像,可以快速获得患者诊断级的 CT 影像,更加有利于肿瘤位置的诊断和实时调整放疗计划。这种成像技术的代表就是 ONCOR 机器的图像引导解决方案,该方案是诊断 CT 和直线加速器共用一个治疗室和一台治疗床,在做放射治疗的间歇可以通过导轨的形式将治疗床推动到诊断 CT 位置,进行患者扫描。优点是患者并不需要移动体位,保证了治疗的精度和影像采集的可靠性,同时也大幅度提高了影像的空间分辨率和成像质量,但是其造价和运行不方便是制约其快速发展的一大问题,也没有进行广泛的推广。

4. kV级X线摄片和透视 这种成像技术把kV级X线摄片和透视设备与治疗设备结合在一起,在患者体内植入金球或者以患者骨性标记为配准标记。与EPID MV级射线摄野片相比,骨和空气对比度都高,软组织显像也非常清晰。

射波刀(cyber knife),又称"立体定位射波手术平台""网络刀"或"电脑刀",是全球最新型的全身立体定位放射外科治疗设备。射波刀是由美国斯坦福大学在吸取了以往肿瘤治疗技术基础上研制出的治疗肿瘤的全新技术,是医学史上唯一精准度在1mm以下、不需要钉子固定头架而能治疗颅内与全身肿瘤的放射外科设备,是治疗肿瘤领域的伟大突破。

有些肿瘤会随着呼吸运动而运动,此时,射波刀可利用巡航导弹卫星定位技术,追踪肿瘤在不同时间点的运动轨迹,然后指令机械手随着肿瘤运动同时运动,确保照射时加速器始终对准肿瘤,最大限度地减少对正常组织的损伤。在外形上,射波刀最大的特点是拥有精密、灵活的机器人手臂。这个有6个自由射波刀度级的精密机器手臂,为治疗提供了最佳的空间拓展性及机动性。能有多达1200条不同方位的光束,从而将照射剂量投放到全身各处的病灶上,真正实现从任意角度进行照射,既显著减少了对肿瘤周围正常组织及重要器官的损伤,又有效减少了放射并发症的发生。

5. 螺旋断层MV级影像跟踪系统 因为螺旋断层治疗图像是由实际治疗中使用的相同兆伏级X射线束重建而来,所以其为MVCT影像。研究显示,比起诊断性CT影像,在MVCT影像中的噪声水平比较高,且低对比分辨率较弱。然而,尽管影像质量比较差,但这些相对低剂量MVCT影像为验证患者在治疗时的位置提供了足够的对比度。此外,这些影像较少产生由于高原子序数物质如手术金属夹、髋关节植入物或牙齿填充物所致的伪影。因为康普顿效应在兆伏级X线能量范围中起主导作用,故MVCT值与成像材料的电子密度呈线性关系。

6. 三维超声图像引导 这种成像技术是将无创三维超声成像技术与直线加速器相结合,通过采集靶区三维超声图像,辅助靶区的定位并减小分次治疗的摆位误差、分次治疗间的靶区移位和变形的技术。

超声(ultrasound-graphy,USG)对多种肿瘤的诊断和初步诊断是非常有用的,特别是在腹盆部肿瘤中。超声在前列腺癌的成像中非常有用。经直肠超声可发现前列腺异常并可引导组织活检和放射性粒子的植入。超声在图像引导放疗中的作用,尤其是在进行前列腺三维适形放疗中每日位置验证中的效果已经得到了认可。超声引导在乳腺癌、前列腺癌、妇科肿瘤和膀胱癌中也具有非常大的优势。

7. 磁共振影像引导技术 MRI图像优于CT最基本的是拥有较高的软组织分辨能力,特别是在中枢神经系统方面,MRI较CT对脑内异常的检测更加敏感。这种优势在头部极后区因射线硬化造成伪影较多的部位和CT难以区分边界的低级别胶质瘤成像方面更加明显。在这种情况下,临床医生通过图像配准技术将基于CT和MRI勾画的靶区进行分析和融合。多模态影像技术在腹盆部肿瘤的应用可以提高组织的对比度,更加准确地勾画出恶性肿瘤的范围(图8-7)。

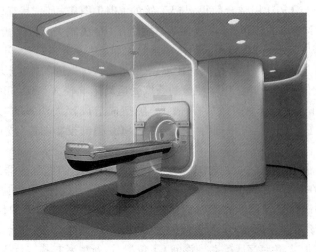

图8-7 磁共振医用直线加速器

MRI 成像过程中磁场的不均匀性、射频脉冲的空间分布、磁场梯度的快速变化等都会造成伪影的产生。磁场的不均匀性可造成被扫描物体的几何失真,产生枕形或桶形的扭曲,导致在图像长轴方向上产生轻微的差异。外来物体(如术后留置的银夹)亦可造成局部的几何失真。即使这些外来物质小到连普通的 X 线也无法发现,在 MRI 图像上造成的伪影主要表现为信号的缺失和空间的扭曲。在扫描过程中,患者的移动可以造成图像上出现多个异常的点。因此用 MRI 进行模拟定位时,这方面的几何失真是必须予以考虑的。目前活体内进行 MRI 图像信息校正的技术还不能实现,因此大部分都是采用模体进行校正的。相比于 CT 图像信息可以直接测量和几何体重建不同,因对钙组织不敏感,MRI 不能对骨骼的细节进行成像(这对有骨侵犯的肿瘤来说更加重要),同时运动造成的伪影也降低了图像质量,这也是 MRI 进行计划制订不容忽视的一个问题。

这种成像技术有高于 CT 数倍的软组织分辨能力,图像中对于软组织的对比度可以提高 1~3 个等级度;成像不会产生 CT 检测中的骨性伪影;不用造影剂就可得到很好的软组织对比度,而且还避免了造影剂可能引起的过敏反应;不会像 CT 那样产生对人体有损伤的电离辐射。磁共振不仅有形态学还具备功能学,可以形成分子影像,影像诊断中很热门的磁共振弥散加权成像(DWI)、磁共振弥散张量成像(DTI)等功能磁共振也可以与放射治疗相结合。

本章小结

调强放射治疗可用于任何放射治疗,体外放射治疗是其中应用最广的一个方面。传统的放疗和调强放疗的根本区别是,后者提供了相对多的自由度,主要目的是实现剂量一致性的强度调节。特别是可以在靶区的边缘用急剧变化的剂量梯度来治疗包绕敏感器官的靶区,这一目的是原有的适形放疗难以达到的。对于身体任何部分的病灶,调强可以与其他技术相媲美甚至是远远优于其他技术。在治疗脑部疾病方面,调强放射治疗可以产生类似 X 射线和 γ 刀立体定向放射治疗得到的剂量分布。

从广义来说,图像引导放射治疗可以定义为:在放射治疗过程中的多个治疗阶段使用影像引导,如:在治疗前及治疗中的患者数据获取、治疗计划、治疗模拟、患者摆位及靶区定位。这些治疗方法使用图像技术来识别和调整由于患者体位和解剖在分次间和分次内的差异所导致的位置变化。随着计划靶区制订越来越适形,如常规三维适形放疗及调强放疗,对计划靶区的定位及它们在每次治疗中剂量覆盖范围的准确性的要求越来越严格。这些技术要求都推动了在治疗前及治疗中动态计划靶区及周围解剖位置可视化的发展。

案例讨论

患者,女性。诊断病理类型:鳞癌;靶区分布:受侵的下咽、部分喉、颈段食管、咽后淋巴结、颈部淋巴引流区和上纵隔淋巴引流区,见文末彩图 8-8。分为两个疗程照射:第一段疗程把受侵的下咽、部分喉、颈段食管、咽后淋巴结、颈部淋巴引流区和上纵隔淋巴引流区作为一个整体,外放 5mm,生成 PTV,靶区剂量:2Gy×20 次,1 次/d,5d/周。第二段疗程为修改靶区后,把受侵的下咽、部分喉、颈段食管、咽后淋巴结、颈部淋巴引流区和上纵隔淋巴引流区作为整体,外放 5mm,生成 PTV,靶区剂量 2Gy×10 次,1 次/d,5d/周。

问题:如何实现较好的调强射野方案?

案例讨论

(李振江)

扫一扫,测一测

思考题

1. 简述图像引导的放射治疗 IGRT 的特点。
2. 简述图像引导的放射治疗系统。
3. 简述调强放射治疗的优势。

第一节　概　　述

近年来随着肿瘤放射治疗技术的发展，临床上的恶性肿瘤患者很多都需要进行放射治疗。为保证治疗效果，放射治疗的质量保证（quality assurance，QA）和质量控制（quality control，QC）越来越受到肿瘤放射治疗学界的重视。世界卫生组织给出的放射治疗质量保证的定义：指以肿瘤患者获得有效治疗为目标，使患者的靶体积获得足够的辐射剂量，同时正常组织所受剂量最小、正常人群所受辐射最小，为确保安全实现这一医疗目标而制定和采取的所有规程和方法。放射治疗的质量控制是指为保证整个放射治疗服务过程中各环节都能够符合质量保证要求所采取的一系列必要措施，是放射治疗质量保证体系的重要内容。

放疗质量保证的内容

质量保证的两个重要内容。①质量评定，即按照一定标准，度量和评价整个治疗过程中的服务质量和治疗效果。②质量控制，即采取必要措施保证 QA 顺利执行，并不断修改其服务过程中的某些环节，以达到新的 QA 水平。

在治疗过程中，为避免发生可能对患者产生伤害的随机或系统偏差、完善和规范各个环节的医疗活动和操作，必须制定一系列的质量保证和质量控制措施。目前，国际组织和各国政府先后发表了一系列有关放射治疗质量保证和质量控制的报告或标准，针对放射治疗中的各个环节需要达到的标准、放射治疗设备及其辅助设备的性能等，给出了详尽的建议指标，有力推动了整个行业的质量保证和质量控制工作。我国原卫生部于 1995 年和 2006 年先后发布了《放射治疗卫生防护与质量保证管理规定》和《放射诊疗管理规定》，明确指出医疗机构应当采取有效措施确保放射防护安全与放射诊疗质量符合有关规定和标准的要求。

第二节 放射治疗设备质量保证和质量控制内容与要求

一、放射治疗设备质量保证内容及要求

不论是根治性还是姑息性放疗,根本目标在于给肿瘤区域精确的、足够的辐射剂量,并使周围正常组织、特别是敏感器官受照射最少,提高肿瘤的局部控制率,减少正常组织的放射并发症。放射治疗是一个非常复杂的医疗过程,一般包括患者资料的获取、治疗计划的设计和验证、治疗计划的实施和检测及治疗结果的评价几个部分。在这样一个复杂的过程当中,任何环节的偏差,最终都可能会影响放射治疗最佳控制剂量的精度。因此,需要建立相应的质量保证体系来保证放射治疗的最终效果。

知识拓展

放射治疗剂量精度的影响因素

放射治疗的不同阶段产生影响剂量精度的偏差:①患者解剖结构的确定、体位、描绘外轮廓、定义敏感器官、估计组织不均匀性导致的偏差;②靶体积的定义、形状和位置、器官和组织的生理活动导致的偏差;③治疗计划系统、临床射线束质量、计算机处理等导致的偏差;④治疗过程中的患者摆位、机器校准、不规范的操作和设置导致的偏差;⑤患者数据资料、诊断、治疗处方及治疗记录等导致的偏差。以上偏差可能是随机的或系统的;可能是由于操作失误或判断错误产生的,可能是因机械和电器故障所造成的。

(一)放疗室的质量保证

放疗室的选址及放射卫生防护设施,必须符合国家卫生标准;新建、改建、扩建和续建的放疗室建设项目,必须严格按照国家有关规定,经省级卫生行政部门审核;放疗室建设项目竣工后,必须严格按照国家有关规定,经省级卫生行政部门指定的放射卫生防护机构进行放射卫生防护监测,并由省级卫生行政部门进行验收,合格后发放放射工作许可证件。

(二)放射治疗设备的质量保证

1. 测量设备 现场剂量仪需与参考剂量仪进行比对,参考剂量仪必须定期与国家一、二级标准进行比对,两种剂量仪均应该用标准源对其长期稳定性进行检查,检查的频率取决于剂量仪的使用频率。每次使用电离室型剂量仪测量之前,必须对气压和温度进行校准,治疗室内应具备由国家计量部门校对过的气压计和温度计,气压计和温度计须每年重新校对一次。剂量仪在修理或更换部件后,若稳定性检查发现变化超过±2%,应及时送国家一级或二级标准实验室进行比对。仪器在正常使用过程中,也应定期送国家一级或二级标准实验室进行比对。对水箱扫描剂量仪的要求应与现场剂量仪相同,到位精度和重复性也应每年进行检查。

2. 放射治疗设备的输出剂量、射线质量以及射线均匀性等物理特性应定期进行检查,检查方法、检查结果和频率应符合国家标准。

3. 放射治疗设备的电气、机械、光学性能应定期进行检查,检查方法、检查结果和频率应符合国家标准。

4. 模拟定位机的电气、机械、光学性能也应定期检查,检查方法、检查结果和频率应符合国家标准。

5. 治疗计划系统 作为参考标准计划,至少应每月定期检查一次典型治疗计划的剂量分布,并与模体内规定点的测量值进行比较,当软件或硬件更新后,应立即检查束流物理数据(如 PDD、TMR 等)和单野剂量分布等情况,所有检查应做好记录,以便进行比较。

6. 遥控后装 放射源出厂时必须有活度证书,使用前放射源活度及其他物理特性应按照国家有关标准进行校检。后装的机械、电器性能检查应包括源在施源器中的到位精度、位置及计时器等,检

查结果应与该机出厂性能标准相符。

不同的放疗室,应该在国家标准的基础上,依据自身的发展状况、人员构成和技能、设备配置情况等特点,制定符合自身要求的质量保证体系。建立放射治疗的质量保证体系是一项复杂的、综合的系统工程。但是只有建立了完善的质量保证体系,才能更好地发挥出放射治疗的作用,使肿瘤患者得到更安全、更有效的治疗。

二、放射治疗设备质量控制内容及要求

放射治疗的质量控制是确保临床治疗效果的关键因素,是放射治疗质量保证的核心内容。国家癌症中心和国家肿瘤诊疗质控中心在2017年联合发布了《放射治疗质量控制基本指南》,规定了开展放射治疗的专业机构、人员和组织、设备技术、放射治疗场所、放射治疗流程、辐射防护及文档记录等方面的放射治疗质量控制要求。

（一）放疗室的质量控制

1. 常规模拟机房　其屏蔽防护的设计和施工应遵从国家职业卫生标准 GBZ 130—2013《医用 X 射线诊断放射防护要求》。机房使用面积不小于 $20m^2$,机房内最小单边长度不小于 3.5m。

2. CT 模拟机房　其屏蔽防护的设计和施工应遵从国家职业卫生标准 GBZ/T 165—2012《X 射线计算机断层摄影放射防护要求》。机房使用面积不小于 $30m^2$,机房内最小单边长度不小于 4.5m。

3. 电子直线加速器治疗室　其屏蔽防护的设计和施工应遵从国家职业卫生标准 GBZ/T 201.1—2007《放射治疗机房的辐射屏蔽规范》和 GBZ/T 201.2—2011《放射治疗机房的辐射屏蔽规范》的要求。新建治疗室面积不小于 $45m^2$,治疗室内每小时通风换气不少于 4 次。

4. γ 射线治疗室　其屏蔽防护的设计和施工应遵从国家职业卫生标准 GBZ/T 201.1—2007《放射治疗机房的辐射屏蔽规范》和 GBZ/T 201.3—2014《放射治疗机房的辐射屏蔽规范》的要求。其中 γ 射线后装治疗室、γ 射线远距离治疗室和体部 γ 射线立体定向放射治疗室需设置迷路,头部 γ 射线立体定向放射治疗室可不设迷路。

5. ^{252}Cf(锎)中子后装治疗室　其屏蔽防护的设计和施工应遵从国家职业卫生标准 GBZ/T 201.1—2007《放射治疗机房的辐射屏蔽规范》和 GBZ/T 201.4—2015《放射治疗机房的辐射屏蔽规范》的要求。在不包括迷路面积的情况下,治疗室的使用面积应不小于 $35m^2$,层高不小于 3m。

6. 质子加速器治疗室　其屏蔽防护设计和施工应遵从国家职业卫生标准 GBZ/T 201.1—2007《放射治疗机房的辐射屏蔽规范》和 GBZ/T 201.5—2015《放射治疗机房的辐射屏蔽规范》的要求。

7. 移动式电子加速器术中放射治疗的专用手术室　其屏蔽防护设计和施工应遵从国家职业卫生标准 GBZ/T 201.1—2007《放射治疗机房的辐射屏蔽规范》和 GBZ/T 257—2014《移动式电子加速器术中放射治疗的放射防护要求》。手术室使用面积应不小于 $36m^2$,层高不小于 3.5m,放射治疗的中心点距各侧墙体最近距离不小于 3m。

8. 磁共振加速器机房　在满足第 3 条的基础上,还应注意强磁场对环境的特殊要求:如磁体应尽量远离振动源,离磁体中心点一定距离内不得有大型可移动金属物体,相邻直线加速器应控制在磁体的 1Gs 外等;另外需对相关工作人员和受检者进行电磁辐射安全相关培训。

9. 其他放射治疗机房　其辐射屏蔽应满足 GBZ/T 201.1—2007《放射治疗机房的辐射屏蔽规范》的剂量参考控制水平的要求。

10. 各放射诊疗机房需要通过卫生行政管理部门的职业病危害评价及环境保护部门环境影响评价。同时需要合理设置必要的辐射安全防护装置,如辐射状态指示灯、急停开关、便携式个人剂量报警仪、固定式剂量报警仪等。

11. 为尽量避免辐射对孕妇及胎儿造成危害,从业机构应在放射工作场所设置清晰醒目的辐射危害警示标志,进行特别提示。

（二）放射治疗设备的质量控制

某医院的放射治疗中心正式建成,经由省级卫生行政部门核准后,正式投入使用,在使用过程中有些质量控制是需要长期维护的。

问题:在使用过程中,有哪些质量控制工作是需要长期进行的?

1. 常规放射治疗的设备要求　一套放射治疗计划系统、一套铅模制作设备和体位固定装置、一台常规/CT 模拟定位机、一台 ^{60}Co 远距离治疗机或医用直线加速器、一台近距离治疗机、一套包括电离室剂量计、水箱和晨检仪等设备在内的基本质量控制仪器。

2. 精确放射治疗的设备要求　如调强放射治疗应配备逆向治疗计划系统、具有多叶准直器和位置验证的影像装置的医用直线加速器;质控仪器,如自动扫描水箱和调强计划验证仪器等。

3. 为实现预约排队、治疗记录验证、收费、病案记录、质控记录等工作的信息化管理,鼓励配置放疗信息管理系统。

4. 应依据国家放射治疗质量控制标准(无国家质控标准可依时,可参考国际或其他国家的标准),针对各放射治疗设备或技术,制定适合本机构的质量控制规程。

5. 记录设备的保养、维修、质控等内容,建立放射治疗设备的档案。

6. 按照国家计量检定规程,定期检定和校准各质控仪器。

7. 从业机构应按照 GB 16362—2010《远距治疗患者放射防护与质量保证要求》,定期接受有资质的第三方对相关放射诊疗设备进行状态性检测,检测结果需满足国家职业卫生标准 GBZ/T 126—2011《电子加速器放射治疗防护要求》及其他相关标准要求,每年不少于一次。

一般情况下,当放射治疗设备安装完成并通过验收,效果评价合格后,即可应用于临床。质量控制则是定期重复检测主要的验收测试项目,将新的检测结果与原测试结果进行比较。若结果不一致需分析查找原因,使系统经调试回到验收水平。严格执行质量控制措施,落实现有标准并持续改进,从而实现提高放射治疗水平的目的:减少整个放射治疗过程中的不确定度,提高治疗的准确性和疗效;及时发现治疗流程中的问题,减少事故和错误发生的可能性,避免医疗事故的发生;保证不同医院放疗室标准统一,有利于临床循证研究和临床经验分享。

第三节　放射治疗设备质控措施与应用

放疗室中主要的设备包括放射治疗辅助设备和放射治疗设备,常见的放射治疗设备包括近距离后装治疗机、^{60}Co 治疗机、医用电子直线加速器、医用质子和重离子治疗设备、X 线立体定向放射治疗系统和 γ 射线立体定向放射治疗系统等,这里以 X 线模拟定位机和医用电子直线加速器为例,介绍放射治疗设备的质量控制措施。

一、X 线模拟定位机的质量控制

X 线模拟定位机的质量控制规程,如日检、月检、年检主要遵从 GB/T 17856—1999《放射治疗模拟机性能和试验方法》、JJG 1028—2007《放射治疗模拟定位 X 射线辐射源检定规程》等,主要参数、检测频次和检测方法如下:

（一）日检项目及方法

1. 检测急停开关、门联锁、碰撞联锁等是否正常工作。

2. 光学距离指示器　也称光距尺,治疗床面上贴一坐标纸,机架置于 0°,将治疗床面置于等中心位置,打开光野灯和标尺灯,令标尺灯 100cm 刻度线与十字线重合,误差应小于 ±2mm。（应在源皮距 90cm、120cm 处分别进行测试。）

（二）月检项目及方法

1. 辐射野的数字指示器　在最小源轴距、80cm、100cm 和最大源轴距处,辐射野的数字指示与沿主轴辐射野相对两边距离之间的最大偏差不得超过辐射野尺寸的±1%。

2. 辐射野的光野指示器　也称井字线,必须以可见光的方式在入射面上指示辐射野,源轴距取100cm处,沿每一主轴,任一光野的边与对应的辐射野的边之间的最大距离不得大于辐射野尺寸的0.5%。

3. 准直器旋转角度指示　将机架转至水平,旋转机头,使井字线的X水平,此时准直器角度指示应为0°。旋转准直器分别检查90°和270°时的读数,数字读数偏差不得大于0.5°,机械读数偏差不得大于1°。

4. 机架旋转角度指示　分别将机架置于0°、90°、180°、270°,用水平尺观察机架角度度数,数字读数偏差不得大于0.5°,机械读数偏差不得大于1°。

5. 十字线中心精度　治疗床面上贴一坐标纸,SSD取100cm,机架置于0°,打开光野灯,将十字线与坐标纸上的某点重合,旋转准直器,十字线在坐标纸上的轨迹为一个圆圈,此圆圈的半径应不大于1mm。

6. 空间分辨力　又称几何分辨力或高对比度分辨力,是指在高对比度的情况下鉴别细微结构的能力,体现了设备显示最小体积病灶或结构的能力,用每厘米内能分辨的线对数来表示。使用 TOR 18FG 模体进行检测时,应可分辨第10组线对。

7. 低对比分辨力　又称密度分辨力,是指从均一背景中分辨出特定形状面积的微小目标的能力,体现了设备反映人体组织结构细微变化的能力。使用 TOR 18FG 模体进行检测时,应至少可分辨第12个圆圈。

8. 光野、射野一致性　光野指示器必须以可见光方式在入射面上指示界定辐射野,SAD = 100cm处,光野中心与辐射束轴之间的最大距离不得大于1mm。

9. 床旋转角度指示　将床前缘与井字线的Y重合,机架、准直器置于0°,此时床角度为0°,左右各旋转90°时,读数应分别为270°和90°,数字读数偏差不得大于0.5°,机械读数偏差不得大于1°。

10. 影像测量精度　在显示屏上测量已知大小的物体时,误差应不大于±2mm或±1%。

（三）年检项目及方法

1. 准直器旋转中心精度　治疗床面上贴一坐标纸,安装好前指针,SSD取100cm,机架置于0°,准直器旋转360°,前指针针尖在坐标纸上的轨迹为一个圆圈,此圆圈的半径应不大于1mm。

2. 治疗床旋转等中心精度　治疗床面上贴一坐标纸,SSD取100cm,机架置于0°,打开光野灯,将十字线与坐标纸上的某点重合,旋转治疗床,十字线在坐标纸上的轨迹为一个圆圈,此圆圈的半径应不大于1mm。

3. 机架旋转等中心精度　在治疗床面上水平固定一针状棒,针尖伸出床,在机头上装前指针,移动治疗床,以上两针尖尽量接近,机架旋转360°,两针尖之间的距离应始终小于1mm。

4. 治疗床纵向和横向刚度　治疗床面负载135kg,床面高度变化不得大于5mm,与水平面之间的最大夹角变化不得大于0.5°。

5. 治疗床垂直运动精度　加载情况下,治疗床垂直运动时床面最大水平偏移不得大于2mm。

二、医用电子直线加速器的质量控制

案例导学

　　小王是某医院放疗科技师,使用医用电子直线加速器对肿瘤患者进行放射治疗时,需确定照射野,但治疗射线的照射野是不可见的,需要用可见光来表示治疗病变的范围,如果照射野和光野不重合,会导致治疗位置出现偏差,使得病变周围的正常组织受到不必要的放射性损伤。

　　问题:实际工作中,怎样确定光野和照射野是否一致?

　　目前国内放射治疗设备应用最广泛的是医用电子直线加速器,其他放射治疗设备的质量控制内容很多都可以等同于加速器。其相关标准主要有 GB/T 19046—2013《医用电子加速器验收试验和周期检验规程》、JJG 589—2008《医用电子加速器辐射源》、国际原子能机构（IAEA）的 277 号报告及美国

医学物理学家协会(AAPM)的第 142 号报告等。主要参数、检测频次和检测方法如下:

(一)日检项目及方法

1. 门联锁及防碰功能、辐射监测系统、闭路监视器和对讲装置等是否可以正常工作。

2. 光学距离指示器　也称光距尺,治疗床面上贴一坐标纸,机架置于 0°,将治疗床面置于等中心位置,打开光野灯和标尺灯,令标尺灯 100cm 刻度线与十字线重合,误差应小于±2mm。(应在源皮距 90cm、120cm 处分别进行测试。)

3. 激光定位灯　放疗中等中心照射的摆位大多依赖于激光定位灯,分别安装在机房的屋顶、侧墙和床的纵轴方向的墙上或机身上。激光束在等中心的交点应在半径为 1mm 的球面内。

4. 照射野大小数字指示　治疗床面上贴一坐标纸,SSD 取 100cm,机架置于 0°,打开光野灯,令十字线与坐标纸上的一个网格重合,将照射野开至不同大小,数字指示应与坐标纸上显示的光野大小一致,误差应小于等于 1mm。

5. 输出量　当电离室放置在模体最大电离深度处,采用 10cm×10cm 照射野,SSD 取 100cm,经校正的电离室积分剂量应为 100MU 对应(100±3)cGy,否则需查询偏差超标的原因。

(二)月检项目及方法

1. 准直器旋转中心精度　治疗床面上贴一坐标纸,安装好前指针,SSD 取 100cm,机架置于 0°,准直器旋转 360°,前指针针尖在坐标纸上的轨迹为一个圆圈,此圆圈的半径应不大于 1mm。

2. 准直器旋转角度指示　将机架转至水平,旋转机头,使 X 准直器与地面水平,此时准直器角度应为 0°。旋转准直器分别检查 90°和 270°读数,数字读数偏差不得大于 0.5°,机械读数偏差不得大于 1°。

3. 机架旋转角度指示　分别将机架置于 0°、90°、180°、270°,用水平尺观察机架角度度数,数字读数偏差不得大于 0.5°,机械读数偏差不得大于 1°。

4. 光野十字线旋转等中心　治疗床面上贴一坐标纸,SSD 取 100cm,机架置于 0°,打开光野灯,将十字线与坐标纸上的某点重合,旋转准直器,十字线在坐标纸上的轨迹为一个圆圈,此圆圈的半径应不大于 1mm。

5. 床旋转角度指示　将床前缘与井字线的 Y 重合,机架、准直器置于 0°,此时床角度为 0°,左右各旋转 90°时,读数应分别为 270°和 90°,数字读数偏差不得大于 0.5°,机械读数偏差不得大于 1°。

6. 光野、射野一致性　机架置于 0°,SAD 取 100cm,照射野 10cm×10cm,打开光野灯,将免洗胶片平贴在床面上,用记号笔标记照射野边缘。照射胶片,胶片感光范围应与记号笔标记范围一致,误差不大于 2mm。在对胶片曝光时胶片上应覆盖一定厚度的固体水或有机玻璃,使胶片处于最大电离深度处,胶片下放置 5~10cm 固体水以减少出束量。

7. 治疗床旋转等中心精度　治疗床面上贴一坐标纸,SSD 取 100cm,机架置于 0°,打开光野灯,将十字线与坐标纸上的某点重合,旋转治疗床,十字线在坐标纸上的轨迹为一个圆圈,此圆圈的半径应不大于 1mm。

8. 治疗床纵向和横向刚度　治疗床面负载 135kg,床面高度变化不得大于 5mm,与水平面之间的最大夹角变化不得大于 0.5°。

9. 治疗床垂直运动精度　加载情况下,治疗床垂直运动时床面最大水平偏移不得大于 2mm。

10. 深度量(线束能量)的改变　深度剂量(PDD 或 TMR)的变化表征线束的穿透能力和能量的稳定性。用水箱或固体水模体,采用 10cm×10cm 照射野,在 $d_1 = 10cm$,$d_2 = 20cm$ 两深度进行测量,并求出剂量比 $R_{10}^{20} = D_{20}/D_{10}$(D 为某一深度处吸收剂量),其变化不应超过原始值的±2%。

11. X 线照射野的均整度　机架置于 0°,SSD 取 100cm,采用 10cm×10cm 照射野,在水下 10cm 处测量 X 线照射野过等中心平面的离轴曲线,也就是照射野横断面的剂量分布曲线。在均整区内最大剂量与最小剂量的比值不应大于 1.06。

12. X 线照射野的对称性　机架置于 0°,SSD 取 100cm,采用 10cm×10cm 照射野,在水下 10cm 处测量 X 线照射野过等中心平面的离轴曲线,也就是照射野横断面的剂量分布曲线。在均整区内对称于射线束轴的任意两点吸收剂量的比值不应大于 1.03。

13. 楔形因子(wedge factors)　挡铅托架日常使用中如有损坏或更新,应及时重新测量,指标允许±2%的变动。

14. 电子线剂量示值误差　机架置于 0°,SSD 取 100cm,采用 10cm×10cm 照射野,在水箱中测量,剂量监测系统的指示值与相应的吸收剂量偏差应不超过±3%。

15. 电子线照射野的对称性　机架置于 0°,SSD 取 100cm,采用 10cm×10cm 照射野,在最大剂量深度平面上沿两相互垂直的射野中心轴测出的离轴曲线,在最大剂量 90% 的点向内 1cm 范围的照射野内,对称于电子束轴的任意两点的剂量的比值应不大于 1.05。

（三）年检项目及方法

1. 机架旋转等中心精度　在治疗床面上水平固定一针状棒,针尖伸出床,在机头上装前指针,移动治疗床,以上两针尖尽量接近,机架旋转 360°,两针尖之间的距离应始终小于 1mm。

2. 辐射中心　将免洗胶片夹在固体水中,置于治疗床面,使胶片与地面垂直,并与治疗床长轴垂直,将床面升至胶片中心在等中心附近,将准直器 X 开至 5mm,Y 放开,分别在机架 0°、45°、135°、270° 几个角度照射,胶片上几条曝光线都应交于一点,相交点形成的圆半径应小于 1mm。

3. 输出量随机架角的变化　线束刻度大多是机架 0° 时进行,而临床应用常常在不同角度下实施,由于地磁场对加速电子的影响,可能会导致输出量的改变,检测方法是将电离室附加平衡帽置于等中心位置,接受来自不同机架角的等时照射,其变化幅度不得超过 1%。

4. X 射线输出量随射野大小的改变　是指空气中给定射野的输出量与参考射野(10cm×10cm)输出量之比。输出量随射野的扩大而变大。这一数据应在设备验收时测量,为确认它受各种因素影响发生变化时不会超标,还需进行定期核实,以确保变化在±2% 的范围内,变化大于±2% 时需查明原因并加以修正。

5. 电子线输出量随限光筒大小的改变　电子线输出量随限光筒大小的改变用输出因子进行量度。对高能电子束使用低熔点铅不规则照射窗时,要特别注意射野较小时因旁散射失衡造成的输出量迅速降低的情况。对个别的治疗可能需要单独测量电子窗的输出因子,标准限光筒的输出量与设备验收时的初始值偏差不超过±2%。

6. 电子线照射野的均整度　机架置于 0°,SSD 取 100cm,采用 10cm×10cm 照射野,在最大剂量深度平面上沿两相互垂直的射野中心轴测出的离轴曲线的 90% 剂量线与照射野几何投影主轴的距离应不大于 1cm;沿照射野两个对角线测出的离轴曲线的 90% 剂量线与照射野几何投影对角线的距离应不大于 2cm。

 **本章小结**

放射治疗的质量保证和质量控制的提出,保障了放射治疗的整个服务过程中各个环节按照国家或国际标准准确安全地执行。我国先后发表了一系列有关放射治疗质量保证和质量控制的标准或指南,其中针对放射治疗设备及其辅助设备的性能给出了详尽的指标要求。临床实际应用中,在遵从国家有关规定的基础上,结合放疗室自身特点,建立符合自身情况的放疗设备质量保证体系,严格执行进行质量控制,保证治疗效果。

案例讨论

小王是某肿瘤医院放射科的技师,放射治疗技师的工作岗位非常重要。为了保证患者的治疗效果与生存质量,放疗技师需要熟悉放射线的性质与特点,了解所操纵的放射治疗装置的基本结构,遵循操作规程,准确摆位,严格执行临床医师制订的治疗计划。

问题:小王做为医用电子直线加速器机房的放射治疗技师,在每天对第一位患者进行治疗之前,需要做什么工作?

图片:⁶⁰Co 治疗机的质量控制

案例讨论

（刘明芳）

扫一扫,测一测

思考题

1. 简述放射治疗质量保证的定义。
2. 简述放疗室质量保证的内容与要求。
3. 简述放射治疗设备应用于临床后,进行质量控制的意义。

1. 掌握:放疗室的分区;辐射防护的三项基本原则;医用电子直线加速器治疗室的防护要求和屏蔽设计。

2. 熟悉:放疗室辐射屏蔽检测的原则;放疗室的辐射检测与验收;放疗室的各项基本要求。

3. 了解:放疗室的基本结构。

第一节　概　　述

放射治疗简称放疗,是利用电离辐射作用对良、恶性肿瘤和其他一些人体疾病进行治疗的临床学科。但是,电离辐射既可以杀灭人体内的癌细胞,也可以造成正常细胞的死亡、突变和致癌,从而影响人体及其后代的健康,因此如果管理和使用不当,或者忽视防护,不仅可能伤及应用各种辐射源的工作人员,还会殃及患者和公众的身体健康甚至生命安全,严重的还会致人死亡。因此,国际组织和各国政府都非常重视放射卫生防护工作,国际放射防护委员会(International Committee of Radiation Protection,ICRP)出于放射防护的目的,制定了有关放射卫生防护工作的"建议书",成为各国制定相关放射卫生防护标准的基本准则。我国等效采用 ICRP 建议书制定和颁布了有关放射卫生防护工作的国家标准,并根据不同行业和专业的具体需要,先后制定了多种放射卫生防护工作的专业标准和相关规定,逐步形成了一套完整的放射卫生防护的法律体系。

ICRP 在第 26 号出版物中,将由辐射诱发的生物学效应分为确定性效应和随机性效应。当人体受到的辐射照射剂量较小时,不足以引起可观察到的病理改变,造成器官或组织功能丧失。当受照剂量高于某一阈值时,病理改变的严重程度将随受照剂量的增加而加重,才会导致器官或组织中足够多的细胞被杀死或不能繁殖,造成器官的功能损伤,甚至是死亡。辐射危害的这种躯体效应称为确定性效应,可以通过控制辐射剂量来避免这种效应的发生。如果人体组织或器官在受到辐射照射后,细胞没有被杀死,而是发生了变异,将会产生与确定性效应完全不同的结果,变异的细胞可能导致恶性病变,最终形成恶性肿瘤,也就是癌症。癌症的发生概率随着受照剂量的增加而增大,这种躯体效应称为随机性效应。如果辐射危害的是向后代传递信息的细胞,辐射危害效应将表现在受照者的后代身上,可能对其下一代或以后多子代的健康产生影响,这种随机性效应称为遗传效应。

为使工作人员和公众受到的剂量不能达到确定性效应的阈值,并限制随机性效应的发生率,使之合理地达到尽可能低的水平。放疗室的机房结构、屏蔽设计和施工建造,都必须严格遵守国家有关法律规定和设备制造厂家提供的机房设计规范与技术要求。通常情况下,放疗室的设计应该由医院从事放射物理工作的人员进行防护的物理计算和布置安排,建筑设计院设计后报上级主管部门和所在地的放射卫生防护部门审批,充分考虑地方当局可能规定的与国家标准不同的当量剂量的年限值、医院的工作负荷、可利用的场地面积大小、医院配置的其他设备等因素，得出最优设计。

对于低剂量率辐射的两种看法

对于低剂量率辐射，目前存在两种不同的看法：一种基于致癌效应，通过对特定受照人群的流行病学调查，认为低剂量率辐射效应对人体有害；一种基于兴奋效应，认为低剂量的辐照能够促进细胞功能，有利于健康。

第二节 放疗室的功能要求

一、放疗室的功能与分区

由于放疗过程中的电离辐射对人体有危害，因此放疗室的位置和分区在建造前都应经过特殊设计。按照 GB 18871—2002《电离辐射防护与辐射源安全基本标准》规定，为便于辐射防护管理和职业照射控制，将放疗室分为控制区和监督区两部分。

控制区是指需要和可能需要专门防护手段或安全措施的区域，这样的设置是为了便于控制正常工作条件下的正常照射或防止污染扩散，并预防潜在照射或限制潜在照射的范围。确定控制区的边界时，应考虑预计的正常照射的水平、潜在照射的可能性和大小及所需要的防护手段与安全措施的性质和范围。对于范围较大的控制区，如果其中的照射或污染水平在不同的局部变化较大，需要实施不同的专门防护手段或安全措施，为便于管理，可根据需要再划分出不同的子区。放疗中心应该在控制区的进出口及其他适当位置处设立醒目的、符合规定的警告标志，并给出相应的辐射水平和污染水平指示；按照预计的照射水平和可能性，运用行政管理程序和实体屏障限制人员进出控制区；制定职业防护与安全措施，包括适用于控制区的规则与程序；按需要在控制区入口处提供监测设备、防护衣具和个人衣物储存柜；按需要在控制区出口处提供被携出物品的污染监测设备、皮肤和工作服的污染监测仪、冲洗或淋浴设施及被污染防护衣具的储存柜；定期审查控制区的实际状况，确定是否有必要改变该区的防护手段和安全措施，或调整该区域的边界。

监督区是指未被定为控制区，在其中通常不需要专门的防护手段或安全措施，但需要经常对职业照射条件进行监督和评价的区域。放疗中心应该在监督区入口处的适当地点设立监督区标牌；定期审查该区的情况，确定是否需要采取防护措施和做出安全规定，或调整该区域的边界。

放疗室中，辐射主要集中在放射治疗室和模拟定位室。因此控制区包括：①治疗室及其控制室和辅助机房。治疗室是放射治疗设备工作的区域，患者进入治疗室，按照精确的治疗方案接受治疗。工作人员在控制室操纵机器，并通过监视器全程观察患者在治疗中的情况。大多数放疗设备在运行过程中，还需要一些辅助设备，如稳压电源、温控机等，这些辅助设备一般被安置在辅助机房。②模拟定位室及其控制室和辅助机房。当患者被诊断患有肿瘤并决定进行放射治疗时，在放疗前要制订周密的放疗计划，在定位机上定出要照射的部位，并做好标记后才能执行放疗。监督区包括办公室、候诊区、机房屏蔽门外和诊疗区内的走廊等。（图 10-1）

二、放疗室的基本要求

这里以某医用电子直线加速器放疗室为例进行介绍。

（一）结构要求

1. 加速器治疗室一般建在放疗楼底层的一端，治疗室内面积不小于 45m²。

2. 加速器正常工作需要配备治疗室、控制室和辅助机房。房间平面布置及主要尺寸的规划设计遵循厂家提供的机房设计规范与技术要求。在设计机房时还应考虑模拟机室、候诊室、办公室、检查室、维修工作等配套用房的设置。

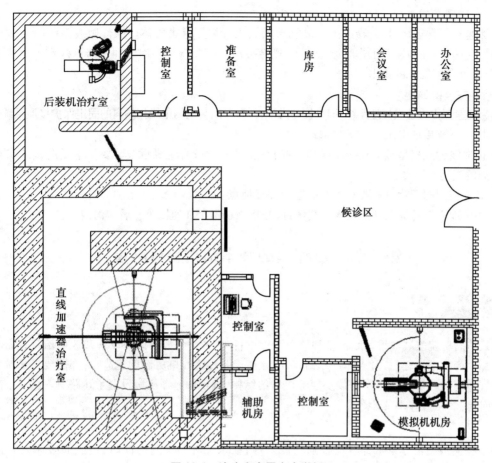

图 10-1 治疗室布置方案举例

3. 加速器机房结构和布局除满足设备安装和正常工作的基本要求外,还应符合国家标准和监管部门的要求。

（二）屏蔽要求

1. 浇灌混凝土时应保证搅拌均匀、密实,不能有空腔和缝隙,并保证密度满足屏蔽要求。施工时应勤于检查,防止预留管道的遗漏。

2. 不允许各种管道在主屏蔽墙处直穿防护墙。防护墙在因通风管道、电缆管道、插座及开关安装处等防护性能减弱的地方应采取补偿措施。

3. 治疗室不允许开窗,不允许有严重减弱防护能力的地方。

4. 防护门应比门洞大一些,使门与墙有足够的搭接或机房门和墙壁重叠的宽度应大于其间缝隙的 10 倍以减弱射线的漏出。

（三）电源要求

1. 加速器单独使用供电电源。

2. 供电电源要求

（1）导线材料:铜线。

（2）使用电源:380V±38V,50Hz±1Hz;输入功率:30kVA。单独供电。线电压 380V,电压波动不超过±10%。电流 45A。采用三相五线制供电。稳压电源输出电压波动不超过±3%。相电压最大不平衡度:额定值的 3%。电气负荷:20kVA。功率因子:≥90%。

（四）安全联锁要求

为确保工作人员的安全,加速器设备通常装配有一套安全联锁电路。

（五）温度湿度要求

为保证加速器的正常运行,治疗室、控制室、辅助机房的温度应控制在 20～25℃,相对湿度应控制在 30%～75%。

（六）通风要求

在加速器正常运转时,会释放少量臭氧与氮氧化合物等有害气体。维修微波系统时会放出少量的氟利昂气体,如遇加速器工作时频繁打火,则会分解成有毒气体。因此加速器治疗室内需要设计通风系统,便于有害气体的排出。

（七）安全接地要求

应为加速器提供独立接地系统,即直接与大地良好连接,与电网中线相隔离的固定保护接地系统。

1. 接地系统接地电阻不大于 0.4Ω。

2. 接地线的规格型号必须与相线和中线相同,是多股绞合绝缘铜线。要使中线的接地点与三相稳压电源的接地点分开。

3. 微机控制的医疗设备要有单一的电源和接地点。

4. 将接地系统可连接端焊接 M_{10} 铜螺钉,并将该端引至加速器机座后地沟内。

第三节　放疗室的基本结构和屏蔽设计

某肿瘤医院安装放射诊断设备和放射治疗设备时,考虑到放射诊断设备和放射治疗设备在工作中都会产生电离辐射,对人体产生伤害,因此在诊断和治疗机房设计建造时,都需要考虑辐射屏蔽,对比 CT 机房和医用电子直线加速器机房的结构,发现加速器机房设置了迷路。

问题:迷路的作用是什么?

由于各类放射治疗设备都具有很强的放射性,在杀死肿瘤细胞的同时,也能够破坏人体正常组织,因此放疗室的基本结构和屏蔽设计都非常重要。

一、放疗室的基本结构

治疗室是放疗室的核心工作区域,也是放疗室中辐射的主要来源,所以这里主要介绍治疗室及其控制室和辅助机房的基本结构。

不同的放射治疗设备对治疗室的要求不同。

（一）治疗室

典型的医用电子直线加速器治疗室的基本结构立体图见图 10-2,剖面图见图 10-3。

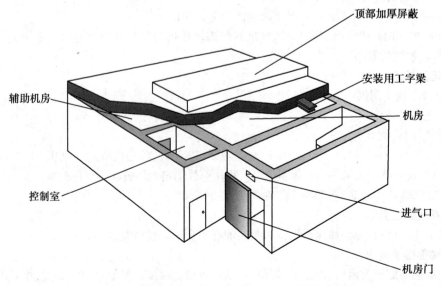

图 10-2　典型的医用电子直线加速器治疗室的立体图

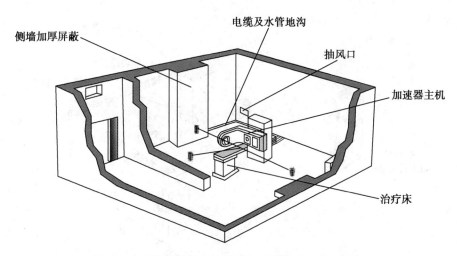

图 10-3　典型的医用电子直线加速器治疗室的剖面图

1. 墙体　加速器的射线能量非常大,因此治疗室墙体是由很厚的高密度钢筋水泥混凝土浇筑而成。垂直于治疗床方向和机头上方,为主要防护方向,是射线容易直接照射的地方,这部分的防护墙最厚。墙体的具体厚度要根据加速器输出的最高能量来确定,经省级卫生行政部门指定的放射卫生防护机构进行放射卫生防护监测,并由省级卫生行政部门进行验收。

2. 地坑　加速器主机底座和地坑,见图 10-4 和图 10-5。地坑是治疗室内安装加速器的基础,对混凝土厚度、抗压强度和基础对角线水平度都有要求。由于等中心是加速器的主要基准点,需要关注各有关图纸中清楚标出的等中心位置。治疗室灌溉混凝土地面时埋入加速器底座,在地坑中底座的就位及最后的定位工作,应在设备制造厂家安装工程师的监督下完成。底座就位并找平后,将凹陷处按要求用混凝土浇灌满。经过一定的养护期,混凝土的强度才能达到要求。在等中心周围半径 1800mm 的范围内,地板应该与治疗床底座的顶部找平到±3mm 以内。

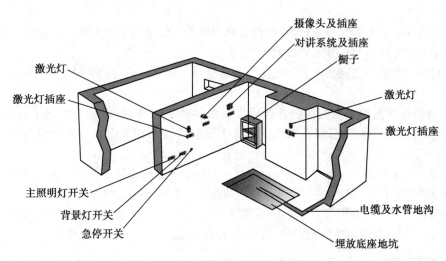

图 10-4　加速器主机底座和地坑图 1

3. 迷路、防护门及地面　在大多数治疗室内,都设置迷路,其作用是通过射线在其间不断反射,使射线的影响逐渐衰减,从而减少入口处射线辐射水平。

（1）迷路与防护门的高度与宽度应能方便地运入加速器。加速器从包装箱取出到运入治疗室途中所经各处也应如此。

（2）为使运输小车顺利通过,搬运路线的结构要有足够的承载能力。由有经验的搬运工使用运输样片检查,确认具体现场有无足够的搬运空间,确保样片能顺利通过且不碰墙。

（3）为了便于运入加速器,在迷路拐弯处、迷路内口对面的墙上等适当位置预理吃重满足要求的拉环。

动画:迷路

图片:某设备运输路径尺寸要求

笔记

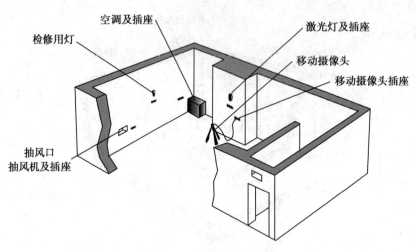

图 10-5　加速器主机底座和地坑图 2

（4）防护门上应装有与加速器联锁的门联锁开关,确保关门后才能出束,出束时如有人闯入,自动停束。可在装门时装好,用两条电线连常开触点,通过预埋管道通到治疗室主机下面的电缆沟中,预留一定长度的线。

（5）防护门的防护能力按照厂家测算结果设置,可加装手动开关门装置与红外线防夹装置。

（6）在治疗室防护门的上方设置准备指示灯(绿色)和出束警告灯(黄色),三根引线通过穿线管道通到治疗室主机下面的电缆沟中,预留一定长度的线。

4. 电缆沟的设计

（1）电缆沟:在辅助机房、控制室和治疗室内预制电缆沟,用于敷设连接辅助机房和控制室间、辅助机房和治疗室间、控制室和治疗室间的电缆及水管等。

（2）穿电缆的管道:要求治疗室与控制室之间埋有三根管道,与两侧电缆沟相通,管路斜放或深埋以减少散射线量。

（3）所有电缆敷设管如果需要弯曲时,推荐典型的电气管弯曲半径为管子直径的 6 倍。每根电缆所通过管子总的弯曲角度不得大于 270°。

（4）治疗室与控制室之间要留有临时穿过剂量仪与三维水箱电缆的管道,以免与永久性的电缆合用管道。

（5）从辅助机房温控水机组的位置到治疗室加速器机座背后,应预埋两根不锈钢管供恒温水的进出,最好做成 U 形,下部埋在地面下以减小漏射线。治疗室内水管要加球阀,管接头为内螺纹。

5. 吊车与吊车梁的设计　治疗室屋顶对应加速器机架中心轴处装工字梁一根,工字梁安装后,槽部露出部分应不妨碍行车移动轨迹。可装单轨手动行车与手动葫芦,便于安装与维修。

6. 照明系统　机房内分别设有主照明灯、背景灯、应急灯、检修用照明灯、走廊灯等五种照明灯。在患者定位时,主照明灯应在使用光野灯与测距灯时自动熄灭,使用完后恢复照明。

7. 通风系统的设计

（1）抽风口布置在治疗室内远离迷路处,由于臭氧等比重大,抽风口应尽量靠近地面,排风管道为迷宫式结构,最大截面积小于 $0.25m^2$。治疗室墙外侧排风口装风机,风机排风量应保证正常时治疗室内应每小时换气不少于 4 次。应在防护上考虑由于排风管路引起的水泥墙体或屋顶的减弱,做适当的补偿。洞口加装防鼠金属网。

（2）进风口可在迷路内靠近门处、屋顶上或门上方的墙上。进风口在布局上应与抽风口成对角设置,避免留通风死角。为了使有人的区域尽量少受辐射,进风口布置得越高越好。在设计上,应尽量减少穿过墙的面积,最大截面积小于 $0.25m^2$,进风口为迷宫式结构。应在防护上考虑由于进风口引起的水泥墙体或屋顶的减弱,做适当的补偿。

（3）进风口应对进入的空气进行过滤,滤掉大部分直径大于 $10\mu m$ 的粒子。

8. 采暖及除湿的设计

(1) 治疗室内应配置空调机、除湿机。不但患者感觉舒适,同时设备也不至于过热和过于潮湿。

(2) 机房建造时应规划出空调安装位,根据机房大小选择满足要求的空调,并预埋好相应管路。

9. 其他配套设备

(1) 激光定位灯:两只分别装在机架两侧墙壁的等中心高度上,第三只装在机头正面墙的上方,对准等中心。

(2) 急停开关:除了设备如床、控制台、机座上装有急停按钮开关外,还应在治疗室内和迷路的适当位置装 3 个以上急停开关。它可以中断出束与运动,但不包括下列设备的供电:治疗室防护门的驱动电机、治疗室灯、安全联锁。装多个急停开关时应相互串联。

(3) 摄像头:摄像头安装在能获得最佳视野的位置,同时应避开有用束的直接照射。通常在治疗室内的适当位置装 3 个摄像头,一个观测全景,另外两个观测局部。

(4) 对讲系统:预埋一根穿线管道到控制室电缆沟,穿好信号线,通至电缆沟,再从电缆沟通到控制台上的功放。

(5) 应急灯:在治疗室内至少要设置一套应急照明灯具,在迷路和控制设备区域也要各设置一套,预备突然停电时使用,方便患者移动行走。

(6) 室内储物柜:用于储存各种附件及其他常用材料。

(7) 备用插座:在治疗室、控制室和辅助机房内离地面 30cm 高度安排若干个 220V 电源插座,以便维修使用,建议各面墙上均留出电源插座 2 个。

10. 消防设施　设置热感、温感或光电感应火警监测器,严禁使用离子型感应器,配备适合电气的灭火器,不可采用水喷式灭火装置。

（二）控制室

1. 控制室应尽可能靠近治疗室入口处,最好装落地窗,便于监控患者出入及外人闯入。控制室应尽可能避开有用束可直接照射到的区域。

2. 建议在控制室安装直拨长途电话,利于厂家检查加速器运行参数并指导维修与排除故障。

3. 建议控制室内配置空调机、除湿机,管路应提前预留。

4. 预挖电缆沟,埋设控制台到加速器内部的标准连机电缆。

（三）辅助机房

1. 加速器要求的恒温水由安装在辅助机房的温控机组提供。应在辅助机房内预留通风管道或空调管道来帮助散热,使辅助机房内温度保持在 20~25℃,相对湿度保持在 30%~75%。

2. 预挖电缆沟,从辅助机房温控水机组的位置到治疗室加速器机座背后,应预埋两根不锈钢管供恒温水的进出,最好做成 U 形,下部埋在地面下以减小漏射线,外接软塑料水管,便于与温控水机组的对接。安装时应采用洁净的管道和阀门等零配件,保持管内洁净。两端接头的位置和方向应考虑方便加速器水管接头的连接。保证水管道在施工时洁净,并清洗水管,确保设备正常运行。

3. 辅助机房内要设有专用自来水水龙头和地漏,地漏必须位于最低位,以保证积水全部及时排出。

4. 加速器电源配电盘安装在辅助机房与控制室的隔墙上,配电盘上预留到电缆沟的穿线孔,它垂直于穿墙通过的电缆沟。

二、治疗室的防护要求与屏蔽设计

由于电离辐射的负面作用,在广泛利用它的同时,也应该对辐射的安全防护和屏蔽设计予以特别重视。

（一）辐射防护

辐射防护的目的是在考虑经济和社会因素后,在不过分限制产生辐射照射有益实践的前提下,防止有害的确定性效应发生,并限制随机性效应的发生概率,把一切照射保持在可合理达到的尽可能低的水平。这样,既可以进行产生辐射照射的必要活动,促进各种辐射技术及其应用事业的发展;又兼顾保护环境,保障工作人员和公众及其后代的安全和健康。为了实现这一目标,应该严格遵守辐射防护的三项基本原则:实践的正当性、防护的最优化和个人剂量限值。

1. 实践的正当性　所有引入新的照射源或照射途径、扩大受照人员范围、改变现有辐射源的照射途径网络,导致人员受照射或可能受到照射或受照射人数增加的人类活动统称为实践。对于一项实践,只有在考虑了社会、经济和其他有关因素之后,对受照个人或社会所带来的利益足以弥补其可能引起的辐射危害时,该实践才是正当的,才能够被批准。

医疗照射正当性判断的一般原则:在考虑了可供采用的不涉及医疗照射的替代方法的利益和危险之后,仅当通过权衡利弊,证明医疗照射给受照个人或社会所带来的利益大于可能引起的辐射危害时,该医疗照射才是正当的。对于复杂的诊断与治疗,应注意逐例进行正当性判断。还应注意根据医疗技术与水平的发展,对过去认为是正当的医疗照射重新进行正当性判断。

不正当的照射实践

不正当的照射实践:除了被判定为正当的涉及医疗照射的实践外,通过各种方式使有关日用商品或产品中的放射性活度增加都是不正当的。包括:涉及食品、饮料、化妆品或其他任何可以被食入、吸入、经皮肤摄入的商品或产品的实践;涉及辐射或放射性物质在日常用品或产品中无意义的应用的实践。

2. 防护的最优化　辐射防护最优化是指任何一项辐射实践被确认为正当,并将付诸实施,就需考虑采用何种措施来降低对个人与公众的危害。目的是在考虑了经济和社会因素之后,采取有效的防护措施,使防护与安全最优化,也就是个人受照剂量的大小、受照射的人数及受照射的可能性均保持在可合理达到的尽量低的水平,这就是 ALARA 原则(as low as reasonably achieveable, ALARA)。辐射防护最优化所追求的是最容易达到的,既可节省投入,又可有效降低剂量的方案。最优化的过程,可以从直观的定性分析一直到使用辅助决策技术的定量分析,但均应以某种适当的方法将一切有关因素加以考虑,以实现:相对于主导情况确定出最优化的防护与安全措施,确定这些措施时应考虑可供利用的防护与安全选择以及照射的性质、大小和可能性;根据最优化的结果制定相应的准则,据以采取预防事故和减轻事故后果的措施,从而限制照射的大小及受照的可能性。

放射治疗过程中最优化需要考虑的问题:①治疗程序本身的最优化,如能给出满意结果所需的最少放射性剂量的确定;②获得的核药物质量应当最优;③使用的设备应当最优。

3. 个人剂量限值　个人剂量限值是不可接受剂量范围的下限,适用于避免发生确定性效应,不能简单理解为"安全"与"危险"间的界限。由于随机性效应的存在,在低剂量水平情况下也并不意味着绝对安全;而超过阈值后,则会带来附加危险,通常这是不可接受的。个人剂量的选定不仅依据健康方面的考虑,还应包括对有关社会因素方面的判断。

GB 18871—2002《电离辐射防护与辐射源安全基本标准》中将照射分为职业照射、公众照射和医疗照射。其中医疗照射不应使用剂量限值,也就是患者在诊断与治疗过程中所受的医学照射不用考虑是否符合职业照射和公众照射的限制。其中职业照射剂量限值,应对任何工作人员的职业照射水平进行控制,一般情况下,成人不超过以下限值:①由审管部门决定的连续 5 年的年平均有效剂量(不可作任何追溯性平均):20mSv;②任何一年中的有效剂量:50mSv;③眼晶状体的年当量剂量:150mSv;④四肢或皮肤的年当量剂量:500mSv。公众照射剂量限值,实践使公众中有关关键人群组的成员所受到的平均剂量估计值不应超过以下限值:①年有效剂量:1mSv;②特殊情况下,如果连续 5 年的年平均剂量不超过 1mSv,则某一单一年份的有效剂量可提高到 5mSv;③眼晶状体的年当量剂量:15mSv;④皮肤的年当量剂量:50mSv。

(二)治疗室的防护要求

这里以医用电子直线加速器治疗室为例介绍。为确保治疗过程严格遵守辐射防护的原则,我国制定并实施了 GBZ/T 201.2—2011《放射治疗室的辐射屏蔽规范》,为加速器治疗室的防护提出了明确要求。

1. 关注点的选取　通常在治疗室外、距治疗室外表面 30cm 处,选择人员可能受照的周围剂量当量最大的位置作为关注点。在距治疗室一定距离处,可能受照剂量大且公众成员居留因子大的位置也是需要考虑的关注点。

2. 名词解释及主要参数

有用束:指通过光阑的电离辐射。

泄漏辐射:指从治疗头发出的,有用束以外的那部分射线。

散射辐射:指从被照物体散射出的射线。

杂散辐射:指泄漏辐射和散射辐射。

主屏蔽:是有用束能直接照到的墙和天花板,因为有用束比泄漏和散射线强得多,主屏蔽计算时只算对有用束的防护。

副屏蔽:是有用束照不到的其他墙和天花板,它只计算对泄漏和散射线的防护。

H_c:周剂量参考控制水平,μSv/周。

$\dot{H}$:计算点的辐射剂量率,μSv/h。

$\dot{H}_c$:剂量率参考控制水平,μSv/h。

$\dot{H}_o$:加速器有用线束中心轴上距靶 1m 处的常用最高剂量率,μSv·m²/h。

U:使用因子,指有用线束、泄漏辐射及散射线向计算点方向照射的概率,是一个不大于1的无量纲系数。它取决于治疗机的类型、治疗时使用的照射技术和该技术的使用频率。主防护墙取 $U=1/4$。地板取 $U=1$,对旋转治疗时才照到的方向,取 $U=1/10$。辐射束固定时及计算泄漏辐射和散射辐射时,不应考虑束定向因子对工作负荷的修正,取 $U=1$。

T:居留因子,指各类人员停留在相关区域的时间与加速器出束时间的比值,用于估算人员在该区域中受到照射的可能。具体取值情况参见表 10-1。

t:治疗装置周最大累积照射的小时数。t 是与治疗装置周工作负荷 W 相关的参数,应由放射治疗单位给定的放射治疗工作量导出。

W:工作负荷,指规定时间内在特定位置处所产生的当量剂量。它由加速器每年治疗的次数,以及每次患者所接受的平均当量剂量确定。

常规放射治疗依据治疗计划,以 1~4 个治疗野定向照射。典型的放射治疗工作量为 60 人/d,每周工作 5d,平均每人每野次治疗剂量 1.5Gy,平均每人治疗照射 3 野次,周工作负荷 $W=60\times5\times1.5\times3=1350$Gy/周。在未获得放射治疗单位的工作负荷时,在屏蔽设计中取 $W=1500$Gy/周。

TVL:什值层,辐射束射入物质后,辐射剂量率减少到初始值的 1/10 时所经过的物质的厚度。

表 10-1 不同场所的居留因子

场所	居留因子(T)		示 例
	典型值	范围	
全居留	1	1	办公室、治疗计划区、治疗控制室、护士站、咨询台、有人护理的候诊室及周边建筑物中的驻留区
部分居留	1/4	1/5~1/2	1/2:相邻的治疗室、与屏蔽室相邻的患者检查室 1/5:走廊、员工休息室
偶然居留	1/16	1/40~1/8	1/8:各治疗室房门 1/20:公厕、自动售货区、储藏室、设有座椅的户外区域、无人护理的候诊室、患者滞留区域、屋顶、门岗室 1/40:仅有来往行人车辆的户外区域、无人看管的停车场、车辆自动卸货/卸客区域、楼梯、无人看管的电梯

3. 剂量控制要求 设加速器等中心处治疗模体内参考点的常用最高吸收剂量率为 $\dot{D}_o$(Gy/min),则周治疗照射时间 t 见公式 10-1:

$$t=W/\dot{D}_o \tag{公式 10-1}$$

当 $\dot{D}_o=3$Gy/min 时,由平均每名患者治疗照射时间为 1.5min,由 $W=1500$Gy/周,可得周治疗时间 t 为 500min,即 8.3h。

单一有用线束与单一泄漏辐射导出剂量率参考控制水平的方法：

有用线束在关注点的周剂量参考控制水平为 H_c 时，该点的导出剂量率参考控制水平 $\dot{H}_{c,d}(\mu Sv/h)$ 可用公式 10-2 表示：

$$\dot{H}_{c,d}=H_c/(t \cdot U \cdot T) \qquad (公式 10\text{-}2)$$

单一泄漏辐射在关注点的周剂量参考控制水平为 H_c 时，该点的导出剂量率参考控制水 $\dot{H}_{c,d}(\mu Sv/h)$ 可用公式 10-3 表示：

$$\dot{H}_{c,d}=H_c/(N \cdot t \cdot T) \qquad (公式 10\text{-}3)$$

其中 N 为调强治疗时用于泄漏辐射的调强因子，通常情况下取 $N=5$。

（1）治疗室墙和入口门外关注点的剂量率参考控制水平：此类关注点的剂量率应不大于以下 3 点所确定的 $\dot{H}_c$：

1）使用关注点位置的使用因子、居留因子和放射治疗周工作负荷，由以下周剂量参考控制水平求得关注点的导出剂量率参考控制水平 $\dot{H}_{c,d}(\mu Sv/h)$：治疗室外控制区的工作人员 $H_c \leqslant 100\mu Sv/周$，治疗室外非控制区的人员 $H_c \leqslant 5\mu Sv/周$。

2）按照关注点处人员居留因子的不同，分别确定关注点的最高剂量率参考控制水平 $\dot{H}_{c,max}(\mu Sv/h)$：当 $T \geqslant 1/2$ 处则 $\dot{H}_{c,max} \leqslant 2.5\mu Sv/h$，当 $T<1/2$ 处则 $\dot{H}_{c,max} \leqslant 10\mu Sv/h$。

3）对比上述 1）中的 $\dot{H}_{c,d}$ 和 2）中的 $\dot{H}_{c,max}$，选择其中较小者作为关注点的剂量率参考控制水平 $\dot{H}_c$。

（2）治疗室房顶的剂量控制要求：

1）在治疗室正上方的建筑物或治疗室旁邻近建筑物的高度超过自辐射源点到治疗室房顶内表面边缘所张立体角的区域时，距治疗室房顶外表面 30cm 处或在该立体角区域内的高层建筑物中人员驻留处，可以根据治疗室外周剂量参考控制水平 $H_c \leqslant 5\mu Sv/周$ 和最高剂量率 $\dot{H}_{c,max} \leqslant 2.5\mu Sv/h$，按照（1）求得关注点的剂量率参考控制水平 $\dot{H}_c$ 并加以控制。

2）除上述 1）的情况外，还应考虑：

A. 治疗室外的地面附近和楼层中公众受到的天空散射和侧散射辐射的照射。该辐射和穿出治疗室墙的透射辐射在相应位置处的剂量（率）的总和，应按 1）确定的 $\dot{H}_c$ 进行控制。

B. 偶然到达治疗室房顶外的人员受到的穿出治疗室房顶的射线的照射，用相当于治疗室外非控制区人员周剂量率控制指标的年剂量 250μSv 加以控制。

C. 对只有借助工具才能进入的、不需要人员到达的治疗室房顶，考虑 A 和 B 之后，治疗室房顶外表面 30cm 处的剂量率参考控制水平可按 100Sv/h 进行控制，可在相应位置处设置辐射告示牌。

4. 不同关注点应考虑的辐射

（1）应考虑的辐射束：治疗室屏蔽设计与评价时应考虑的辐射束为治疗装置在 X 射线治疗时可达的最高 MV 条件下的有用线束、泄漏辐射和散射辐射。

（2）治疗室不同位置应考虑的辐射束：

1）主屏蔽区：图 10-6~图 10-8 中的 a、b 点及图 10-9 的 1 点的屏蔽厚度按照有用线束估算。

2）与主屏蔽区直接相连的次屏蔽区：图 10-6~图 10-8 中的 c_1、c_2、d_1、d_2 及图 10-9 的 m_1、m_2 点的屏蔽厚度应按下列辐射束估算：①有用线束水平照射或向房顶照射时人体的散射辐射，以 o 为散射体中心，使用因子 $U=1/4$，屏蔽墙的散射角与斜射角相同，约等于 30°。示例路径见图 10-6 中"o_1-o-d_2"和图 10-9 中"o_3-o-m_2"。②加速器的泄漏辐射，以 o 为散射体中心，使用因子 $U=1$，屏蔽墙的斜射角约等于 30°，调强因子 $N=5$。示例路径见图 10-6 中"o-d_2"。

3）侧屏蔽墙：图 10-6 和图 10-7 的 e 点及图 10-8 的 e、f 点的屏蔽厚度应按泄漏辐射估算，以 o 为中心，使用因子 $U=1$，调强因子 $N=5$。示例路径见图 10-8 中"o-e"和"o-f"。

4）迷路外墙：迷路外墙 k 点的屏蔽应按下列情况估算：①见图 10-6 和图 10-7，有用线束不向迷路内墙照射，k 点的屏蔽厚度：加速器靶点位于距 o 点 1m 处的 o_2 时，k 点的辐射剂量率最大，泄漏辐射起决定性作用。o_2 至 k 的泄漏辐射斜射角约等于 0°，按垂直入射估算。估算 k 处的导出剂量率时，取调强因子 $N=5$，当靶点自 o 至 k 的泄漏辐射没有受到迷路内墙的屏蔽时，$U=1$；当靶点自 o 至 k 的泄漏辐

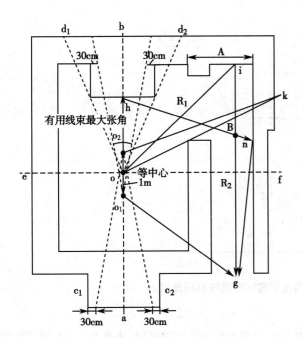

图 10-6 加速器治疗室的关注点和主要照射路径示意图

有用线束不向迷路照射,直迷路

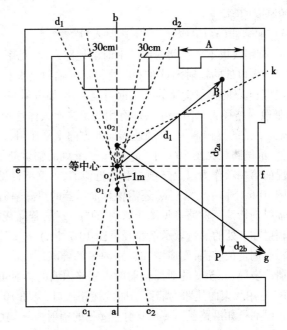

图 10-7 加速器治疗室的关注点和主要照射路径示意图

有用线束不向迷路照射,L 形迷路

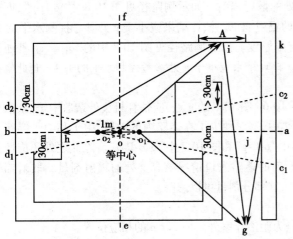

图 10-8 加速器治疗室迷路散射路径示意图

有用线束向迷路照射,直迷路

177

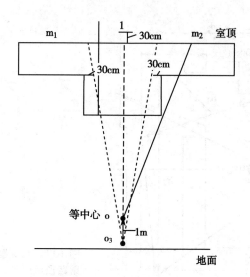

图10-9 加速器治疗室房顶的关注点局部纵剖
面示意图

射受到迷路内墙的屏蔽时,$U=1/4$。②见图10-8,有用线束向迷路内墙照射,迷路外墙在k处的厚度和a处的厚度相等。

5）加速器(≤10MV)治疗室迷路入口

A. 有用线束不向迷路内墙照射时的迷路入口,见图10-6和图10-7有用线束不向迷路内墙照射,相应迷路入口处的辐射剂量在g点处包括的辐射情况如散射路径为"o_1-o-i-g",即有用线束照射人体时,散射至i点的辐射受墙的二次散射至g处;如散射路径为"o_1-i-g",即至i点的泄漏辐射受墙散射至g处;如散射路径为"o_1-h-n-g",即有用线束穿出人体达到h处,受主屏蔽墙的散射至n处,再次散射到达g处。g处的累积剂量,取加速器向b方向水平照射,g点处辐射情况的第一项作为以上三项之和的近似值,示例路径见图10-6中"o_1-o-i-g"。g处的辐射剂量率,取加速器向b方向水平照射时,g点处辐射情况的第一项作为以上三项之和的近似值,示例路径见图10-6中"o_1-o-i-g"。

图10-6～图10-8的g点,还需核算加速器的泄漏辐射,即以位置o_1为中心,经迷路内墙屏蔽后在g处的辐射剂量。示例路径见图10-6中的"o_1-g"。若屏蔽内墙为斜型,还应以位置o_2为中心,重复核算泄漏辐射在g处的剂量。示例路径见图10-7中的"o_2-g"。核算结果应小于g处参考控制水平的1/4。若此辐射剂量值较高,则应增加迷路内墙的屏蔽厚度。主屏蔽区加厚屏蔽部分凸向屏蔽墙外表面或屏蔽墙内表面,o_1至g的泄漏辐射射入迷路内墙的斜射角,通常以30°计算。

B. 有用线束向迷路内墙照射时的迷路入口,见图10-8。有用线束向迷路内墙照射,相应迷路入口处的辐射剂量如沿路径"i-g"i散射至g处的辐射中,i墙的入射辐射可能来自泄漏辐射;患者散射;向b处照射的有用线束穿过患者身体并射向h处的散射辐射。如示例路径见图10-8中"o_2-j-g",即穿过迷路内墙的有用线束受迷路外墙散射至g处的辐射剂量。核算结果应小于g处参考控制水平的1/4。若此辐射剂量值较高,则应增加迷路内墙的屏蔽厚度。如示例路径见图10-8中的"o_1-g",g处还需核算以位置o_1为中心,泄漏辐射在g处的剂量。核算结果应小于g处参考控制水平的1/4。若此辐射剂量值较高,则应增加迷路内墙的屏蔽厚度。

6）加速器(>10MV)治疗室迷路入口:图10-6～图10-8的g点,应估算机头外杂散中子、杂散中子在机房内壁的散射中子和相互作用中生成的热中子,三种中子在迷路内的散射,中子和中子俘获γ射线在g处的辐射剂量。其示例路径见图10-6中"o-B-g"和图10-7中"o-B-P-g"。除此之外还应按加速器(≤10MV)治疗室有用线束不向迷路内墙照射时迷路入口情况核算g处的辐射剂量。散射辐射能量相对中子俘获γ射线能量较低,在屏蔽门外,这部分剂量可以忽略。

5. 辐射源点至关注点的距离

（1）直接与治疗室连接的区域内,关注点为距治疗室外表面30cm的相应位置。

（2）对于患者散射辐射,以等中心位置为散射辐射源点。

（3）对主屏蔽区的关注点,辐射源点到关注点的距离为源轴距(SAD=1m)与等中心位置至关注点的距离之和。

（4）在辐射屏蔽设计时,辐射源点至关注点的距离参数中,屏蔽体的厚度初始取如下的预设值:加速器(≤10MV),主屏蔽区混凝土屏蔽厚度200cm,次屏蔽区混凝土屏蔽厚度100cm;加速器(>10MV),主屏蔽区混凝土屏蔽厚度250cm,次屏蔽区混凝土屏蔽厚度110cm。以上取值仅用于在屏蔽设计时估算辐射源点到关注点的距离,此处采用混凝土密度为 2.35t/m³,当改用其他密度的混凝土时,需要进行换算。

屏蔽材料的选择

屏蔽材料的选择:加速器治疗头中常用的贫铀、钨、铅等物质都是高 Z 物质,可以使泄漏射线减弱到有用射线的千分之一。但是考虑到性价比,房屋建筑中应用的屏蔽材料一般选择价格便宜、施工方便的混凝土。如果在市中心等土地资源紧张的地方,可以在主屏蔽墙内用含铁矿石或重晶石、铸铁块的重混凝土或镶以大钢板,来减小其厚度,节省空间。

（三）治疗室的屏蔽设计

某医院拟新建放射治疗中心,其中医用电子直线加速器选择10MV,治疗室示意图见图 10-6,机房为地上一层建筑,采用密度为 2.35t/m³ 的钢筋混凝土结构屏蔽,治疗室 o、h 两点间距离为 3.5m,已知 b 处墙外的剂量率控制水平 $\dot{H}_c = 2.5\mu Sv/h$,等中心处剂量率 $\dot{H}_o = 2.4\times10^8\mu Sv/h$。

问题:请估算有用束主屏蔽区 b 点相应位置的屏蔽厚度。

1. 设计原则 根据辐射源处于身体内部还是外部,可将照射分为内照射和外照射。内照射指进入人体的放射性核素对人体的照射,外照射指体外辐射源对人体的照射。医用电子直线加速器一般情况下只有外照射。

外照射的防护目的是保护特定人群不受过分的、直接或潜在的外照射危害。防护措施包括:时间防护,缩短照射时间;距离防护,增大与辐射源的距离;屏蔽防护,在人与辐射源之间设置防护屏蔽。放射治疗中使用的辐射源强度较大,且受放射治疗室大小的限制,又做不到辐射源远离人群,因此,放射治疗室的主要防护措施只能是设置足够的屏蔽。在医用电子直线加速器治疗室设计中,一般只估算 X 射线及中子线所需的屏蔽。加速器治疗室的屏蔽设计在确定机型的基础上,按使用要求设计治疗室内部的布局,包括治疗室的尺寸、机器安装位置、迷路及其入口宽度、治疗室高度、电缆引入管道位置等。设计屏蔽厚度之前,要根据实际情况确定相关计算参数,同时考虑后续扩展余地。

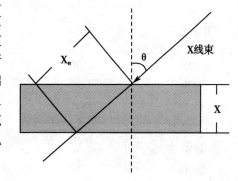

图 10-10 屏蔽厚度和有效屏蔽厚度示意图

2. 使用什值层的计算方法

（1）有效屏蔽厚度(图 10-10)。

当 X 射线束斜射入厚度为 $X(cm)$ 的屏蔽物质时,X 与经过路径上的有效屏蔽厚度 $X_e(cm)$ 的关系如公式 10-4:

$$X=X_e \cdot \cos\theta \qquad\qquad （公式 10-4）$$

其中 θ 是入射线与屏蔽物质法线之间的夹角,叫作斜射角。

（2）屏蔽厚度与屏蔽透射因子的关系

若给定屏蔽厚度 X，由式 10-4 可得有效屏蔽厚度 X_e，相应的辐射屏蔽透射因子 B 为公式 10-5：

$$B = 10^{-(X_e + TVL - TVL_1)/TVL}$$

（公式 10-5）

则有公式 10-6：

$$X_e = TVL \cdot \log B^{-1} + (TVL_1 - TVL)$$

（公式 10-6）

其中 TVL_1 和 TVL 为辐射在屏蔽物质中的第一个什值层厚度和平衡什值层厚度。当未指明时，$TVL_1 = TVL$。

3. 不同辐射的屏蔽估算方法

（1）有用线束和泄漏辐射的屏蔽与剂量估算

1）关注点达到剂量当量率控制水平 $\dot{H}_c$ 时，屏蔽所需要的屏蔽透射因子 B 可由公式 10-7 求得，进一步通过公式 10-6 估算有效屏蔽厚度 X_e，由公式 10-4 得到屏蔽厚度 X。

$$B = \frac{\dot{H}_c}{\dot{H}_o} \cdot \frac{R^2}{f}$$

（公式 10-7）

其中 R 是辐射源点至关注点的距离；f 对有用束为 1，对泄漏辐射为泄漏辐射比率。

2）当屏蔽厚度 X 给定时，可以按公式 10-4 计算有效屏蔽厚度 X_e，按公式 10-5 估算屏蔽透射因子 B，再按公式 10-8 计算相应辐射在屏蔽体外关注点的剂量率 $\dot{H}$：

$$\dot{H} = \frac{\dot{H}_o \cdot f}{R^2} \cdot B$$

（公式 10-8）

3）对加速器 X 射线治疗装置，TVL_1 和 TVL 与 X 射线的 MV 值有关，对有用线束和泄漏辐射有不同的值，表 10-2 列出混凝土屏蔽物质中的 TVL_1 和 TVL 值。

（2）患者一次散射辐射的屏蔽与剂量估算

1）关注点达到剂量当量率控制水平 $\dot{H}_c$ 时，屏蔽透射因子 B 可由公式 10-9 求得，进一步通过公式 10-6 求解有效屏蔽厚度 X_e，由公式 10-4 得到屏蔽厚度 X。

$$B = \frac{\dot{H}_c \cdot R_s^2}{\dot{H}_o \cdot \alpha_{ph} \cdot (F/400)}$$

（公式 10-9）

表 10-2　有用束和泄漏辐射在混凝土中的什值层

MV/MeV	有用束		90°泄漏辐射	
	TVL_1(cm)	TVL(cm)	TVL_1(cm)	TVL(cm)
4MV	35	30	33	28
6MV	37	33	34	29
10MV	41	37	35	31
15MV	44	41	36	33
18MV	45	43	36	34
20MV	46	44	36	34
25MV	49	46	37	35
30MV	51	49	37	36
1.25MeV(^{60}Co)	21	21	21	21

MV 指加速器的 X 射线末端能量对应的管电压；MeV 指 γ 射线能量

其中 R_s 是患者至关注点的距离，单位为 m；α_{ph} 是患者 400cm² 面积上垂直入射 X 射线散射至关注点方向距其 1m 处的剂量比例，又称 400cm² 面积上的散射因子；F 是治疗装置有用线束在等中心外的最大治疗野面积,单位为 cm^2。

2）在给定屏蔽厚度 X 时,可以按公式 10-4 计算有效屏蔽厚度 X_e,按公式 10-5 估算屏蔽透射因子 B,再按公式 10-10 计算相应辐射在屏蔽体外关注点的剂量率 $\dot{H}$：

$$\dot{H} = \frac{\dot{H}_o \cdot \alpha_{ph} \cdot (F/400)}{R_s^2} \cdot B \qquad （公式 10-10）$$

3）α_{ph} 与 X 射线的 MV 值及散射方向与入射方向的夹角有关,其值见表 10-3。散射角越大,散射辐射能量越小,见表 10-4。散射辐射在混凝土中的 TVL 值见表 10-5。

表 10-3　患者受照面积 400cm^2 的散射因子 α_{ph}

散射角	散射因子 α_{ph}			
	6MV	10MV	18MV	24MV
10°	$1.04×10^{-2}$	$1.66×10^{-2}$	$1.42×10^{-2}$	$1.78×10^{-2}$
20°	$6.73×10^{-3}$	$5.79×10^{-3}$	$5.39×10^{-3}$	$6.32×10^{-3}$
30°	$2.77×10^{-3}$	$3.18×10^{-3}$	$2.53×10^{-3}$	$2.74×10^{-3}$
45°	$1.39×10^{-3}$	$1.35×10^{-3}$	$8.64×10^{-4}$	$8.30×10^{-4}$
60°	$8.24×10^{-4}$	$7.46×10^{-4}$	$4.24×10^{-4}$	$3.86×10^{-4}$
90°	$4.26×10^{-4}$	$3.81×10^{-4}$	$1.89×10^{-4}$	$1.74×10^{-4}$
135°	$3.00×10^{-4}$	$3.02×10^{-4}$	$1.24×10^{-4}$	$1.20×10^{-4}$
150°	$2.87×10^{-4}$	$2.74×10^{-4}$	$1.20×10^{-4}$	$1.13×10^{-4}$

表 10-4　患者散射辐射的平均能量

散射角	患者散射辐射的平均能量 MeV			
	6MV	10MV	18MV	24MV
0°	1.6	2.7	5.0	5.6
10°	1.4	2.0	3.2	3.9
20°	1.2	1.3	2.1	2.7
30°	0.9	1.0	1.3	1.7
40°	0.7	0.7	0.9	1.1
50°	0.5	0.5	0.6	0.8
70°	0.4	0.4	0.4	0.5
90°	0.2	0.2	0.3	0.3

表 10-5　患者散射辐射在混凝土中的什值层

散射角	TVL(cm)							
	^{60}Co	4MV	6MV	10MV	15MV	18MV	20MV	24MV
15°	22	30	34	39	42	44	46	49
30°	21	25	26	28	31	32	33	36
45°	20	22	23	25	26	27	27	29
60°	19	21	21	22	23	23	24	24
90°	15	17	17	18	18	19	19	19
135°	13	14	15	15	15	15	15	16

（3）穿过患者或迷路内墙的有用线束在屏蔽墙上的一次散射辐射剂量：穿过患者或迷路内墙的有用线束，垂直入射到屏蔽墙上并散射至关注点的辐射剂量率为公式 10-11。

$$\dot{H} = \dot{H}_o \cdot \frac{(F/10^4)}{R^2} \cdot \alpha_w \cdot B_p \qquad \text{（公式 10-11）}$$

其中 10^4 是将 $1m^2$ 换算成 $10^4 cm^2$；α_w 是散射因子，即 $1m^2$ 散射体散射到距其 $1m$ 处的散射辐射剂量率与该面积上的入射辐射剂量率之比，大小与入射角和反散射角有关，反射角是指入射方向和反散射方向相对散射体垂线的夹角，$0°$ 入射的辐射在混凝土散射体上的 α_w 见表 10-6，$45°$ 入射的辐射在混凝土散射体上的散射因子见表 10-7；B_p 是有用线束射入散射体前的屏蔽透射因子，对于患者而言，可以取 0.34 或保守取为 1。对于有用线束向迷路墙照射时的迷路内墙，按公式 10-5 计算。

表 10-6　混凝土对 $0°$ 入射辐射的散射因子 α_w（散射面积 $10^4 cm^2$）

MV/MeV	$0°$ 入射辐射的散射因子 α_w				
	$0°$	$30°$	$45°$	$60°$	$75°$
30MV	$3.0×10^{-3}$	$2.7×10^{-3}$	$2.6×10^{-3}$	$2.2×10^{-3}$	$1.5×10^{-3}$
24MV	$3.2×10^{-3}$	$3.2×10^{-3}$	$2.8×10^{-3}$	$2.3×10^{-3}$	$1.5×10^{-3}$
18MV	$3.4×10^{-3}$	$3.4×10^{-3}$	$3.0×10^{-3}$	$2.5×10^{-3}$	$1.6×10^{-3}$
10MV	$4.3×10^{-3}$	$4.1×10^{-3}$	$3.8×10^{-3}$	$3.1×10^{-3}$	$2.1×10^{-3}$
6MV	$5.3×10^{-3}$	$5.2×10^{-3}$	$4.7×10^{-3}$	$4.0×10^{-3}$	$2.7×10^{-3}$
4MV	$6.7×10^{-3}$	$6.4×10^{-3}$	$5.8×10^{-3}$	$4.9×10^{-3}$	$3.1×10^{-3}$
1.25MeV（^{60}Co）	$7.0×10^{-3}$	$6.5×10^{-3}$	$6.0×10^{-3}$	$5.5×10^{-3}$	$3.8×10^{-3}$
0.5MeV	$19.0×10^{-3}$	$17.0×10^{-3}$	$15.0×10^{-3}$	$13.0×10^{-3}$	$8.0×10^{-3}$
0.25MeV	$32.0×10^{-3}$	$28.0×10^{-3}$	$25.0×10^{-3}$	$22.0×10^{-3}$	$13.0×10^{-3}$

表 10-7　混凝土对 $45°$ 入射辐射的散射因子 α_2（散射面积 $10^4 cm^2$）

MV/MeV	$45°$ 入射辐射的散射因子 α_2				
	$0°$	$30°$	$45°$	$60°$	$75°$
30MV	$4.8×10^{-3}$	$5.0×10^{-3}$	$4.9×10^{-3}$	$4.0×10^{-3}$	$3.0×10^{-3}$
24MV	$3.7×10^{-3}$	$3.9×10^{-3}$	$3.9×10^{-3}$	$3.7×10^{-3}$	$3.4×10^{-3}$
18MV	$4.5×10^{-3}$	$4.6×10^{-3}$	$4.6×10^{-3}$	$4.3×10^{-3}$	$4.0×10^{-3}$
10MV	$5.1×10^{-3}$	$5.7×10^{-3}$	$5.8×10^{-3}$	$6.0×10^{-3}$	$6.0×10^{-3}$
6MV	$6.4×10^{-3}$	$7.1×10^{-3}$	$7.3×10^{-3}$	$7.7×10^{-3}$	$8.0×10^{-3}$
4MV	$7.6×10^{-3}$	$8.5×10^{-3}$	$9.0×10^{-3}$	$9.2×10^{-3}$	$9.5×10^{-3}$
1.25MeV（^{60}Co）	$9.0×10^{-3}$	$10.2×10^{-3}$	$11.0×10^{-3}$	$11.5×10^{-3}$	$12.0×10^{-3}$
0.5MeV	$22.0×10^{-3}$	$22.5×10^{-3}$	$22.0×10^{-3}$	$20.0×10^{-3}$	$18.0×10^{-3}$
0.25MeV	$36.0×10^{-3}$	$34.5×10^{-3}$	$31.0×10^{-3}$	$25.0×10^{-3}$	$18.0×10^{-3}$

（4）泄漏辐射在屏蔽墙上的一次散射辐射剂量：泄漏辐射射入屏蔽墙上后，被散射至计算点的辐射剂量率 $\dot{H}$ 可按公式 10-12 计算。

$$\dot{H} = \frac{f \cdot \dot{H}_o \cdot A \cdot \alpha_w}{R_L^2 \cdot R^2} \qquad \text{（公式 10-12）}$$

其中 f 是加速器的泄漏辐射比例,通常取 10^{-3},图 10-6 的位置 O 或 O_1、O_2 称为泄漏辐射始点,A 是散射面积,是自泄漏辐射始点和计算点共同可视见的散射体区域的面积,单位为 m^2;R_L 是泄漏辐射始点至散射体中心点的距离,单位为 m;由于加速器的泄漏辐射能量小于有用线束的能量,建议保守地使用 6MV 的散射因子 α_w;R 是散射体中心点至计算点的距离,单位为 m。

（5）患者散射和泄漏辐射的复合辐射的屏蔽与剂量估算:图 10-6 的 d_2 点需要考虑患者散射和泄漏辐射的复合作用,该位置的屏蔽与剂量估算如下:

1）同时受到患者散射辐射和泄漏辐射的关注点,经屏蔽后在该位置来自散射辐射的剂量率大于来自泄漏辐射造成的剂量率并小于泄漏辐射剂量率的 10 倍。同时,屏蔽后在该位置的泄漏辐射周剂量大于散射辐射周剂量并小于散射辐射周剂量的 10 倍。

以治疗室墙和入口门外关注点以及治疗室房顶的剂量控制要求中 $\dot{H}_{c,max}$ 的一半,作为关注点的导出剂量率参考控制水平,依患者一次散射辐射的屏蔽与剂量估算来确定屏蔽患者散射辐射所需要的屏蔽厚度。

用 $0.5H_c$ 代替公式 10-3 中的 H_c 作为关注点的导出剂量率参考控制水平,依有用线束和泄漏辐射的屏蔽与剂量估算来确定屏蔽泄漏辐射所需要的屏蔽厚度。

取上述两屏蔽厚度较厚者为该关注点的屏蔽设计。相应屏蔽下,该处的剂量率控制值为泄漏辐射和有用线束患者散射辐射在该点的剂量率之和。

2）给定屏蔽物质厚度 X 后,按照公式 10-8 和公式 10-10 分别估算经屏蔽后泄漏辐射和患者散射辐射在关注点的剂量率,二者之和为该关注点的总剂量率,以该处的 $\dot{H}_c$ 进行评价。同时,应核算泄漏辐射和患者散射辐射在该处的周累积剂量,以治疗室墙和入口门外关注点以及治疗室房顶的周剂量参考控制水平 H_c 评价。

（6）加速器（$\leqslant$10MV）治疗室的迷路散射辐射屏蔽与剂量估算

1）有用线束不向迷路照射:治疗室典型的散射路径见图 10-6 的"o_1-o-i-g"。

其中:o_1-i 散射线的散射角约为 45°;i 处墙向 g 处的二次散射的散射角小于 10°,通常视为 0°。图 10-6 的 A 区（包括治疗室吊装顶上方的区域）是 i 处墙的散射面积,即自入口 g 处和等中心位置 o 共同可视见的区域。

入口 g 处的散射辐射剂量率 $\dot{H}_g$ 按公式 10-13 计算:

$$\dot{H}_g = \frac{\alpha_{ph} \cdot (F/400)}{R_1^{\,2}} \cdot \frac{\alpha_2 \cdot A}{R_2^{\,2}} \cdot \dot{H}_o \qquad\text{（公式 10-13）}$$

α_{ph} 通常取散射角 45°时的值,见表 10-3;α_2 是混凝土墙入射的患者散射辐射的散射因子,见表 10-7,一般取 i 处的入射角为 45°,散射角为 0°,通常使用 0.5MeV 栏内的值;A 是 i 处的散射面积,m^2;R_1 是"o-i"之间的距离,m;R_2 是"i-g"之间的距离,m。

g 处的散射辐射能量约为 0.2MeV,防护门需要的屏蔽透射因子 B 按公式 10-14 计算:

$$B = \frac{\dot{H}_c - \dot{H}_{og}}{\dot{H}_g} \qquad\text{（公式 10-14）}$$

其中的 $\dot{H}_{og}$ 是图 10-6 中的 o_1 位置穿过迷路内墙的泄漏辐射在 g 处的剂量率,按公式 10-8 计算,计算时迷路内墙的屏蔽透射因子 B 按公式 10-5 计算,有效屏蔽厚度 X_e 由屏蔽内墙的厚度 X 可得。当迷路内墙各段厚度不等时还需核算自 o_2 到 g 的辐射剂量率。

使用公式 10-14 估算的屏蔽透射因子 B 值,按公式 10-6 估算防护门的铅屏蔽厚度。估算中 $TVL = TVL_1$,假设 0°入射,则 $X_e = X$。在 g 处的散射辐射能量约为 0.2MeV,铅中的 TVL 值为 0.5cm。

在给定防护门的铅屏蔽厚度 X 时,防护门外的辐射剂量 $\dot{H}$ 按公式 10-15 计算:

$$\dot{H} = \dot{H}_g \cdot 10^{-(X/TVL)} + \dot{H}_{og} \qquad\text{（公式 10-15）}$$

其中铅中的 TVL 值为 0.5cm。

2）有用线束向迷路照射:按公式 10-11 估算图 10-8 中"o_2-j-g"项散射时,有用线束边缘（图 10-8 位置 c_1）距 g 处较近,同时还存在迷路内墙的杂散辐射,建议增加 2 倍安全系数。

（7）加速器（>10MV）治疗室的迷路散射辐射

1）总中子注量 Φ_B：图 10-6 迷路的中子散射路径为"o-B-g"。B 点是等中心点与迷路内墙端的连线和迷路长轴中心线之间的交点。在 B 点的总中子注量 Φ_B 按公式 10-16 计算：

$$\Phi_B = \frac{Q_n}{4\pi d_1^2} + \frac{5.4Q_n}{2\pi S} + \frac{1.26Q_n}{2\pi S} \qquad （公式 10\text{-}16）$$

式中的三项分别是加速器机头外的杂散中子、杂散中子在治疗室内壁的散射中子及所形成的热中子。其中 Φ_B 是等中心处 1Gy 治疗照射时 B 处的总中子注量，（中子数/m^2）/Gy；Q_n 是在 o 处每 1Gy 治疗照射时射出机头的总中子数，中子数/Gy。Q_n 由厂家提供；d_1 是 o 点至 B 点的距离，m；S 是治疗室的总内表面积，包括四壁墙、顶和底，不包括迷路内各面积，m^2。公式 10-16 适用于铅屏蔽的加速器机头，对于钨屏蔽机头，公式 10-16 的第一项和第二项均乘以衰减因子 0.85。

2）治疗室入口的中子俘获 γ 射线的剂量率 $\dot{H}_\gamma$：中子在与屏蔽物质作用时会产生中子俘获 γ 射线，治疗室入口门外 30cm 处（g 点）无防护门时的中子俘获 γ 射线的剂量率 $\dot{H}_\gamma$ 按公式 10-17 计算：

$$\dot{H}_\gamma = 6.9 \times 10^{-16} \cdot \Phi_B \cdot 10^{-d_2/TVD} \cdot \dot{H}_o \qquad （公式 10\text{-}17）$$

其中 6.9×10^{-16} 是经验因子，Sv/（中子数/m^2）；d_2 是 B 点到 g 点的距离，m；TVD 是将 γ 辐射剂量减至其 1/10 的距离，即什值距离，对于 18~25MV 加速器为 5.4m，对于 15MV 加速器为 3.9m；$\dot{H}_o$ 是等中心点处治疗 X 射线剂量率。

对于二阶迷路（图 10-7）在公式 10-17 中，令 $d_2 = d_{2a} + d_{2b}$，并且 $\dot{H}_\gamma$ 为公式 10-17 的 1/3。这种计算方法适用于 d_{2b} 并非过短、迷路宽度并非过小的情况。

3）治疗室入口的中子剂量率 $\dot{H}_n$：治疗室内的中子经迷路散射后在治疗室入口门外 30cm 处（g 点）无防护门时的剂量率 $\dot{H}_n$ 按公式 10-18 计算：

$$\dot{H}_n = 2.4 \times 10^{-15} \cdot \Phi_B \cdot \sqrt{\frac{S_0}{S_1}} \cdot \left[1.64 \times 10^{-(d_2/1.9)} + 10^{-(d_2/T_n)} \right] \cdot \dot{H}_o \qquad （公式 10\text{-}18）$$

其中 2.4×10^{-15} 是经验因子，Sv/（中子数/m^2）；S_0 是迷路内口的面积，m^2；S_1 是迷路横截面积，m^2；T_n 是迷路中能量相对高的中子剂量组分，公式 10-18 方括号中的第二项衰减至 1/10 行径的距离，称为什值距离，是经验值，与迷路横截面积有关，见公式 10-19：

$$T_n = 2.06\sqrt{S_1} \qquad （公式 10\text{-}19）$$

4）入口门屏蔽：入口门屏蔽设计时，通常使中子和中子俘获 γ 射线屏蔽后有相同的辐射剂量率。对于中子俘获 γ 射线，以铅屏蔽，所需的屏蔽防护厚度 X_γ 按公式 10-20 计算：

$$X_\gamma = TVL_\gamma \cdot \log\left[2\dot{H}_\gamma / (\dot{H}_c - \dot{H}_{og}) \right] \qquad （公式 10\text{-}20）$$

对于中子，以含硼（5%）聚乙烯屏蔽，所需的屏蔽防护厚度 X_n 按公式 10-21 计算：

$$X_n = TVL_n \cdot \log\left[2\dot{H}_n / (\dot{H}_c - \dot{H}_{og}) \right] \qquad （公式 10\text{-}21）$$

TVL_γ 和 TVL_n 分别为中子俘获 γ 射线和中子在上述两种屏蔽材料中的什值层，cm；$\dot{H}_\gamma$ 和 $\dot{H}_n$ 分别为按公式 10-20 和公式 10-21 计算的入口处防护门内的辐射剂量率。

当给定 X_γ 和 X_n 时，防护门外的辐射剂量率 $\dot{H}$ 按公式 10-22 计算：

$$\dot{H} = \dot{H}_\gamma \cdot 10^{-(X_\gamma/TVL_\gamma)} + \dot{H}_n \cdot 10^{-(X_n/TVL_n)} + \dot{H}_{og} \cdot B_{og} \qquad （公式 10\text{-}22）$$

其中 B_{og} 是防护门对 $\dot{H}_{og}$ 的屏蔽透射因子，在 $\dot{H}_{og}$ 相对 g 处的总剂量率较小时，可以忽略 $\dot{H}_{og} \cdot B_{og}$ 项。

入口处中子和中子俘获 γ 射线的能量均不是单一能量。

5）当入口防护门屏蔽厚度较薄时，应按（6）核算其在防护门外的辐射剂量。

第四节　放疗室的辐射检测与验收

放疗室建成后,在正式投入使用之前,必须按照国家有关规定,经省级卫生行政部门指定的放射卫生防护机构实施放射卫生防护监测,并由省级卫生行政部门进行验收。由于放疗室内最主要的辐射来源是治疗室,因此这里主要关注治疗室内外的辐射检测与验收。

一、治疗室辐射屏蔽检测的原则

按照 GBZ/T 201.1—2007《放射治疗机房的辐射屏蔽规范》的要求,治疗室的辐射屏蔽检测应遵循如下原则:

（一）屏蔽设计核查

1. 核查屏蔽目标是否符合国家规定的治疗室辐射屏蔽剂量参考控制水平。

2. 在进行不同治疗室的屏蔽设计和屏蔽效果核查时,应根据治疗室内安装的放射治疗装置选取相应的参数与条件:将可调放射治疗野设置为最大野;将可选辐射能量设置为最高能量;将可选有用束辐射输出量率设置为常用的高输出量率;将可调有用束照射方向设置为相应检测位置可能的较高剂量的照射方向;选择常用的距检测点最近的位置作为可移动的辐射源点;将可选辐射类型设置为贯穿能力强的辐射;活度随时间衰减的放射性核源按照最高装源活度进行核查;对散射辐射可能起主要作用的检测需要放置模体。

3. 治疗装置工作条件核查　根据设计的治疗室,核查设计的条件是否符合治疗装置的性能指标和医院放射治疗实际或规划。

4. 根据治疗室屏蔽设计中所选择的方法和参数,核查方法的依据及正确性。

（二）治疗室辐射屏蔽效果核查

1. 基本方法　根据仪表周围剂量当量率检测数据评定现有治疗室。

2. 检测条件　使用仪表进行周围剂量当量率检测时,治疗室内治疗装置、工作参数与条件应按屏蔽设计核查第 2 条设定。

3. 检测仪表要求

（1）仪表的各项参数性能适宜被测辐射源性能。

（2）仪表具有在有效期内的计量检定合格证书。

（3）仪表的测量结果以周围剂量当量(率)给出。

（三）对治疗室的设计和评价

应按屏蔽要求进行。

二、治疗室的辐射检测与验收

这里以医用电子直线加速器的治疗室为例介绍,它的辐射屏蔽检测应该严格遵守 GBZ/T 201.2—2011《放射治疗机房的辐射屏蔽规范》的要求。

（一）治疗室外辐射剂量率的检测

检测治疗室外的辐射泄漏水平时,需要使用灵敏度足够高的剂量检测仪表,检测点应该在全面巡测的基础上,选择有代表性的、辐射水平较高的点。

1. 治疗室墙外　沿墙外距墙外表面 30cm 并距治疗室内地平面 1.3m 高度上的一切人员可以到达的位置,进行辐射剂量率巡测;对图 10-6~图 10-8 中相应的关注点进行定点检测。对检测中发现的超过剂量率控制值的位置,向较远处延伸测量,直至剂量率等于控制值的位置。

2. 治疗室房顶外　剂量率巡测位置包括主屏蔽区的长轴、主屏蔽区与次屏蔽区的交线及经过治疗室房顶上的等中心投影点的垂直于主屏蔽区长轴的直线。对图 10-9 的关注点进行定点检测。

3. 对于加速器(>10MV)治疗室,在入口门外 30cm 处以及采用铅、铁等屏蔽的房顶、外墙外,测量中子的剂量率水平。

（二）对辐射剂量检测仪表的要求

1. 仪表应能适应脉冲辐射剂量场测量,X 射线剂量测量建议选用电离室探测器的仪表。对 10MV

以上的装置,要检测治疗室外,尤其是防护门外的中子泄漏情况,因此需配备测量中子剂量的仪表。

2. 仪表的能量响应应适合放射治疗室外的辐射场。

3. 仪表最低可测读值应不大于 $0.1\mu Sv/h$。

4. 仪表应能够测量辐射剂量率和累积剂量。

5. 仪表需经计量检定并在检定有效期内。

（三）检测条件

在不同位置检测时,加速器的照射条件与使用的模体如下:

1. 总检测条件　对所有检测,治疗装置应设定在 X 射线照射状态,并处于等中心处的最大照射野、选择等中心处的常用最高剂量率和可选的最高 MV。当使用模体时,模体几何中心处于有用束中心轴线上,模体的端面垂直于有用束中心轴。

2. 不同检测区的检测条件　以图 10-6 和图 10-9 的关注点代表各检测区,检测条件列于表10-8。

表 10-8　不同检测区检测的条件

检 测 区	检 测 条 件
有用束区（a、b、l）	有用束中心轴垂直于检测区平面;有用束方向无模体或其他物品;治疗野的对角线垂直于治疗机架旋转平面
侧墙区（e）	有用束中心轴竖直向下照射;在等中心处放置模体
顶次屏蔽区（m_1、m_2）	有用束中心轴竖直向上照射;在等中心处放置模体
次屏蔽区（d_1、d_2）、低能机房入口（g）	有用束中心轴垂直于 b 区水平照射;在等中心处放置模体;有用束中心轴垂直于 a 区水平照射;在等中心处放置模体
迷路外墙（k）、次屏蔽区（c_1、c_2）	有用束中心轴垂直于 a 区水平照射;在等中心处放置模体
高能机房入口（g）	有用束中心轴垂直于 a 区水平照射;照射野关至最小

此处使用的模体为厚度 15cm 的水模体或组织等效模体,端面积应能覆盖最大照射野下的有用束投影范围,若端面积较小时,可将模体向靶方向移位,使之能覆盖最大野有用束的投影,控制靶和端面间距不小于 70cm,相应的模体端面不小于 30cm×30cm。

（四）检测报告与评价

1. 报告的检测结果应扣除检测场所的本底读数,即加速器关机时治疗室外的测读值,并进行仪表的计量校准因子修正。

2. 依第三节内容,确定检测的设备在治疗条件下的辐射剂量率控制目标值,直接用于检测结果评价。当审管部门在有效的文件中提出了不同的管理目标要求时,应遵从其要求,当仅有年剂量要求时,可按等效剂量率管理进行要求。

3. 对于剂量率超过控制目标值的检测点,要给出超标的区域范围,分析可能的超标原因,如屏蔽厚度不足、局部施工缺欠、在治疗室内治疗装置的辐射剂量高等。

4. 当检测时治疗室内的治疗装置未达到额定的设计条件时,检测报告应指明条件,尤其是结论的条件。

本章小结

由于放疗过程中的电离辐射对人体有危害,因此放疗室不仅需要满足功能要求,而且要按照辐射分布情况进行分区,对治疗室等辐射控制区,设计时需要考虑各方面要求。具体到放疗室的基本结构、治疗室的防护要求与屏蔽设计、治疗室的辐射检测与验收都需要满足国家相关标准,确保放疗过程中的辐射安全。

案例讨论

　　某肿瘤医院放疗中心机房为地上一层建筑,采用密度为 2.35t/m³ 的钢筋混凝土结构屏蔽,结构见图 10-6,其中医用电子直线加速器选择 10MV,o_1b 两点间距离为 716cm,已知 d_2 处墙外剂量率控制水平为 2.5μSv/h,等中心处剂量率 $\dot{H}_o$=2.4×10⁸ μSv/h,等中心处最大的治疗野面积为 40cm ×40cm,d_2 处的患者散射角为 30°。

　　问题:请估算与主屏蔽区相连的次屏蔽区 d_2 处墙的屏蔽厚度。

（刘明芳）

案例讨论

扫一扫,测一测

思考题

　　1. 简述放疗室的分区情况。

　　2. 简述辐射防护的三项基本原则。

　　3. 简述外照射的防护目的与措施。

　　4. 简述放疗防护关注点的选取原则。

参考文献

1. 宫良平. 放射治疗设备学. 北京：人民军医出版社，2015.

2. 王俊杰，修典荣，冉维强. 放射性粒子组织间近距离治疗肿瘤. 北京：北京大学医学出版社，2004.

3. 石梅，马林，周振山. 肿瘤放射治疗新技术及临床实践. 西安：第四军医大学出版社，2015.

4. 姚原. 放射治疗技术. 北京：人民卫生出版社，2016.

5. 殷蔚伯，谷铣之. 肿瘤放射治疗学. 北京：中国协和医科大学出版社，2002.

6. 国家食品药品监督管理局. 中华人民共和国医药行业标准-YY0096-2009，钴-60 远距离治疗机，2009.

7. 蒋国梁. 现代肿瘤放射治疗学. 北京：科学技术出版社，2003.

8. 张红志. 肿瘤放射治疗物理学进展. 北京：北京医科大学出版社，2002.

9. 顾本广. 医用加速器. 北京：科学出版社，2003.

10. 宫良平. 放射治疗设备学. 郑州：河南科学技术出版社，2017.

11. 涂彧. 放射治疗物理学. 中国原子能出版社，2010.

12. ARNO J MUNDT，JOHN C ROESKE. 临床调强放射治疗学. 姜炜，崔世民，译. 北京：人民卫生出版社，2011.

13. 王瑞芝. 肿瘤放射治疗技术学. 北京：人民卫生出版社，2010.

14. 王瑞芝. 放射治疗技术学. 北京：人民卫生出版社，2002.

15. 胡逸民，杨定宇. 肿瘤放射治疗技术学. 北京：北京医科大学中国协和医科大学联合出版社，1999.

16. FAIZ M KHAN. 放疗物理学. 4 版. 刘宜敏，石俊田，译. 北京：人民卫生出版社，2011.

17. 贺朝晖，邢桂来，吴志芳，等. 二维阵列电离室探测器数据采集系统设计. 核电子学与探测技术，2012，32(4)：375-377.

18. 李国庆，徐保强. 放疗质量保证工具——三维水箱测量系统. 医疗卫生装备，2000，4：60-61.

19. 杨震，崔宏建. 剂量仪工作原理及其使用. 医疗设备信息，2000，4：21-22.

20. 郑大顺，余志敏，任必勇. 采用真空垫固定乳腺癌术后放疗的临床应用. 实用心脑肺血管病杂志，2010，18(9)：1313-1314.

21. 蒋艳君，申良方，童懿. X 线全身放射治疗中的实时剂量监测. 中国医学工程，2008，16(4)：308-313.

22. TSUJII H，MINOHARA S，NODA K. Heavy-particle radiotherapy：system design and application//CHAO A W. Reviews of accelerator science and technology. Lodon：Imperial College Press，2009.

23. TSUJII H，MIZOE J，KAMADA T，et al. Overview of experiences on carbon ion radiotherapy at NIRS. Radiother Oncol，2004，73 Suppl 2：S41-49.

24. KRAFT G. Tumor therapy with heavy charged particles. Prog Part Nucl Phys，2000，45：S473-544.

25. COMBS S E，JAEKEL O，HEBERER T，et al. Particle therapy at the Heidelberg Ion Therapy Center（HIT）-integrated research-driven university-hospital-based radiation oncology service in Heidelberg，Germany. Radiother Oncol，2010，95：41-44.

26. MOYERS M F，LESYNA D A. Exposure from residual radiation after synchrotron shutdown，Radiat. Measure，2009，44：176-181.

27. MA C M. Development of a laser-driven proton accelerator for cancer therapy，Laser Phys，2006，16：639-646.

28. MALKA V. Practicability of protontherapy using compact laser systems. Med Phys，2004，31：1587-1592.

29. KRA MER M，JA KEL O，HABERER T，et al. Treatment planning for heavy-ion radiotherapy：physical beam model and dose optimization. Physics in Medicine and Biology，2000，45(11)：3299-3317.

30. TADDEI P J，FONTENOT J D，YUANSHUI Z，et al. Reducing stray radiation dose to patients receiving passively scattered proton radiotherapy for prostate cancer. Physics in Medicine & Biology，2008，53(8)：2131.

31. CHANG J Y，SENAN S，PAUL M A，et al. Stereotactic ablative radiotherapy versus lobectomy for operable stage i non-small-cell lung cancer：A pooled analysis of two randomised trials. Lancet Oncol，2015，16(6)：630-637.

32. TAKAHASHI W，NAKAJIMA M，YAMAMOTO N. Carbon ion radiotherapy in a hypofractionation regimen for stage i non-small-cell lung cancer. Journal of Radiation Research，2014，55(supplement 1)：26-27.

33. HU J，BAO C，GAO J，et al. Salvage treatment using carbon ion radiation in patients with locoregional lyrecurrent nasopharyngeal carcinoma：Initial results. Cancer，2018，124(11)：2427-2437.

34. UHL M，MATTKE M，WELZEL T，et al. High control rate in patients with chondrosarcoma of the skull base after carbon ion thera-

py:first report of long-term results. Cancer,2014,120(10):1579-1585.

35. KOTO M,HASEGAWA A,TAKAGI R,et al. Evaluation of the safety and efficacy of carbon ion radiotherapy for locally advanced adenoid cystic carcinoma of the tongue base. Head Neck,2016,38(Suppl 1):E2122-126.

36. SLATER J D,LOREDO L N,CHUNG A,et al. Fractionated proton radiotherapy for benign cavernous sinus meningiomas. Int J Radiat Oncol Biol Phys,2012,83(5):e633-e637.

37. BROWN A P1,BARNEY C L,GROSSHANS D R,et al. Proton beam craniospinal irradiation reduces acute toxicity for adults with medulloblastoma. Int J Radiat Oncol Biol Phys,2013,86(2):277-284.

38. SHINOTO M,YAMADA S,TERASHIMA K,et al. Carbon Ion Radiation Therapy With Concurrent Gemcitabine for Patients With Locally Advanced Pancreatic Cancer. Int J Radiat Oncol Biol Phys,2016,95(1):498-504.

39. KASUYA G,ISHIKAWA H,TSUJI H,et al. Significant impact of biochemical recurrence on overall mortality in patients with high-risk prostate cancer after carbon-ion radiotherapy combined with androgen deprivation therapy. Cancer,2016,122(20):3225-3231.

40. HABL G,UHL M,KATAYAMA S,et al. Acute Toxicity and Quality of Life in Patients With Prostate Cancer Treated With Protons or Carbon Ions in a Prospective Randomized Phase Ⅱ Study—The IPI Trial. Int J Radiat Oncol Biol Phys,2016,95(1):435-443.

41. 林承光,翟福山. 放射治疗技术学. 北京:人民卫生出版社,2016.

42. 郝传国,陈祥明. 肿瘤放射治疗设备学. 济南:山东科学技术出版社,2015.

中英文名词对照索引

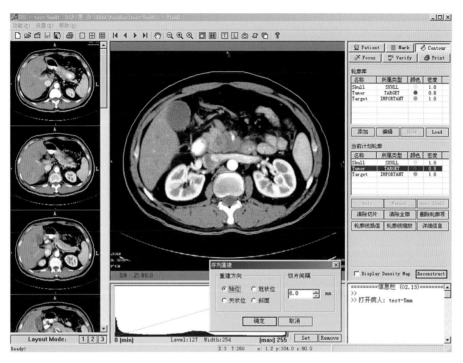

彩图 2-3　轮廓线定义和三维重建界面

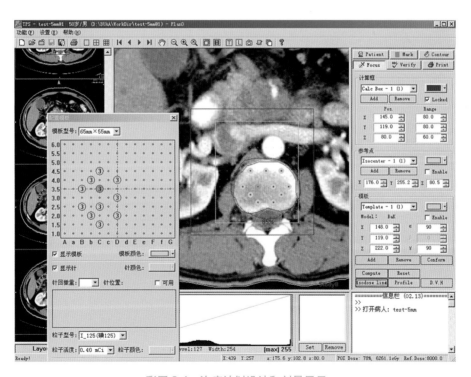

彩图 2-4　治疗计划设计和剂量显示

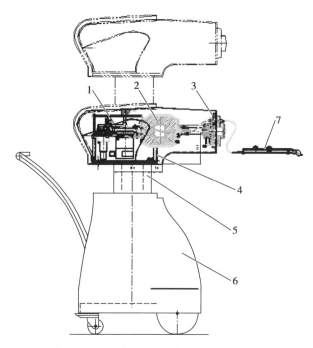

彩图 3-1　γ射线遥控后装治疗机主机外形

1. 送丝组件；2. 源灌组件；3. 分度组件；4. 架体组件；
5. 升降组件；6. 外罩；7. 常用施源器

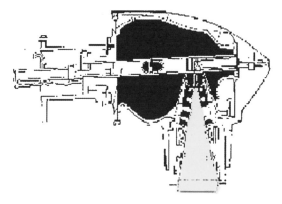

彩图 4-12　模拟灯

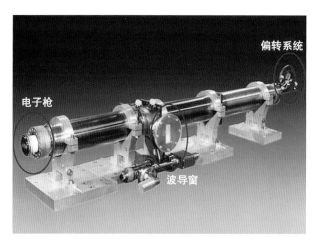

彩图 5-15　医用驻波加速管

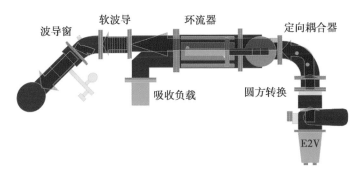

彩图 5-29　驻波低能加速器微波传输系统

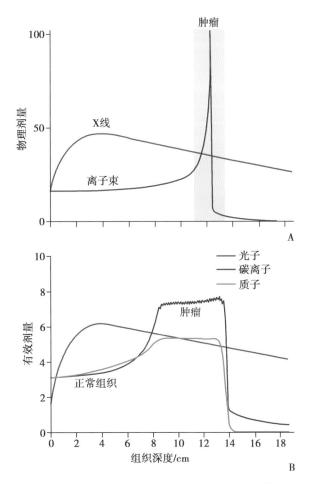

彩图 6-1　光子的深度剂量与质子、碳离子的物理剂量（A）
和有效剂量（B）对比示意

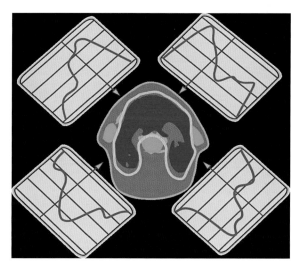

彩图 8-3　调强放射治疗原理图

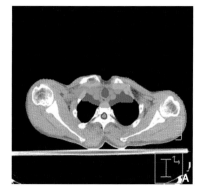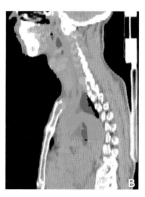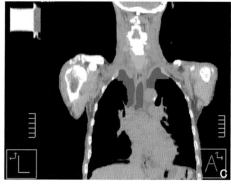

彩图 8-8　对应的横断面、矢状面和冠状面靶区分布图
A.横断面;B.矢状面;C.冠状面